Finance Construction-13, *Tim Asikin, Steve Asikin, Indra Senihardja*

FINANCE

Construction-13

Corporate IFRS-GAAP (B/S-I/S) Engineering

Technologies No. 8,501-9,000 of 111,111 Laws

by

Tim Asikin, Steve Asikin,

Indra Senihardja

0

Corporate IFRS-GAAP (B/S-I/S) Finance Engineering,
ISBN 13: **978-1721643462**, ISBN 10: **172164346X**

FINANCE CONSTRUCTION-13
Corporate IFRS-GAAP (B/S-I/S) Engineering
Technology No. 8,501-9,000 of 111,111 Laws
By Tim Asikin, Steve Asikin, Indra Senihardja

Creative Team: Steve Asikin
       & Asikin Business Quant, New York
An Amazon Paperback
First Published in United States 2018
By Amazon Createspace
This 1st edition published in 2018
AMZN, PO. Box 81226, Seattle
WA 98108-1226, United States

Copyright © 2018 by Steve Asikin,
gundul.ganesha@yahoo.com,
indra.senihardja@yahoo.com
This book is sold subject to the condition
That it shall not, by the way of trade or otherwise,
Be lent, resold, hired out, or otherwise circulated
Without the publisher's prior consent in any form
Of binding and cover or other than that in which it
Is published and without a similar condition
Including this condition being imposed
On the subsequent purchaser.

ISBN-13: 978-1721643462
ISBN-10: 172164346X

PREFACE

This one is the only Real Finance Engineering Book, written by Engineering & Business Experts with strong Accounting Maths. It comes from a very long world wide experience, analyzing more than 100,000 Corporate Balance-sheet and Income Statement reports, in conservative IFRS (International Finance Reporting Standard) and GAAP (Generally Accepted Accounting Principles) of 9,000 days works as Financing Banker, plus Business CEO expert & fresh Engineering views.

This is a manual for healthy Corporate Governance assurance and practical business management. It is best for Government Authorities, Accounting Regulators, Business Owners & Small Public Investors (all majority & minority share holders as well). This is not just a tool for making debt instrument unrelated to daily Corporate Finance. This only good for sincere Directors & Executive, and truly bad for the lazy and /or incapable one.

The nicest thing about it, is that only requires simple Junior High-school Algebra. We just need to be consistent with its less number treatment of constellations. Its saddest part is that many professors and doctors are no longer able to understand Junior High-school Algebra, and hiding in Accounting jargons. Please go back to its Introduction for glossary, at anywhere inside the book, so then we can still understand what are those mean with simple Algebraic Rule there. We try to avoid some sentences multiplied, added, eliminated divided, rooted or powered by another sentences, that make many traditional finance book successful (delivering few simple things, seen as difficult and scary), but less useful.

Finance Construction-13, *Tim Asikin, Steve Asikin, Indra Senihardja*

TABLE OF CONTENTS

Preface, p.002
Table of Contents, p.003
INTRODUCTION: The Math Fin Law Terminologies, p.004
Chapter-01: Growth of S= SALES, in Optimum Math Fin Law,
Chapter-02: Manageable V= VARIABLE COST, Optimization,
Chapter-03: M= MARGIN of CONTRIBUTION, Optimization,
Chapter-04: Manageable F= FIXED COST, Optimization,
Chapter-05: O= OPERATIONAL SURPLUS, Optimization,
Chapter-06: Manageable I= INTEREST COST, Optimization,
Chapter-07: B= BEFORE TAX INCOME, Optimization,
Chapter-08: Manageable T= TAX, Planning Optimization,
Chapter-09: A= AFTER TAX INCOME, Optimization,
Chapter-10: Manageable D= DIVIDEND, Optimization.
Chapter-11: Manageable Y= YIELDING TAX, Optimization,
Chapter-12: H= HOME TAKEN DIVIDEND, Optimization,
Chapter-13: R= RETAINED EARNINGS, Optimization,
Chapter-14: E= EQUITY, or Capital Optimization,
Chapter-15: U= Utilized, or Starting Capital Optimization,
Chapter-16: L= LIABILITIES, or Debt Optimization,
Chapter-17: W= WEALTH, or Total Assets Optimization,
Chapter-18: P= PROCURED TRADE INVENTORY, Optimization,
Chapter-19: X= XPRESS or Current Debt Optimization,
Chapter-20: Q= QUOTED LONGTERM, Debt Optimization, p.7
Chapter-21: G= GOODS or Trade Payable Optimization,
Chapter-22: Z= ZERO TRADE or Current Debt Optimization,
Chapter-23: J= JOB or Trade Account Receivable Optimization,
Chapter-24: C= CURRENT ASSETS, Optimization,
Chapter-25: K=KIND of CASH, Optimization,
Chapter-26: N=NON CURRENT ASSETS, Optimization,

Finance Construction-13, *Tim Asikin, Steve Asikin, Indra Senihardja*

INTRODUCTION:
The Math Fin Law Terminologies

Income Statement

S	V				
	M	F			
		O	I		
			B	T	
				A	D	Y
						H
						R

Balance Sheet

K	C	W	L	X	G
J					Z
P				Q	
	N		E	U	
				R	

Please carefully look that all of 26 characters (**A** to **Z**) used once, except the **R**, that in Accountancy must be appeared in both diagrams at same identical value, with glossary (of well known abbreviations) in the next page. Only 2 (two) of them are historical as **U**=**E'** and **S'** means carried forward legal numbers from previous year. The 13 (thirteen) common measures (**c, d, f, g, i, j, l, p, q, s, t, v,** and **y**), are put up front as desired criteria along the way, so then later analyst could be surprised.

In Balance Sheet, found **W**= **C**+**N**= **K**+**J**+**P**+**N**= **L**+**E**= **X**+**Q**+**U**+**R**= **G**+**Z**+**Q**+**U**+**R** as well, so we put **W** in the middle of its T-Account balance. In Income Statement, same applied as **S**= **V**+**F**+**I**+**T**+**Y**+**H**+**R**= **V**+**M**= **V**+**F**+**O**= **V**+**F**+**I**+**B**= **V**+**F**+**I**+**T**+**A**= **V**+**F**+**I**+**B**= **V**+**F**+**I**+**T**+**D**+**R**.

Finance Construction-13, *Tim Asikin, Steve Asikin, Indra Senihardja*

A= After Tax Income;
B= Before Tax Income,
C= Current Assets,
  c= **C/X**= Current Ratio,
D= Dividend Paid,
  d= **D/A**=Dividend Portion or Payout,
E= Equity or Capital,
  E'= Equity of Past Year,
F= Fixed Cost,
  f= **F/S**=Fixed Portion,
G= Goods or Trade Payables,
  g= 360**G/V**= Goods Payable Days,
H= Home Taken Dividend,
I= Interest Expense,
  i= **I/S**= Interest Portion,
J= Jobs or Account Receivable,
  j= 360**J/S**= Jobs or Trade Account ReceivableDays,
K= Kind of Cash,
L= Liabilities or Debt,
  l= **L/E**= Leverage or Gearing Ratio,
M= Margin of Contribution,

N= Non Current Assets,
O= Operational Surplus,
P= Procured Inventories,
    p= $360P/V$= Procured Inventory Days,
Q= Quoted Longterm Liabilities,
    q= $[C-P]/X$= Quick or Acid Test Ratio,
R= Retained Earnings,
S= Sales or Revenues,
    S'= Sales of Past Year,
    s= $[S/S']-1$= Sales Growth,
T= Tax Paid,
    t= T/B= Tax Rate,
U= Utilized or Starting Capital,
V= Variable Cost,
    v= V/S= Variable Portion,
W= Wealth or Total Assets,
X= Xpress or Current Debt,
Y= Yielding Tax of Dividend,
    y= Y/D= Yielding Tax Rate of Dividend,
Z= Zero Trade Current Debt.

Chapter-20:
Q= QUOTED Longterm Debt Optimization

Based on 12/31/15 Pfizer Annual Report
(http://www.nasdaq.com/symbol/pfe/financials?query=income-statement)
Continuing the Laws No.1-8,500 at Finance Construction 1-12

Law-8501:
If both (**q**= [C-P]/X= Quick or Acid Test Ratio= 1.01 times), (**U**= Utilized or Starting Capital= 64,720 millions USD), (**Q**= Quoted Longterm Liabilities= 35,351 millions USD), (**M**= Margin of Contribution= 41,548 millions USD), (**c**= C/X= Current Ratio= 1.20 times), (**i**= I/S= Interest Portion= 1.00%), (**s**= [S/S']-1= Sales Growth= 5.00%), (**p**= 360 P/V= Procured Inventory Days= 240 Days), (**d**= D/A= Dividend Portion or Payout= 30.00%), (**A**= After Tax Income= 7,899 millions USD), (**F**= Fixed Cost= 29,740 millions USD), (**v**= V/S= Variable Portion= 19.00%), (**S'**= Sales of Past Year= 48,851 millions USD), and (**t**= T/B= Tax Rate= 30.00%), then it's (**l** = Leverage or Gearing Ratio planned), is:

Finance Construction-13, *Tim Asikin, Steve Asikin, Indra Senihardja*

$$I = (Q+S'vp[1+s]/\{360[c-q]\})$$
$$/(U+\{M-F-S'i[1+s]\}[1-t]-Ad)$$

$$= (35,351+48,851*0.1900*240/\{360[1.2000$$
$$-1.0100]\})/(64,720+\{41,548-29,750$$
$$-48,851*0.0100[1+0.0500]\}[1-0.3000]$$
$$-7,899*0.3000)$$
$$= \underline{99.00\%}$$

Law-8502:

If both (**q**= [C-P]/X= Quick or Acid Test Ratio= <u>1.01</u> times), (**l**= L/E= Leverage or Gearing Ratio= <u>99.00%</u>), (**Q**= Quoted Longterm Liabilities= <u>35,351</u> millions USD), (**M**= Margin of Contribution= <u>41,548</u> millions USD), (**c**= C/X= Current Ratio= <u>1.20</u> times), (**i**= I/S= Interest Portion= <u>1.00%</u>), (**s**= [S/S']-1= Sales Growth= <u>5.00%</u>), (**p**= 360 P/V= Procured Inventory Days= <u>240</u> Days), (**d**= D/A= Dividend Portion or Payout= <u>30.00%</u>), (**A**= After Tax Income= <u>7,899</u> millions USD), (**F**= Fixed Cost= <u>29,740</u> millions USD), (**v**= V/S= Variable Portion= <u>19.00%</u>), (**S'**= Sales of Past Year= <u>48,851</u> millions USD), and (**t**= T/B= Tax Rate= <u>30.00%</u>), then it's (**U**= Utilized or Starting Capital planned), is:

$$U = Ad + (Q + S'vp[1+s]/\{360[c-q]\})/l - \{M - F - S'i[1+s]\}[1-t]$$

$$= 7{,}899 * 0.3000 + (35{,}351 + 48{,}851 * 0.1900 \\ * 240/\{360[1.2000 - 1.0100]\}) \\ /0.9900 - \{41{,}548 - 29{,}750 - 48{,}851 \\ * 0.0100[1 + 0.0500]\}[1 - 0.3000]$$

$$= \underline{64{,}720} \text{ millions USD}$$

Law-8503:

If both (**q**= [C-P]/X= Quick or Acid Test Ratio= 1.01 times), (**l**= L/E= Leverage or Gearing Ratio= 99.00%), (**Q**= Quoted Longterm Liabilities= 35,351 millions USD), (**c**= C/X= Current Ratio= 1.20 times), (**U**= Utilized or Starting Capital= 64,720 millions USD), (**i**= I/S= Interest Portion= 1.00%), (**s**= [S/S']-1= Sales Growth= 5.00%), (**p**= 360 P/V= Procured Inventory Days= 240 Days), (**d**= D/A= Dividend Portion or Payout= 30.00%), (**A**= After Tax Income= 7,899 millions USD), (**F**= Fixed Cost= 29,740 millions USD), (**v**= V/S= Variable Portion= 19.00%), (**S'**= Sales of Past Year= 48,851 millions USD), and (**t**= T/B= Tax Rate= 30.00%), then it's (**M**= Margin of Contribution planned), is:

$$M = F + S'i[1+s] + [(Ad+Q+S'vp[1+s]/\{360[c-q]\})/l - U]/[1-t]$$

$$= 29,750 + 48,851*0.0100 + [1+0.0500] + [(7,899*0.3000 + (35,351 + 48,851*0.1900*240/\{360[1.2000-1.0100]\})/0.9900 - 64,720]/[1-0.3000]$$

$$= \underline{41,548} \text{ millions USD}$$

Law-8504:

If both (**q**= [C-P]/X= Quick or Acid Test Ratio= 1.01 times), (**l** = L/E= Leverage or Gearing Ratio= 99.00%), (**Q**= Quoted Longterm Liabilities= 35,351 millions USD), (**c**= C/X= Current Ratio= 1.20 times), (**U**= Utilized or Starting Capital= 64,720 millions USD), (**i**= I/S= Interest Portion= 1.00%), (**s**= [S/S']-1= Sales Growth= 5.00%), (**p**= 360 P/V= Procured Inventory Days= 240 Days), (**d**= D/A= Dividend Portion or Payout= 30.00%), (**A**= After Tax Income= 7,899 millions USD), (**M**= Margin of Contribution= 41,548 millions USD), (**v**= V/S= Variable Portion= 19.00%), (**S'**= Sales of Past Year= 48,851 millions USD), and (**t**= T/B= Tax Rate= 30.00%), then it's (**F**= Fixed Cost planned), is:

F= M-S'i[1+s]-**[**(Ad+Q+S'vp[1+s] /{360[c-q]})/*l* -U**]**/[1-t]

= 41,548-48,851*0.0100[1+0.0500]-**[**(7,899 *0.3000+35,351+48,851*0.1900*240 /{360[1.2000-1.0100]})/0.9900 -64,720**]**/[1-0.3000]

= 29,750 millions USD

Law-8505:

If both (q= [C-P]/X= Quick or Acid Test Ratio= 1.01 times), (l = L/E= Leverage or Gearing Ratio= 99.00%), (Q= Quoted Longterm Liabilities= 35,351 millions USD), (c= C/X= Current Ratio= 1.20 times), (U= Utilized or Starting Capital= 64,720 millions USD), (i= I/S= Interest Portion= 1.00%), (s= [S/S']-1= Sales Growth= 5.00%), (p= 360 P/V= Procured Inventory Days= 240 Days), (d= D/A= Dividend Portion or Payout= 30.00%), (A= After Tax Income= 7,899 millions USD), (M= Margin of Contribution= 41,548 millions USD), (v= V/S= Variable Portion= 19.00%), (F= Fixed Cost= 29,750 millions USD), and (t= T/B= Tax Rate= 30.00%), then it's (S'= Sales Past), must be:

$$S' = \{M-F-[Ad+(Q+S'vp[1+s]/\{360[c-q]\})/l - U]/[1-t]\}/\{i[1+s]\}$$

= {41,548-29,750-[7,899*0.3000+(35,351
  +48,851*0.1900*240/{360[1.2000
  -1.0100]})/0.9900-64,720]
  /[1-0.3000]}/{0.0100[1+0.0500]}

= 48,851 millions USD

Law-8506:

If both (q= [C-P]/X= Quick or Acid Test Ratio= 1.01 times), (l = L/E= Leverage or Gearing Ratio= 99.00%), (Q= Quoted Longterm Liabilities= 35,351 millions USD), (c= C/X= Current Ratio= 1.20 times), (U= Utilized or Starting Capital= 64,720 millions USD), (S'= Sales of Past Year= 48,851 millions USD), (s= [S/S']-1= Sales Growth= 5.00%), (p= 360 P/V= Procured Inventory Days= 240 Days), (d= D/A= Dividend Portion or Payout= 30.00%), (A= After Tax Income= 7,899 millions USD), (M= Margin of Contribution= 41,548 millions USD), (v= V/S= Variable Portion= 19.00%), (F= Fixed Cost= 29,750 millions USD), and (t= T/B= Tax Rate= 30.00%), then it's (i= Interest Portion planned), is:

i= {M-F-[Ad+(Q+S'vp[1+s]/{360[c-q]})/l -U]
 /[1-t]}/{S'[1+s]}
 = {41,548-29,750-[7,899*0.3000+(35,351
  +48,851*0.1900*240/{360[1.2000
  -1.0100]})/0.9900-64,720]/
  [1-0.3000]}/{48,851[1+0.0500]}
 = 1.00%

Law-8507:

If both (q= [C-P]/X= Quick or Acid Test Ratio= 1.01 times), (l = L/E= Leverage or Gearing Ratio= 99.00%), (Q= Quoted Longterm Liabilities= 35,351 millions USD), (c= C/X= Current Ratio= 1.20 times), (U= Utilized or Starting Capital= 64,720 millions USD), (S'= Sales of Past Year= 48,851 millions USD), (i= I/S= Interest Portion= 1.00%), (p= 360 P/V= Procured Inventory Days= 240 Days), (d= D/A= Dividend Portion or Payout= 30.00%), (A= After Tax Income= 7,899 millions USD), (M= Margin of Contribution= 41,548 millions USD), (v= V/S= Variable Portion= 19.00%), (F= Fixed Cost= 29,750 millions USD), and (t= T/B= Tax Rate= 30.00%), then it's (s= Sales Growth planned), is:

s= {M-F-[Ad+(Q+S'vp[1+s]/{360[c-q]})/l -U]
/[1-t]}/[S'i]-1
= {41,548-29,750-[7,899*0.3000+(35,351
+48,851*0.1900*240/{360[1.2000
-1.0100]})/0.9900-64,720]000]}
/[48,851*0.0100]-1
= 5.00%

Law-8508:

If both ($q = [C-P]/X$= Quick or Acid Test Ratio= 1.01 times), ($l = L/E$= Leverage or Gearing Ratio= 99.00%), (Q= Quoted Longterm Liabilities= 35,351 millions USD), ($c = C/X$= Current Ratio= 1.20 times), (U= Utilized or Starting Capital= 64,720 millions USD), (S'= Sales of Past Year= 48,851 millions USD), ($i = I/S$= Interest Portion= 1.00%), ($p = 360$ P/V= Procured Inventory Days= 240 Days), ($d = D/A$= Dividend Portion or Payout= 30.00%), (A= After Tax Income= 7,899 millions USD), (M= Margin of Contribution= 41,548 millions USD), (v= V/S= Variable Portion= 19.00%), (F= Fixed Cost= 29,750 millions USD), and ($s = [S/S']-1$= Sales Growth= 5.00%), then it's (t= Tax Rate planned), is:

$$t = 1 - [Ad + (Q + S'vp[1+s]/\{360[c-q]\})/l - U] / \{M - F - S'i[1+s]\}$$

$= 1 - [7,899*0.3000 + (35,351 + 48,851*0.1900 *240/\{360[1.2000-1.0100]\})/0.9900 - 64,720]/\{41,548 - 29,750 - 48,851 *0.0100[1+0.0500]\}$

$= 30.00\%$

Law-8509:

If both (q= [C-P]/X= Quick or Acid Test Ratio= 1.01 times), (l = L/E= Leverage or Gearing Ratio= 99.00%), (Q= Quoted Longterm Liabilities= 35,351 millions USD), (c= C/X= Current Ratio= 1.20 times), (U= Utilized or Starting Capital= 64,720 millions USD), (S'= Sales of Past Year= 48,851 millions USD), (i= I/S= Interest Portion= 1.00%), (p= 360 P/V= Procured Inventory Days= 240 Days), (d= D/A= Dividend Portion or Payout= 30.00%), (t= T/B= Tax Rate= 30.00%), (M= Margin of Contribution= 41,548 millions USD), (v= V/S= Variable Portion= 19.00%), (F= Fixed Cost= 29,750 millions USD), and (s= [S/S']-1= Sales Growth= 5.00%), then it's (A= After Tax Income planned), is:

$$A = [U+\{M-F-S'i[1+s]\}[1-t]-(Q+S'vp[1+s]/\{360[c-q]\})/l\,]/d$$

$= [64,720+\{41,548-29,750-48,851*0.0100$
$[1+0.0500]\}[1-0.3000]-(35,351$
$+48,851*0.1900*240/\{360[1.2000$
$-1.0100]\})/0.9900]/0.3000$

= 7,899 millions USD

Law-8510:

If both (**q**= [C-P]/X= Quick or Acid Test Ratio= 1.01 times), (**l** = L/E= Leverage or Gearing Ratio= 99.00%), (**Q**= Quoted Longterm Liabilities= 35,351 millions USD), (**c**= C/X= Current Ratio= 1.20 times), (**U**= Utilized or Starting Capital= 64,720 millions USD), (**S'**= Sales of Past Year= 48,851 millions USD), (**i**= I/S= Interest Portion= 1.00%), (**p**= 360 P/V= Procured Inventory Days= 240 Days), (**A**= After Tax Income= 7,899 millions USD), (**t**= T/B= Tax Rate= 30.00%), (**M**= Margin of Contribution= 41,548 millions USD), (**v**= V/S= Variable Portion= 19.00%), (**F**= Fixed Cost= 29,750 millions USD), and (**s**= [S/S']-1= Sales Growth= 5.00%), then it's (**d**= Dividend Portion or Payout planned), is:

$$d = [U+\{M-F-S'i[1+s]\}[1-t] - (Q+S'vp[1+s]/\{360[c-q]\})/l]/A$$
$$= [64,720+\{41,548-29,750-48,851*0.0100[1+0.0500]\}[1-0.3000]-(35,351+48,851*0.1900*240/\{360[1.2000-1.0100]\})/0.9900]/7,899$$
$$= 30.00\%$$

Law-8511:

If both (**q**= [C-P]/X= Quick or Acid Test Ratio= 1.01 times), (**l** = L/E= Leverage or Gearing Ratio= 99.00%), (**Q**= Quoted Longterm Liabilities= 35,351 millions USD), (**c**= C/X= Current Ratio= 1.20 times), (**U**= Utilized or Starting Capital= 64,720 millions USD), (**S'**= Sales of Past Year= 48,851 millions USD), (**i**= I/S= Interest Portion= 1.00%), (**p**= 360 P/V= Procured Inventory Days= 240 Days), (**A**= After Tax Income= 7,899 millions USD), (**t**= T/B= Tax Rate= 30.00%), (**M**= Margin of Contribution= 41,548 millions USD), (**d**= D/A= Dividend Portion or Payout= 30.00%), (**F**= Fixed Cost= 29,750 millions USD), and (**s**= [S/S']-1= Sales Growth= 5.00%), then it's (**v**= Variable Portion planned), is:

$$v = 360[c-q][l\,(U+\{M-F-S'i[1+s]\}[1-t]-Ad)-Q]/\{S'p[1+s]\}$$

$= 360[1.2000-1.0100][0.9900(64,720$
$\quad +\{41,548-29,750-48,851*0.0100$
$\quad [1+0.0500]\}[1-0.3000]-7,899*0.3000)$
$\quad -35,351]/\{48,851*240[1+0.0500]\}$
$= \underline{19.00\%}$

Law-8512:

If both (**q**= [C-P]/X= Quick or Acid Test Ratio= 1.01 times), (**l** = L/E= Leverage or Gearing Ratio= 99.00%), (**Q**= Quoted Longterm Liabilities= 35,351 millions USD), (**c**= C/X= Current Ratio= 1.20 times), (**U**= Utilized or Starting Capital= 64,720 millions USD), (**S'**= Sales of Past Year= 48,851 millions USD), (**i**= I/S= Interest Portion= 1.00%), (**v**= V/S= Variable Portion= 19.00%), (**A**= After Tax Income= 7,899 millions USD), (**t**= T/B= Tax Rate= 30.00%), (**M**= Margin of Contribution= 41,548 millions USD), (**d**= D/A= Dividend Portion or Payout= 30.00%), (**F**= Fixed Cost= 29,750 millions USD), and (**s**= [S/S']-1= Sales Growth= 5.00%), then it's (**p**= Procured Inventory Days planned), is:

$$p = 360[c-q][l\ (U+\{M-F-S'i[1+s]\}[1-t]-Ad)-Q] / \{S'v[1+s]\}$$
$$= 360[1.2000-1.0100][0.9900(64,720+\{41,548 - 29,750 - 48,851*0.0100[1+0.0500]\} [1-0.3000]-7,899*0.3000)-35,351] / \{48,851*0.1900[1+0.0500]\}$$
$$= \underline{240}\ \text{days}$$

Law-8513:

If both (**q**= [C-P]/X= Quick or Acid Test Ratio= 1.01 times), (**l** = L/E= Leverage or Gearing Ratio= 99.00%), (**Q**= Quoted Longterm Liabilities= 35,351 millions USD), (**p**= 360 P/V= Procured Inventory Days= 240 Days), (**U**= Utilized or Starting Capital= 64,720 millions USD), (**S'**= Sales of Past Year= 48,851 millions USD), (**i**= I/S= Interest Portion= 1.00%), (**v**= V/S= Variable Portion= 19.00%), (**A**= After Tax Income= 7,899 millions USD), (**t**= T/B= Tax Rate= 30.00%), (**M**= Margin of Contribution= 41,548 millions USD), (**d**= D/A= Dividend Portion or Payout= 30.00%), (**F**= Fixed Cost= 29,750 millions USD), and (**s**= [S/S']-1= Sales Growth= 5.00%), then it's (**c**= Current Ratio planned), is:

c= q+S'vp[1+s]/{360[*l* (U+{M-F-S'i[1+s]} [1-t]-Ad)-Q]}
= 1.0100+48,851*0.1900*240[1+0.0500]
/{360[0.9900(64,720+{41,548
-29,750-48,851*0.0100[1+0.0500]}
[1-0.3000]-7,899*0.3000)-35,351]}
= 1.20 times

Law-8514:

If both (**c**= C/X= Current Ratio= 1.20 times), (**l**= L/E= Leverage or Gearing Ratio= 99.00%), (**Q**= Quoted Longterm Liabilities= 35,351 millions USD), (**p**= 360 P/V= Procured Inventory Days= 240 Days), (**U**= Utilized or Starting Capital= 64,720 millions USD), (**S'**= Sales of Past Year= 48,851 millions USD), (**i**= I/S= Interest Portion= 1.00%), (**v**= V/S= Variable Portion= 19.00%), (**A**= After Tax Income= 7,899 millions USD), (**t**= T/B= Tax Rate= 30.00%), (**M**= Margin of Contribution= 41,548 millions USD), (**d**= D/A= Dividend Portion or Payout= 30.00%), (**F**= Fixed Cost= 29,750 millions USD), and (**s**= [S/S']-1= Sales Growth= 5.00%), then it's (**q**= Quick or Acid Test Ratio planned), is:

q= c-S'vp[1+s]/{360[*l* (U+{M-F-S'i[1+s]}
  [1-t]-Ad)-Q]}
= 1.2000-48,851*0.1900*240[1+0.0500]
  /{360[0.9900(64,720+{41,548-29,750
  -48,851*0.0100[1+0.0500]}[1-0.3000]
  -7,899*0.3000)-35,351]}

= 1.01 times

Law-8515:

If both (l = L/E= Leverage or Gearing Ratio= 99.00%), (**X**= Xpress or Current Debt= 34,196 millions USD), (**U**= Utilized or Starting Capital= 64,720 millions USD), (**S'**= Sales of Past Year= 48,851 millions USD), (**i**= I/S= Interest Portion= 1.00%), (**t**= T/B= Tax Rate= 30.00%), (**M**= Margin of Contribution= 41,548 millions USD), (**d**= D/A= Dividend Portion or Payout= 30.00%), (**F**= Fixed Cost= 29,750 millions USD), and (**s**= [S/S']-1= Sales Growth= 5.00%), then it's (**Q**= Quoted Longterm Liabilities planned), is:

$$\begin{aligned}
\mathbf{Q} &= l\,(U+\{M-F-S'i[1+s]\}[1-t][1-d])-X \\
&= 0.9900(64{,}720+\{41{,}548-29{,}750-48{,}851 \\
&\qquad *0.0100[1+0.0500]\}[1-0.3000] \\
&\qquad [1-0.3000])-34{,}196 \\
&= \underline{35{,}351} \text{ millions USD}
\end{aligned}$$

Law-8516:

If both (**Q**= Quoted Longterm Liabilities planned= 35,351 millions USD), (**X**= Xpress or Current Debt= 34,196 millions USD), (**U**= Utilized or Starting Capital= 64,720 millions USD), (**S'**= Sales of Past Year= 48,851 millions USD), (**i**= I/S= Interest Portion= 1.00%), (**t**= T/B= Tax Rate= 30.00%), (**M**= Margin of Contribution= 41,548 millions USD), (**d**= D/A= Dividend Portion or Payout= 30.00%), (**F**= Fixed Cost= 29,750 millions USD), and (**s**= [S/S']-1= Sales Growth= 5.00%), then it's (**l** = Leverage or Gearing Ratio planned), is:

l = [Q+X]/(U+{M-F-S'i[1+s]}[1-t][1-d])
= [35,351+34,196]/(64,720+{41,548-29,750
        -48,851*0.0100[1+0.0500]}[1-0.3000]
        [1-0.3000]
= 99.00%

Law-8517:

If both (l = L/E= Leverage or Gearing Ratio= 99.00%), (**X**= Xpress or Current Debt= 34,196 millions USD), (**Q**= Quoted Longterm Liabilities= 35,351 millions USD), (**S'**= Sales of Past Year= 48,851 millions USD), (**i**= I/S= Interest Portion= 1.00%), (**t**= T/B= Tax Rate= 30.00%), (**M**= Margin of Contribution= 41,548 millions USD), (**d**= D/A= Dividend Portion or Payout= 30.00%), (**F**= Fixed Cost= 29,750 millions USD), and (**s**= [S/S']-1= Sales Growth= 5.00%), then it's (**U**= Utilized or Starting Capital planned), is:

$$U = [Q+X]/l - \{M-F-S'i[1+s]\}[1-t][1-d]$$
$$= [35,351+34,196]/0.9900 - \{41,548-29,750$$
$$-48,851*0.0100[1+0.0500]\}[1-0.3000]$$
$$[1-0.3000]$$
$$= 64,720 \text{ millions USD}$$

Law-8518:

If both (l = L/E= Leverage or Gearing Ratio= 99.00%), (**X**= Xpress or Current Debt= 34,196 millions USD), (**Q**= Quoted Longterm Liabilities= 35,351 millions USD), (**S'**= Sales of Past Year= 48,851 millions USD), (**i**= I/S= Interest Portion= 1.00%), (**t**= T/B= Tax Rate= 30.00%), (**U**= Utilized or Starting Capital= 64,720 millions USD), (**d**= D/A= Dividend Portion or Payout= 30.00%), (**F**= Fixed Cost= 29,750 millions USD), and (**s**= [S/S']-1= Sales Growth= 5.00%), then it's (**M**= Margin of Contribution planned), is:

$$M = \{F+S'i[1+s]+[Q+X]/l - U\}/\{1-t\}[1-d]\}$$
$$= \{29,750+48,851*0.0100[1+0.0500]+[35,351+34,196]/0.9900-64,720\}/\{[1-0.3000][1-0.3000]\}$$
$$= \underline{41,548} \text{ millions USD}$$

Law-8519:

If both (l = L/E= Leverage or Gearing Ratio= 99.00%), (**X**= Xpress or Current Debt= 34,196 millions USD), (**Q**= Quoted Longterm Liabilities= 35,351 millions USD), (**S'**= Sales of Past Year= 48,851 millions USD), (**i**= I/S= Interest Portion= 1.00%), (**t**= T/B= Tax Rate= 30.00%), (**U**= Utilized or Starting Capital= 64,720 millions USD), (**d**= D/A= Dividend Portion or Payout= 30.00%), (**M**= Margin of Contribution= 41,548 millions USD), and (**s**= [S/S']-1= Sales Growth= 5.00%), then it's (**F**= Fixed Cost planned), is:

$$F = \{M - S'i[1+s] - [Q+X]/l - U\} / \{[1-t][1-d]\}$$
$$= \{41,548 - 48,851 * 0.0100[1+0.0500] - [35,351 + 34,196]/0.9900 - 64,720\} / \{[1-0.3000][1-0.3000]\}$$
$$= 29,750 \text{ millions USD}$$

Law-8520:

If both (l= L/E= Leverage or Gearing Ratio= 99.00%), (X= Xpress or Current Debt= 34,196 millions USD), (Q= Quoted Longterm Liabilities= 35,351 millions USD), (M= Margin of Contribution= 41,548 millions USD), (i= I/S= Interest Portion= 1.00%), (t= T/B= Tax Rate= 30.00%), (U= Utilized or Starting Capital= 64,720 millions USD), (d= D/A= Dividend Portion or Payout= 30.00%), (F= Fixed Cost= 29,750 millions USD), and (s= [S/S']-1= Sales Growth= 5.00%), then it's (S'= Sales Past), must be:

S'= {M-F-[Q+X]/l -U}/{[1-t][1-d]}/{i[1+s]}
  = {41,548-29,750-[35,351+34,196]/0.9900
      -64,720}/{[1-0.3000][1-0.3000]}
      /{0.0100/[1+0.0500]}
  = 29,750 millions USD

Law-8521:

If both (I = L/E= Leverage or Gearing Ratio= 99.00%), (**X**= Xpress or Current Debt= 34,196 millions USD), (**Q**= Quoted Longterm Liabilities= 35,351 millions USD), (**M**= Margin of Contribution= 41,548 millions USD), (**S'**= Sales of Past Year= 48,851 millions USD), (**t**= T/B= Tax Rate= 30.00%), (**U**= Utilized or Starting Capital= 64,720 millions USD), (**d**= D/A= Dividend Portion or Payout= 30.00%), (**F**= Fixed Cost= 29,750 millions USD), and (**s**= [S/S']-1= Sales Growth= 5.00%), then it's (**i**= Interest Portion planned), is:

$$i = \{M-F-[Q+X]/I -U\}/\{[1-t][1-d]\}/\{S'[1+s]\}$$
$$= \{41,548-29,750-[35,351+34,196]/0.9900 -64,720\}/\{[1-0.3000][1-0.3000]\} /\{48,851/[1+0.0500]\}$$
$$= \underline{1.00\%}$$

Law-8522:

If both (I = L/E= Leverage or Gearing Ratio= 99.00%), (**X**= Xpress or Current Debt= 34,196 millions USD), (**Q**= Quoted Longterm Liabilities= 35,351 millions USD), (**M**= Margin of Contribution= 41,548 millions USD), (**i**= I/S= Interest Portion= 1.00%), (**t**= T/B= Tax Rate= 30.00%), (**U**= Utilized or Starting Capital= 64,720 millions USD), (**d**= D/A= Dividend Portion or Payout= 30.00%), (**F**= Fixed Cost= 29,750 millions USD), and (**i**= I/S= Interest Portion= 1.00%), then it's (**s**= Sales Growth planned), is:

$$s = \{M-F-[Q+X]/l - U\}/\{[1-t][1-d]\}/[S'i]-1$$
$$= \{41,548-29,750-[35,351+34,196]/0.9900$$
$$\quad -64,720\}/\{[1-0.3000][1-0.3000]\}$$
$$\quad /[48,851*0.0100]-1$$
$$= \underline{5.00}\%$$

Law-8523:

If both (I = L/E= Leverage or Gearing Ratio= 99.00%), (X= Xpress or Current Debt= 34,196 millions USD), (Q= Quoted Longterm Liabilities= 35,351 millions USD), (M= Margin of Contribution= 41,548 millions USD), (s= [S/S']-1= Sales Growth= 5.00%), (S'= Sales of Past Year= 48,851 millions USD), (U= Utilized or Starting Capital= 64,720 millions USD), (d= D/A= Dividend Portion or Payout= 30.00%), (F= Fixed Cost= 29,750 millions USD), and (i= I/S= Interest Portion= 1.00%), then it's (t= Tax Rate planned), is:

$$t = 1 - \{[Q+X]/I - U\}/([1-d]\{M-F-S'i[1+s]\})$$
$$= 1 - \{[35,351+34,196]/0.9900 - 64,720\}$$
$$/([1-0.3000]\{41,548-29,750$$
$$-8,851*0.0100[1+0.0500]\})$$
$$= 30.00\%$$

Law-8524:

If both (l = L/E= Leverage or Gearing Ratio= 99.00%), (**X**= Xpress or Current Debt= 34,196 millions USD), (**Q**= Quoted Longterm Liabilities= 35,351 millions USD), (**M**= Margin of Contribution= 41,548 millions USD), (**s**= [S/S']-1= Sales Growth= 5.00%), (**S'**= Sales of Past Year= 48,851 millions USD), (**U**= Utilized or Starting Capital= 64,720 millions USD), (**t**= T/B= Tax Rate= 30.00%), (**F**= Fixed Cost= 29,750 millions USD), and (**i**= I/S= Interest Portion= 1.00%), then it's (**d**= Dividend Portion or Payout planned), is:

$$d = 1 - \{[Q+X]/l - U\}/([1-t]\{M-F-S'i[1+s]\})$$
$$= 1 - \{[35{,}351+34{,}196]/0.9900 - 64{,}720\}$$
$$/([1-0.3000]\{41{,}548-29{,}750$$
$$-8{,}851*0.0100[1+0.0500]\})$$
$$= 30.00\%$$

Law-8525:

If both (l = L/E= Leverage or Gearing Ratio= 99.00%), (**d**= D/A= Dividend Portion or Payout= 30.00%), (**Q**= Quoted Longterm Liabilities= 35,351 millions USD), (**M**= Margin of Contribution= 41,548 millions USD), (**s**= [S/S']-1= Sales Growth= 5.00%), (**S'**= Sales of Past Year= 48,851 millions USD), (**U**= Utilized or Starting Capital= 64,720 millions USD), (**t**= T/B= Tax Rate= 30.00%), (**F**= Fixed Cost= 29,750 millions USD), and (**i**= I/S= Interest Portion= 1.00%), then it's (**X**= Xpress or Current Debt planned), is:

$X = l\,(U+\{M-F-S'i[1+s]\}[1-t][1-d])-Q$
  = 0.9900(64,720+{41,548-29,750-48,851
      *0.0100[1+0.0500]}[1-0.3000]
      [1-0.3000])-35,351
  = 34,196 millions USD

Law-8526:

If both (l= L/E= Leverage or Gearing Ratio= 99.00%), (d= D/A= Dividend Portion or Payout= 30.00%), (c= C/X= Current Ratio= 1.20 times), (P= Procured Inventories= 6,497 millions USD), (q= Quick or Acid Test Ratio= [C-P]/X= 1.01 times), (M= Margin of Contribution= 41,548 millions USD), (s= [S/S']-1= Sales Growth= 5.00%), (S'= Sales of Past Year= 48,851 millions USD), (U= Utilized or Starting Capital= 64,720 millions USD), (t= T/B= Tax Rate= 30.00%), (F= Fixed Cost= 29,750 millions USD), and (i= I/S= Interest Portion= 1.00%), then it's (Q= Quoted Longterm Liabilities planned), is:

$Q = l\,(U+\{M-F-S'i[1+s]\}[1-t][1-d])-P/[c-q]$
 $= 0.9900(64,720+\{41,548-29,750-48,851$
       $*0.0100[1+0.0500]\}[1-0.3000]$
       $[1-0.3000])-6,497/[1.2000-1.0100]$
 $= \underline{35,351}$ millions USD

Law-8527:

If both (**Q**= Quoted Longterm Liabilities= 35,351 millions USD), (**d**= D/A= Dividend Portion or Payout= 30.00%), (**c**= C/X= Current Ratio= 1.20 times), (**P**= Procured Inventories= 6,497 millions USD), (**q**= [C-P]/X= Quick or Acid Test Ratio= 1.01 times), (**M**= Margin of Contribution= 41,548 millions USD), (**s**= [S/S']-1= Sales Growth= 5.00%), (**S'**= Sales of Past Year= 48,851 millions USD), (**U**= Utilized or Starting Capital= 64,720 millions USD), (**t**= T/B= Tax Rate= 30.00%), (**F**= Fixed Cost= 29,750 millions USD), and (**i**= I/S= Interest Portion= 1.00%), then it's (***l*** = Leverage or Gearing Ratio planned), is:

$$l = \{Q+P/[c-q]\}/(U+\{M-F-S'i[1+s]\}[1-t][1-d])$$
$$= \{35,351+6,497/[1.2000-1.0100]\}/(64,720$$
$$+\{41,548-29,750-48,851*0.0100$$
$$[1+0.0500]\}[1-0.3000][1-0.3000])$$
$$= \underline{99.00\%}$$

Law-8528:

If both (**Q**= Quoted Longterm Liabilities= 35,351 millions USD), (**d**= D/A= Dividend Portion or Payout= 30.00%), (**c**= C/X= Current Ratio= 1.20 times), (**P**= Procured Inventories= 6,497 millions USD), (**q**= [C-P]/X= Quick or Acid Test Ratio= 1.01 times), (**M**= Margin of Contribution= 41,548 millions USD), (**s**= [S/S']-1= Sales Growth= 5.00%), (**S'**= Sales of Past Year= 48,851 millions USD), (**/**= L/E= Leverage or Gearing Ratio= 99.00%), (**t**= T/B= Tax Rate= 30.00%), (**F**= Fixed Cost= 29,750 millions USD), and (**i**= I/S= Interest Portion= 1.00%), then it's (**U**= Utilized or Starting Capital planned), is:

$$U = \{Q+P/[c-q]\}/l - \{M-F-S'i[1+s]\}[1-t][1-d]$$
$$= \{35,351+6,497/[1.2000-1.0100]\}/0.9900$$
$$\quad -\{41,548-29,750-48,851*0.0100[$$
$$\quad\quad 1+0.0500]\}[1-0.3000][1-0.3000]$$
$$= \underline{64,720} \text{ millions USD}$$

Law-8529:

If both (**Q**= Quoted Longterm Liabilities= 35,351 millions USD), (**d**= D/A= Dividend Portion or Payout= 30.00%), (**c**= C/X= Current Ratio= 1.20 times), (**P**= Procured Inventories= 6,497 millions USD), (**q**= [C-P]/X= Quick or Acid Test Ratio= 1.01 times), (**U**= Utilized or Starting Capital= 64,720 millions USD), (**s**= [S/S']-1= Sales Growth= 5.00%), (**S'**= Sales of Past Year= 48,851 millions USD), (***l***= L/E= Leverage or Gearing Ratio= 99.00%), (**t**= T/B= Tax Rate= 30.00%), (**F**= Fixed Cost= 29,750 millions USD), and (**i**= I/S= Interest Portion= 1.00%), then it's (**M**= Margin of Contribution planned), is:

$$U = F + S'i[1+s] + (\{Q+P/[c-q]\}/l - U)/\{[1-t][1-d]\}$$
$$= 29{,}750 + 48{,}851 * 0.0100[1+0.0500]$$
$$\quad + (\{35{,}351 + 6{,}497/[1.2000 - 1.0100]\}$$
$$\quad /0.9900 - 64{,}720)$$
$$\quad /\{[1-0.3000][1-0.3000]\}$$
$$= 41{,}548 \text{ millions USD}$$

Law-8530:

If both (**Q**= Quoted Longterm Liabilities= 35,351 millions USD), (**d**= D/A= Dividend Portion or Payout= 30.00%), (**c**= C/X= Current Ratio= 1.20 times), (**P**= Procured Inventories= 6,497 millions USD), (**q**= [C-P]/X= Quick or Acid Test Ratio= 1.01 times), (**M**= Margin of Contribution= 41,548 millions USD), (**U**= Utilized or Starting Capital= 64,720 millions USD), (**s**= [S/S']-1= Sales Growth= 5.00%), (**S'**= Sales of Past Year= 48,851 millions USD), (**l**= L/E= Leverage or Gearing Ratio= 99.00%), (**t**= T/B= Tax Rate= 30.00%), and (**i**= I/S= Interest Portion= 1.00%), then it's (**F**= Fixed Cost planned), is:

F= M-S'i[1+s]-({Q+P/[c-q]}/*l* -U)/{[1-t][1-d]}
= 41,548-48,851*0.0100[1+0.0500]-({35,351
   +6,497/[1.2000-1.0100]}/0.9900
   -64,720)/{[1-0.3000][1-0.3000]}
= 29,750 millions USD

Law-8531:

If both (**Q**= Quoted Longterm Liabilities= 35,351 millions USD), (**d**= D/A= Dividend Portion or Payout= 30.00%), (**c**= C/X= Current Ratio= 1.20 times), (**P**= Procured Inventories= 6,497 millions USD), (**q**= [C-P]/X= Quick or Acid Test Ratio= 1.01 times), (**M**= Margin of Contribution= 41,548 millions USD), (**U**= Utilized or Starting Capital= 64,720 millions USD), (**s**= [S/S']-1= Sales Growth= 5.00%), (**F**= Fixed Cost= 29,750 millions USD), (**l**= L/E= Leverage or Gearing Ratio= 99.00%), (**t**= T/B= Tax Rate= 30.00%), and (**i**= I/S= Interest Portion= 1.00%), then it's (**S'**= Sales Past), must be:

S'= [M-F-({Q+P/[c-q]}/l -U)/{[1-t][1-d]}]
/{i[1+s]}
= [41,548-29,750-({35,351+6,497/[1.2000
-1.0100]}/0.9900-64,720)/{[1-0.3000]
[1-0.3000]}]/{0.0100[1+0.0500]}
= 48,851 millions USD

Law-8532:

If both (**Q**= Quoted Longterm Liabilities= 35,351 millions USD), (**d**= D/A= Dividend Portion or Payout= 30.00%), (**c**= C/X= Current Ratio= 1.20 times), (**P**= Procured Inventories= 6,497 millions USD), (**q**= [C-P]/X= Quick or Acid Test Ratio= 1.01 times), (**M**= Margin of Contribution= 41,548 millions USD), (**U**= Utilized or Starting Capital= 64,720 millions USD), (**s**= [S/S']-1= Sales Growth= 5.00%), (**F**= Fixed Cost= 29,750 millions USD), (**l**= L/E= Leverage or Gearing Ratio= 99.00%), (**t**= T/B= Tax Rate= 30.00%), and (**S'**= Sales of Past Year= 48,851 millions USD), then it's (**i**= Interest Portion planned), is:

$$i = [M-F-(\{Q+P/[c-q]\}/l - U)/\{[1-t][1-d]\}] /\{S'[1+s]\}$$
$$= [41,548-29,750-(\{35,351+6,497/[1.2000 -1.0100]\}/0.9900-64,720)/\{[1-0.3000] [1-0.3000]\}]/\{48,851[1+0.0500]\}$$
$$= \underline{1.00\%}$$

Law-8533:

If both (**Q**= Quoted Longterm Liabilities= 35,351 millions USD), (**d**= D/A= Dividend Portion or Payout= 30.00%), (**c**= C/X= Current Ratio= 1.20 times), (**P**= Procured Inventories= 6,497 millions USD), (**q**= [C-P]/X= Quick or Acid Test Ratio= 1.01 times), (**M**= Margin of Contribution= 41,548 millions USD), (**U**= Utilized or Starting Capital= 64,720 millions USD), (**i**= I/S= Interest Portion= 1.00%), (**F**= Fixed Cost= 29,750 millions USD), (***l*** = L/E= Leverage or Gearing Ratio= 99.00%), (**t**= T/B= Tax Rate= 30.00%), and (**S'**= Sales of Past Year= 48,851 millions USD), then it's (**s**= Sales Growth planned), is:

$$s = [M-F-(\{Q+P/[c-q]\}/l - U)/\{[1-t][1-d]\}]/[S'i]-1$$
$$= [41,548-29,750-(\{35,351+6,497/[1.2000$$
$$-1.0100]\}/0.9900-64,720)$$
$$/\{[1-0.3000][1-0.3000]\}]$$
$$/[48,851*0.0100]-1$$
$$= 5.00\%$$

Finance Construction-13, *Tim Asikin, Steve Asikin, Indra Senihardja*

Law-8534:

If both (**Q**= Quoted Longterm Liabilities= 35,351 millions USD), (**d**= D/A= Dividend Portion or Payout= 30.00%), (**c**= C/X= Current Ratio= 1.20 times), (**P**= Procured Inventories= 6,497 millions USD), (**q**= [C-P]/X= Quick or Acid Test Ratio= 1.01 times), (**M**= Margin of Contribution= 41,548 millions USD), (**U**= Utilized or Starting Capital= 64,720 millions USD), (**i**= I/S= Interest Portion= 1.00%), (**F**= Fixed Cost= 29,750 millions USD), (***l***= L/E= Leverage or Gearing Ratio= 99.00%), (**s**= [S/S']-1= Sales Growth= 5.00%), and (**S'**= Sales of Past Year= 48,851 millions USD), then it's (**t**= Tax Rate planned), is:

t= 1-({Q+P/[c-q]}/*l* -U)/{[1-d]{M-F-S'i[1+s]}
= 1-({35,351+6,497/[1.2000-1.0100]}
/0.9900-64,720)/{[1-0.3000]{41,548
-29,750-48,851*0.0100[1+0.0500]}
= 30.00%

Law-8535:

If both (**Q**= Quoted Longterm Liabilities= 35,351 millions USD), (**t**= T/B= Tax Rate= 30.00%), (**c**= C/X= Current Ratio= 1.20 times), (**P**= Procured Inventories= 6,497 millions USD), (**q**= [C-P]/X= Quick or Acid Test Ratio= 1.01 times), (**M**= Margin of Contribution= 41,548 millions USD), (**U**= Utilized or Starting Capital= 64,720 millions USD), (**i**= I/S= Interest Portion= 1.00%), (**F**= Fixed Cost= 29,750 millions USD), (***l*** = L/E= Leverage or Gearing Ratio= 99.00%), (**s**= [S/S']-1= Sales Growth= 5.00%), and (**S'**= Sales of Past Year= 48,851 millions USD), then it's (**d**= Dividend Portion or Payout planned), is:

$$\begin{aligned}
\mathbf{d} &= 1 - (\{Q+P/[c-q]\}/l - U)/\{[1-t]\{M-F-S'i[1+s]\}\} \\
&= 1 - (\{35,351+6,497/[1.2000-1.0100]\} \\
&\quad /0.9900 - 64,720)/\{[1-0.3000]\{41,548 \\
&\quad -29,750 - 48,851*0.0100[1+0.0500]\}\} \\
&= 30.00\%
\end{aligned}$$

Law-8536:

If both (**Q**= Quoted Longterm Liabilities= 35,351 millions USD), (**t**= T/B= Tax Rate= 30.00%), (**c**= C/X= Current Ratio= 1.20 times), (**d**= D/A= Dividend Portion or Payout= 30.00%), (**q**= [C-P]/X= Quick or Acid Test Ratio= 1.01 times), (**M**= Margin of Contribution= 41,548 millions USD), (**U**= Utilized or Starting Capital= 64,720 millions USD), (**i**= I/S= Interest Portion= 1.00%), (**F**= Fixed Cost= 29,750 millions USD), (**l**= L/E= Leverage or Gearing Ratio= 99.00%), (**s**= [S/S']-1= Sales Growth= 5.00%), and (**S'**= Sales of Past Year= 48,851 millions USD), then it's (**P**= Procured Inventories planned), is:

$$P = [c-q][l\,(U+\{M-F-S'i[1+s]\}[1-t][1-d])-Q]$$
$$= [1.2000-1.0100][0.9900(64{,}720+\{41{,}548 -29{,}750-48{,}851*0.0100[1+0.0500]\} [1-0.3000][1-0.3000])-35{,}351]$$
$$= 6{,}497 \text{ millions USD}$$

Law-8537:

If both (**Q**= Quoted Longterm Liabilities= 35,351 millions USD), (**t**= T/B= Tax Rate= 30.00%), (**P**= Procured Inventories= 6,497 millions USD), (**d**= D/A= Dividend Portion or Payout= 30.00%), (**q**= Quick or Acid Test Ratio= [C-P]/X= 1.01 times), (**M**= Margin of Contribution= 41,548 millions USD), (**U**= Utilized or Starting Capital= 64,720 millions USD), (**i**= I/S= Interest Portion= 1.00%), (**F**= Fixed Cost= 29,750 millions USD), (**/** = L/E= Leverage or Gearing Ratio= 99.00%), (**s**= [S/S']-1= Sales Growth= 5.00%), and (**S'**= Sales of Past Year= 48,851 millions USD), then it's (**c**= Current Ratio planned), is:

c= q+P/[**/** (U+{M-F-S'i[1+s]}[1-t][1-d])-Q]
= 1.0100+6,497/[0.9900(64,720+{41,548
-29,750-48,851*0.0100[1+0.0500]}
[1-0.3000][1-0.3000])-35,351]
= 1.20 times

Law-8538:

If both (**Q**= Quoted Longterm Liabilities= 35,351 millions USD), (**t**= T/B= Tax Rate= 30.00%), (**P**= Procured Inventories= 6,497 millions USD), (**d**= D/A= Dividend Portion or Payout= 30.00%), (**c**= C/X= Current Ratio= 1.20 times), (**M**= Margin of Contribution= 41,548 millions USD), (**U**= Utilized or Starting Capital= 64,720 millions USD), (**i**= I/S= Interest Portion= 1.00%), (**F**= Fixed Cost= 29,750 millions USD), (***l***= L/E= Leverage or Gearing Ratio= 99.00%), (**s**= [S/S']-1= Sales Growth= 5.00%), and (**S'**= Sales of Past Year= 48,851 millions USD), then it's (**q**= Quick or Acid Test Ratio planned), is:

$$q= c-P/[l\,(U+\{M-F-S'i[1+s]\}[1-t][1-d])-Q]$$
$$= 1.2000-6,497/[0.9900(64,720+\{41,548$$
$$-29,750-48,851*0.0100[1+0.0500]\}$$
$$[1-0.3000][1-0.3000])-35,351]$$
$$= \underline{1.01}\text{ times}$$

Law-8539:

If both (**q**= [C-P]/X= Quick or Acid Test Ratio= 1.01 times), (**t**= T/B= Tax Rate= 30.00%), (**p**= 360 P/V= Procured Inventory Days= 240 Days), (**V**= Variable Cost= 9,746 millions USD), (**d**= D/A= Dividend Portion or Payout= 30.00%), (**c**= C/X= Current Ratio= 1.20 times), (**M**= Margin of Contribution= 41,548 millions USD), (**U**= Utilized or Starting Capital= 64,720 millions USD), (**i**= I/S= Interest Portion= 1.00%), (**F**= Fixed Cost= 29,750 millions USD), (**l**= L/E= Leverage or Gearing Ratio= 99.00%), (**s**= [S/S']-1= Sales Growth= 5.00%), and (**S'**= Sales of Past Year= 48,851 millions USD), then it's (**Q**= Quoted Longterm Liabilities planned), is:

$$Q = l\,(U+\{M-F-S'i[1+s]\}[1-t][1-d]) - Vp/\{360[c-q]\}$$
$$= 0.9900(64{,}720+\{41{,}548-29{,}750-48{,}851 \\ *0.0100[1+0.0500]\}[1-0.3000] \\ [1-0.3000])-9{,}746*240 \\ /\{360[1.2000-1.0100]\}$$
$$= 35{,}351 \text{ millions USD}$$

Law-8540:

If both (**q**= [C-P]/X= Quick or Acid Test Ratio= 1.01 times), (**t**= T/B= Tax Rate= 30.00%), (**p**= 360 P/V= Procured Inventory Days= 240 Days), (**V**= Variable Cost= 9,746 millions USD), (**d**= D/A= Dividend Portion or Payout= 30.00%), (**c**= C/X= Current Ratio= 1.20 times), (**M**= Margin of Contribution= 41,548 millions USD), (**U**= Utilized or Starting Capital= 64,720 millions USD), (**i**= I/S= Interest Portion= 1.00%), (**F**= Fixed Cost= 29,750 millions USD), (**Q**= Quoted Longterm Liabilities= 35,351 millions USD), (**s**= [S/S']-1= Sales Growth= 5.00%), and (**S'**= Sales of Past Year= 48,851 millions USD), then it's (**l** = Leverage or Gearing Ratio planned), is:

$$l = (Q+Vp/\{360[c-q]\})/(U+\{M-F-S'i[1+s]\}[1-t][1-d])$$
$$= (35{,}351+9{,}746*240/\{360[1.2000-1.0100]\})$$
$$/(64{,}720+\{41{,}548-29{,}750-48{,}851$$
$$*0.0100[1+0.0500]\}[1-0.3000]$$
$$[1-0.3000])$$
$$= 99.00\%$$

Law-8541:

If both (q= [C-P]/X= Quick or Acid Test Ratio= 1.01 times), (t= T/B= Tax Rate= 30.00%), (p= 360P/V= Procured Inventory Days= 240 Days), (V= Variable Cost= 9,746 millions USD), (d= D/A= Dividend Portion or Payout= 30.00%), (c= C/X= Current Ratio= 1.20 times), (M= Margin of Contribution= 41,548 millions USD), (l = L/E= Leverage or Gearing Ratio= 99.00%), (i= I/S= Interest Portion= 1.00%), (F= Fixed Cost= 29,750 millions USD), (Q= Quoted Longterm Liabilities= 35,351 millions USD), (s= [S/S']-1= Sales Growth= 5.00%), and (S'= Sales of Past Year= 48,851 millions USD), then it's (U= Utilized or Starting Capital planned), is:

U= (Q+Vp/{360[c-q]})/l -{M-F-S'i[1+s]}
　　　　[1-t][1-d]
= (35,351+9,746*240/{360[1.2000-1.0100]})
　　/(0.9900-{41,548-29,750-48,851
　　*0.0100[1+0.0500]}[1-0.3000]
　　[1-0.3000]
= 64,720 millions USD

Law-8542:
If both (**q**= [C-P]/X= Quick or Acid Test Ratio= 1.01 times), (**t**= T/B= Tax Rate= 30.00%), (**p**= 360 P/V= Procured Inventory Days= 240 Days), (**V**= Variable Cost= 9,746 millions USD), (**d**= D/A= Dividend Portion or Payout= 30.00%), (**c**= C/X= Current Ratio= 1.20 times), (**U**= Utilized or Starting Capital= 64,720 millions USD), (**l** = L/E= Leverage or Gearing Ratio= 99.00%), (**i**= I/S= Interest Portion= 1.00%), (**F**= Fixed Cost= 29,750 millions USD), (**Q**= Quoted Longterm Liabilities= 35,351 millions USD), (**s**= [S/S']-1= Sales Growth= 5.00%), and (**S'**= Sales of Past Year= 48,851 millions USD), then it's (**M**= Margin of Contribution planned), is:

$$M= F+S'i[1+s]+[(Q+Vp/\{360[c-q]\})/l -U]/\{[1-t][1-d]\}$$
$$= 29,750+48,851*0.0100[1+0.0500]$$
$$+[(35,351+9,746*240/\{360[1.2000-1.0100]\})/0.9900-64,720]/\{[1-0.3000][1-0.3000]\}$$
$$= 41,548 \text{ millions USD}$$

Law-8543:

If both (**q**= [C-P]/X= Quick or Acid Test Ratio= 1.01 times), (**t**= T/B= Tax Rate= 30.00%), (**p**= 360 P/V= Procured Inventory Days= 240 Days), (**V**= Variable Cost= 9,746 millions USD), (**d**= D/A= Dividend Portion or Payout= 30.00%), (**c**= C/X= Current Ratio= 1.20 times), (**U**= Utilized or Starting Capital= 64,720 millions USD), (**l**= L/E= Leverage or Gearing Ratio= 99.00%), (**i**= I/S= Interest Portion= 1.00%), (**M**= Margin of Contribution= 41,548 millions USD), (**Q**= Quoted Longterm Liabilities= 35,351 millions USD), (**s**= [S/S']-1= Sales Growth= 5.00%), and (**S'**= Sales of Past Year= 48,851 millions USD), then it's (**F**= Fixed Cost planned), is:

$F = M - S'i[1+s] - [(Q + Vp/\{360[c-q]\})/l - U] / \{[1-t][1-d]\}$

$= 41,548 - 48,851 \cdot 0.0100[1+0.0500] - [(35,351 + 9,746 \cdot 240/\{360[1.2000-1.0100]\}) / 0.9900 - 64,720] / \{[1-0.3000][1-0.3000]\}$

$= 29,750$ millions USD

Finance Construction-13, *Tim Asikin, Steve Asikin, Indra Senihardja*

Law-8544:

If both (**q**= [C-P]/X= Quick or Acid Test Ratio= 1.01 times), (**t**= T/B= Tax Rate= 30.00%), (**p**= 360 P/V= Procured Inventory Days= 240 Days), (**V**= Variable Cost= 9,746 millions USD), (**d**= D/A= Dividend Portion or Payout= 30.00%), (**c**= C/X= Current Ratio= 1.20 times), (**U**= Utilized or Starting Capital= 64,720 millions USD), (**l**= L/E= Leverage or Gearing Ratio= 99.00%), (**i**= I/S= Interest Portion= 1.00%), (**M**= Margin of Contribution= 41,548 millions USD), (**Q**= Quoted Longterm Liabilities= 35,351 millions USD), (**s**= [S/S']-1= Sales Growth= 5.00%), and (**F**= Fixed Cost= 29,750 millions USD), then it's (**S'**= Sales Past), must be:

S'= {M-F-[(Q+Vp/{360[c-q]})/l -U]
　　　/{[1-t][1-d]}}/{i[1+s]}
= {41,548-29,750-[(35,351+9,746*240/{360
　　　[1.2000-1.0100]})/ 0.9900-64,720]
　　　/{[1-0.3000][1-0.3000]}}
　　　/{ 0.0100[1+0.0500]}
= 48,851 millions USD

Law-8545:

If both (**q**= [C-P]/X= Quick or Acid Test Ratio= 1.01 times), (**t**= T/B= Tax Rate= 30.00%), (**p**= 360 P/V= Procured Inventory Days= 240 Days), (**V**= Variable Cost= 9,746 millions USD), (**d**= D/A= Dividend Portion or Payout= 30.00%), (**c**= C/X= Current Ratio= 1.20 times), (**U**= Utilized or Starting Capital= 64,720 millions USD), (**l**= L/E= Leverage or Gearing Ratio= 99.00%), (**S'**= Sales of Past Year= 48,851 millions USD), (**M**= Margin of Contribution= 41,548 millions USD), (**Q**= Quoted Longterm Liabilities= 35,351 millions USD), (**s**= [S/S']-1= Sales Growth= 5.00%), and (**F**= Fixed Cost= 29,750 millions USD), then it's (**i**= Interest Portion planned), is:

$$i = \{M-F-[(Q+Vp/\{360[c-q]\})/l -U] /\{[1-t][1-d]\}\}/\{S'[1+s]\}$$
$$= \{41,548-29,750-[(35,351+9,746*240/\{360 [1.2000-1.0100]\})/ 0.9900-64,720] /\{[1-0.3000][1-0.3000]\}\} /\{48,851[1+0.0500]\}$$
$$= 1.00\%$$

Law-8546:

If both (q= [C-P]/X= Quick or Acid Test Ratio= <u>1.01</u> times), (t= T/B= Tax Rate= <u>30.00</u>%), (p= 360 P/V= Procured Inventory Days= <u>240</u> Days), (V= Variable Cost= <u>9,746</u> millions USD), (d= D/A= Dividend Portion or Payout= 30.00%), (c= C/X= Current Ratio= <u>1.20</u> times), (U= Utilized or Starting Capital= <u>64,720</u> millions USD), (l= L/E= Leverage or Gearing Ratio= <u>99.00</u>%), (S'= Sales of Past Year= <u>48,851</u> millions USD), (M= Margin of Contribution= <u>41,548</u> millions USD), (Q= Quoted Longterm Liabilities= <u>35,351</u> millions USD), (i= I/S= Interest Portion= <u>1.00</u>%), and (F= Fixed Cost= <u>29,750</u> millions USD), then it's (s= Sales Growth planned), is:

$$s = \{M-F-[(Q+Vp/\{360[c-q]\})/l - U] /\{[1-t][1-d]\}\}/[S'i]-1$$
$$= \{41,548-29,750-[(35,351+9,746*240/\{360 [1.2000-1.0100]\})/ 0.9900-64,720] /\{[1-0.3000][1-0.3000]\}\} /\{48,851*0.0100]-1$$
$$= \underline{5.00}\%$$

Law-8547:

If both (**q**= [C-P]/X= Quick or Acid Test Ratio= 1.01 times), (**s**= [S/S']-1= Sales Growth= 5.00%), (**p**= 360 P/V= Procured Inventory Days= 240 Days), (**V**= Variable Cost= 9,746 millions USD), (**d**= D/A= Dividend Portion or Payout= 30.00%), (**c**= C/X= Current Ratio= 1.20 times), (**U**= Utilized or Starting Capital= 64,720 millions USD), (**l** = L/E= Leverage or Gearing Ratio= 99.00%), (**S'**= Sales of Past Year= 48,851 millions USD), (**M**= Margin of Contribution= 41,548 millions USD), (**Q**= Quoted Longterm Liabilities= 35,351 millions USD), (**i**= I/S= Interest Portion= 1.00%), and (**F**= Fixed Cost= 29,750 millions USD), then it's (**t**= Tax Rate planned), is:

$$t = 1-[(Q+Vp/\{360[c-q]\})/l - U]/([1-d]\{M-F-S'i[1+s]\})$$
$$= 1-[(35,351+9,746*240/\{360[1.2000 -1.0100]\})/0.9900-64,720]$$
$$/([1-0.3000]\{41,548-29,750 -48,851*0.0100[1+0.0500]\})$$
$$= 30.00\%$$

Law-8548:

If both (**q**= [C-P]/**X**= Quick or Acid Test Ratio= 1.01 times), (**s**= [S/S']-1= Sales Growth= 5.00%), (**p**= 360P/**V**= Procured Inventory Days= 240 Days), (**V**= Variable Cost= 9,746 millions USD), (**t**= T/B= Tax Rate= 30.00%), (**c**= C/**X**= Current Ratio= 1.20 times), (**U**= Utilized or Starting Capital= 64,720 millions USD), (***l*** = L/E= Leverage or Gearing Ratio= 99.00%), (**S'**= Sales of Past Year= 48,851 millions USD), (**M**= Margin of Contribution= 41,548 millions USD), (**Q**= Quoted Longterm Liabilities= 35,351 millions USD), (**i**= I/S= Interest Portion= 1.00%), and (**F**= Fixed Cost= 29,750 millions USD), then it's (**d**= Dividend Portion or Payout planned), is:

$$d = 1 - [(Q+Vp/\{360[c-q]\})/\mathit{l} - U]/([1-t]\{M-F-S'i[1+s]\})$$

$= 1 - [(35,351+9,746*240/\{360[1.2000 -1.0100]\})/0.9900-64,720]$
$\quad /([1-0.3000]\{41,548-29,750$
$\quad - 48,851*0.0100[1+0.0500]\})$

$= 30.00\%$

Law-8549:

If both (**q**= [C-P]/**X**= Quick or Acid Test Ratio= 1.01 times), (**s**= [S/S']-1= Sales Growth= 5.00%), (**p**= 360 P/V= Procured Inventory Days= 240 Days), (**d**= D/A= Dividend Portion or Payout= 30.00%), (**t**= T/B= Tax Rate= 30.00%), (**c**= C/**X**= Current Ratio= 1.20 times), (**U**= Utilized or Starting Capital= 64,720 millions USD), (**l**= L/E= Leverage or Gearing Ratio= 99.00%), (**S'**= Sales of Past Year= 48,851 millions USD), (**M**= Margin of Contribution= 41,548 millions USD), (**Q**= Quoted Longterm Liabilities= 35,351 millions USD), (**i**= I/S= Interest Portion= 1.00%), and (**F**= Fixed Cost= 29,750 millions USD), then it's (**V**= Variable Cost planned), is:

$$V = 360[c-q][l\,(U+\{M-F-S'i[1+s]\}[1-t][1-d])]/p$$
$$= 360[1.2000-1.0100][0.9900(64,720+\{41,548$$
$$-29,750-48,851*0.0100[1+0.0500]\}$$
$$[1-0.3000][1-0.3000])-35,351]/240$$
$$= 9,746 \text{ millions USD}$$

Law-8550:
  If both (**q**= [C-P]/X= Quick or Acid Test Ratio= 1.01 times), (**s**= [S/S']-1= Sales Growth= 5.00%), (**V**= Variable Cost= 9,746 millions USD), (**d**= D/A= Dividend Portion or Payout= 30.00%), (**t**= T/B= Tax Rate= 30.00%), (**c**= C/X= Current Ratio= 1.20 times), (**U**= Utilized or Starting Capital= 64,720 millions USD), (***l*** = L/E= Leverage or Gearing Ratio= 99.00%), (**S'**= Sales of Past Year= 48,851 millions USD), (**M**= Margin of Contribution= 41,548 millions USD), (**Q**= Quoted Longterm Liabilities= 35,351 millions USD), (**i**= I/S= Interest Portion= 1.00%), and (**F**= Fixed Cost= 29,750 millions USD), then it's (**p**= Procured Inventory Days planned), is:

  p= 360[c-q][***l*** (U+{M-F-S'i[1+s]}[1-t][1-d])]/V
  = 360[1.2000-1.0100][0.9900(64,720+{41,548
     -29,750- 48,851*0.0100[1+0.0500]}
     [1-0.3000][1-0.3000])-35,351]/9,746
  = 240 days

Law-8551:

If both (**q**= [C-P]/X= Quick or Acid Test Ratio= 1.01 times), (**s**= [S/S']-1= Sales Growth= 5.00%), (**V**= Variable Cost= 9,746 millions USD), (**d**= D/A= Dividend Portion or Payout= 30.00%), (**t**= T/B= Tax Rate= 30.00%), (**p**= 360 P/V= Procured Inventory Days= 240 Days), (**U**= Utilized or Starting Capital= 64,720 millions USD), (**l**= L/E= Leverage or Gearing Ratio= 99.00%), (**S'**= Sales of Past Year= 48,851 millions USD), (**M**= Margin of Contribution= 41,548 millions USD), (**Q**= Quoted Longterm Liabilities= 35,351 millions USD), (**i**= I/S= Interest Portion= 1.00%), and (**F**= Fixed Cost= 29,750 millions USD), then it's (**c**= Current Ratio planned), is:

$$c = q + Vp / \{360[l\ (U+\{M-F-S'i[1+s]\}[1-t][1-d]) - Q]\}$$
$= 1.0100 + 9,746 \ast 240 / \{360[0.9900(64,720 + \{41,548 - 29,750 - 48,851 \ast 0.0100 [1+0.0500]\}[1-0.3000][1-0.3000]) - 35,351]\}$
$= 1.20$ times

Law-8552:

If both (**c**= C/X= Current Ratio= 1.20 times), (**s**= [S/S']-1= Sales Growth= 5.00%), (**V**= Variable Cost= 9,746 millions USD), (**d**= D/A= Dividend Portion or Payout= 30.00%), (**t**= T/B= Tax Rate= 30.00%), (**p**= 360 P/V= Procured Inventory Days= 240 Days), (**U**= Utilized or Starting Capital= 64,720 millions USD), (**l**= L/E= Leverage or Gearing Ratio= 99.00%), (**S'**= Sales of Past Year= 48,851 millions USD), (**M**= Margin of Contribution= 41,548 millions USD), (**Q**= Quoted Longterm Liabilities= 35,351 millions USD), (**i**= I/S= Interest Portion= 1.00%), and (**F**= Fixed Cost= 29,750 millions USD), then it's (**q**= Quick or Acid Test Ratio planned), is:

$$q= c-Vp/\{360[l\ (U+\{M-F-S'i[1+s]\}[1-t][1-d])-Q]\}$$
$$= 1.2000-9,7468*240/\{360[0.9900(64,720+\{41,548-29,750-48,851*0.0100[1+0.0500]\}[1-0.3000][1-0.3000])-35,351]\}$$
$$= 1.01 \text{ times}$$

Law-8553:

If both (**c**= C/X= Current Ratio= 1.20 times), (**s**= [S/S']-1= Sales Growth= 5.00%), (**v**= V/S= Variable Portion= 19.00%), (**S**= Sales or Revenues= 51,294 millions USD), (**d**= D/A= Dividend Portion or Payout= 30.00%), (**t**= T/B= Tax Rate= 30.00%), (**p**= 360 P/V= Procured Inventory Days= 240 Days), (**U**= Utilized or Starting Capital= 64,720 millions USD), (**l** = L/E= Leverage or Gearing Ratio= 99.00%), (**S'**= Sales of Past Year= 48,851 millions USD), (**M**= Margin of Contribution= 41,548 millions USD), (**q**= [C-P]/X= Quick or Acid Test Ratio= 1.01 times), (**i**= I/S= Interest Portion= 1.00%), and (**F**= Fixed Cost= 29,750 millions USD), then it's (**Q**= Quoted Longterm Liabilities planned), is:

$$Q = l\,(U+\{M-F-S'i[1+s]\}[1-t][1-d])\\ -Svp/\{360[c-q]\}$$
$$= 0.9900(64{,}720+\{41{,}548-29{,}750-48{,}851\\ *0.0100[1+0.0500]\}[1-0.3000]\\ [1-0.3000])-51{,}294*0.1900*240\\ /\{360[1.2000-1.0100]\}$$
$$= 35{,}351 \text{ millions USD}$$

Law-8554:

If both (**c**= C/X= Current Ratio= 1.20 times), (**s**= [S/S']-1= Sales Growth= 5.00%), (**v**= V/S= Variable Portion= 19.00%), (**S**= Sales or Revenues= 51,294 millions USD), (**d**= D/A= Dividend Portion or Payout= 30.00%), (**t**= T/B= Tax Rate= 30.00%), (**p**= 360 P/V= Procured Inventory Days= 240 Days), (**U**= Utilized or Starting Capital= 64,720 millions USD), (**Q**= Quoted Longterm Liabilities= 35,351 millions USD), (**S'**= Sales of Past Year= 48,851 millions USD), (**M**= Margin of Contribution= 41,548 millions USD), (**q**= [C-P]/X= Quick or Acid Test Ratio= 1.01 times), (**i**= I/S= Interest Portion= 1.00%), and (**F**= Fixed Cost= 29,750 millions USD), then it's (***l*** = Leverage or Gearing Ratio planned), is:

l = (Q+Svp/{360[c-q]})/(U+{M-F-S'i[1+s]}[1-t][1-d])
 = (35,351+51,294*0.1900*240/{360[1.2000
    -1.0100]})/(64,720+{41,548-29,750
    -48,851*0.0100[1+0.0500]}
    [1-0.3000][1-0.3000])
 = 99.00%

Law-8555:

If both (**c**= C/X= Current Ratio= 1.20 times), (**s**= [S/S']-1= Sales Growth= 5.00%), (**v**= V/S= Variable Portion= 19.00%), (**S**= Sales or Revenues= 51,294 millions USD), (**d**= D/A= Dividend Portion or Payout= 30.00%), (**t**= T/B= Tax Rate= 30.00%), (**p**= 360 P/V= Procured Inventory Days= 240 Days), (***l***= L/E= Leverage or Gearing Ratio= 99.00%), (**Q**= Quoted Longterm Liabilities= 35,351 millions USD), (**S'**= Sales of Past Year= 48,851 millions USD), (**M**= Margin of Contribution= 41,548 millions USD), (**q**= [C-P]/X= Quick or Acid Test Ratio= 1.01 times), (**i**= I/S= Interest Portion= 1.00%), and (**F**= Fixed Cost= 29,750 millions USD), then it's (**U**= Utilized or Starting Capital planned), is:

$$U = (Q+Svp/\{360[c-q]\})/l - \{M-F-S'i[1+s]\}$$
$$[1-t][1-d]$$

$$= (35{,}351+51{,}294*0.1900*240/\{360[1.2000$$
$$-1.0100]\})/0.9900 - \{41{,}548-29{,}750$$
$$-48{,}851*0.0100[1+0.0500]\}$$
$$[1-0.3000][1-0.3000]$$

= 64,720 millions USD

Law-8556:

If both (**c**= C/X= Current Ratio= 1.20 times), (**s**= [S/S']-1= Sales Growth= 5.00%), (**v**= V/S= Variable Portion= 19.00%), (**S**= Sales or Revenues= 51,294 millions USD), (**d**= D/A= Dividend Portion or Payout= 30.00%), (**t**= T/B= Tax Rate= 30.00%), (**p**= 360P/V= Procured Inventory Days= 240 Days), (**l**= L/E= Leverage or Gearing Ratio= 99.00%), (**Q**= Quoted Longterm Liabilities= 35,351 millions USD), (**S'**= Sales of Past Year= 48,851 millions USD), (**U**= Utilized or Starting Capital= 64,720 millions USD), (**q**= [C-P]/X= Quick or Acid Test Ratio= 1.01 times), (**i**= I/S= Interest Portion= 1.00%), and (**F**= Fixed Cost= 29,750 millions USD), then it's (**M**= Margin of Contribution planned), is:

$$M = F+S'i[1+s]+[(Q+Svp/\{360[c-q]\})/l - U]/\{[1-t][1-d]\}$$
$$= 29{,}750+48{,}851*0.0100[1+0.0500]+[(35{,}351+51{,}294*0.1900.240/\{360[1.2000-1.0100]\})/0.9900-64{,}720]/\{[1-0.3000][1-0.3000]\}$$
$$= 41{,}548 \text{ millions USD}$$

Law-8557:

If both (**c**= C/X= Current Ratio= 1.20 times), (**s**= [S/S']-1= Sales Growth= 5.00%), (**v**= V/S= Variable Portion= 19.00%), (**S**= Sales or Revenues= 51,294 millions USD), (**d**= D/A= Dividend Portion or Payout= 30.00%), (**t**= T/B= Tax Rate= 30.00%), (**p**= 360 P/V= Procured Inventory Days= 240 Days), (**l**= L/E= Leverage or Gearing Ratio= 99.00%), (**Q**= Quoted Longterm Liabilities= 35,351 millions USD), (**S'**= Sales of Past Year= 48,851 millions USD), (**U**= Utilized or Starting Capital= 64,720 millions USD), (**q**= [C-P]/X= Quick or Acid Test Ratio= 1.01 times), (**i**= I/S= Interest Portion= 1.00%), and (**M**= Margin of Contribution= 41,548 millions USD), then it's (**F**= Fixed Cost planned), is:

F= M-S'i[1+s]-**[**(Q+Svp/{360[c-q]})/*l* -U**]** /{[1-t][1-d]}

= 41,548-48,851*0.0100[1+0.0500]-**[**(35,351 +51,294*0.1900.240/{360[1.2000 -1.0100]})/0.9900-64,720**]** /{[1-0.3000][1-0.3000]}

= 29,750 millions USD

Law-8558:

If both (**c**= C/X= Current Ratio= 1.20 times), (**s**= [S/S']-1= Sales Growth= 5.00%), (**v**= V/S= Variable Portion= 19.00%), (**S**= Sales or Revenues= 51,294 millions USD), (**d**= D/A= Dividend Portion or Payout= 30.00%), (**t**= T/B= Tax Rate= 30.00%), (**p**= 360 P/V= Procured Inventory Days= 240 Days), (**l**= L/E= Leverage or Gearing Ratio= 99.00%), (**Q**= Quoted Longterm Liabilities= 35,351 millions USD), (**F**= Fixed Cost= 29,750 millions USD), (**U**= Utilized or Starting Capital= 64,720 millions USD), (**q**= Quick or Acid Test Ratio= [C-P]/X= 1.01 times), (**i**= I/S= Interest Portion= 1.00%), and (**M**= Margin of Contribution= 41,548 millions USD), then it's (**S'**= Sales Past), must be:

S'= {M-F-[(Q+Svp/{360[c-q]})/l -U]
/{[1-t][1-d]}}/{i[1+s]}
= {41,548-29,750-[(35,351+51,294*0.1900
*240/{360[1.2000-1.0100]})/0.9900
-64,720]/{[1-0.3000][1-0.3000]}}
/{ 0.0100[1+0.0500]}
= 48,851 millions USD

Law-8559:

If both (**c**= C/X= Current Ratio= 1.20 times), (**s**= [S/S']-1= Sales Growth= 5.00%), (**v**= V/S= Variable Portion= 19.00%), (**S**= Sales or Revenues= 51,294 millions USD), (**d**= D/A= Dividend Portion or Payout= 30.00%), (**t**= T/B= Tax Rate= 30.00%), (**p**= 360 P/V= Procured Inventory Days= 240 Days), (**l**= L/E= Leverage or Gearing Ratio= 99.00%), (**Q**= Quoted Longterm Liabilities= 35,351 millions USD), (**F**= Fixed Cost= 29,750 millions USD), (**U**= Utilized or Starting Capital= 64,720 millions USD), (**q**= Quick or Acid Test Ratio= [C-P]/X=1.01 times), (**S'**= Sales of Past Year= 48,851 millions USD), and (**M**= Margin of Contribution= 41,548 millions USD), then it's (**i**= Interest Portion planned), is:

i= {M-F-[(Q+Svp/{360[c-q]})/*l* -U]
　　　　/{[1-t][1-d]}}/{S'[1+s]}
= {41,548-29,750-[(35,351+51,294
　　　　*0.1900.240/{360[1.2000-1.0100]})
　　　　/0.9900-64,720]/{[1-0.3000]
　　　　[1-0.3000]}}/{48,851[1+0.0500]}
= 1.00%

Law-8560:

If both (**c**= C/X= Current Ratio= 1.20 times), (**i**= I/S= Interest Portion= 1.00%), (**v**= V/S= Variable Portion= 19.00%), (**S**= Sales or Revenues= 51,294 millions USD), (**d**= D/A= Dividend Portion or Payout= 30.00%), (**t**= T/B= Tax Rate= 30.00%), (**p**= 360 P/V= Procured Inventory Days= 240 Days), (**l** = L/E= Leverage or Gearing Ratio= 99.00%), (**Q**= Quoted Longterm Liabilities= 35,351 millions USD), (**F**= Fixed Cost= 29,750 millions USD), (**U**= Utilized or Starting Capital= 64,720 millions USD), (**q**= Quick or Acid Test Ratio= [C-P]/X= 1.01 times), (**S'**= Sales of Past Year= 48,851 millions USD), and (**M**= Margin of Contribution= 41,548 millions USD), then it's (**s**= Sales Growth planned), is:

$$s = \{M-F-[(Q+Svp/\{360[c-q]\})/l - U] / \{[1-t][1-d]\}\}/[S'i]-1$$
$$= \{41,548-29,750-[(35,351+51,294*0.1900 *240/\{360[1.2000-1.0100]\})/0.9900 -64,720]/\{[1-0.3000][1-0.3000]\}\} /\{48,851*0.0100]-1$$
$$= 5.00\%$$

Law-8561:

If both (**c**= C/X= Current Ratio= 1.20 times), (**i**= I/S= Interest Portion= 1.00%), (**v**= V/S= Variable Portion= 19.00%), (**S**= Sales or Revenues= 51,294 millions USD), (**d**= D/A=Dividend Portion or Payout= 30.00%), (**s**= [S/S']-1= Sales Growth= 5.00%), (**p**= 360P/V= Procured Inventory Days= 240 Days), (**l** = L/E= Leverage or Gearing Ratio= 99.00%), (**Q**= Quoted Longterm Liabilities= 35,351 millions USD), (**F**= Fixed Cost= 29,750 millions USD), (**U**= Utilized or Starting Capital= 64,720 millions USD), (**q**= [C-P]/X= Quick or Acid Test Ratio= 1.01 times), (**S'**= Sales of Past Year= 48,851 millions USD), and (**M**= Margin of Contribution= 41,548 millions USD), then it's (**t**= Tax Rate planned), is:

$$t = 1 - [(Q+Svp/\{360[c-q]\})/l - U]/([1-d]\{M-F-S'i[1+s]\})$$

$$= 1 - [(35,351+51,294*0.1900.240/\{360[1.2000 - 1.0100]\})/0.9900 - 64,720]/([1-0.3000]\\ (\{41,548-29,750-48,851*0.0100\\ [1+0.0500]\})$$

$$= 30.00\%$$

Law-8562:

If both (**c**= C/X= Current Ratio= 1.20 times), (**i**= I/S= Interest Portion= 1.00%), (**v**= V/S= Variable Portion= 19.00%), (**S**= Sales or Revenues= 51,294 millions USD), (**t**= T/B= Tax Rate= 30.00%), (**s**= [S/S']-1= Sales Growth= 5.00%), (**p**= 360P/V= Procured Inventory Days= 240 Days), (**l** = L/E= Leverage or Gearing Ratio= 99.00%), (**Q**= Quoted Longterm Liabilities= 35,351 millions USD), (**F**= Fixed Cost= 29,750 millions USD), (**U**= Utilized or Starting Capital= 64,720 millions USD), (**q**= [C-P]/X= Quick or Acid Test Ratio= 1.01 times), (**S'**= Sales of Past Year= 48,851 millions USD), and (**M**= Margin of Contribution= 41,548 millions USD), then it's (**d**= Dividend Portion or Payout planned), is:

d= 1-[(Q+Svp/{360[c-q]})/*l* -U]/([1-t]
  {M-F-S'i[1+s]})
= 1-[(35,351+51,294*0.1900.240/{360[1.2000
    -1.0100]})/0.9900-64,720]/([1-0.3000]
    ({41,548-29,750-48,851*0.0100
    [1+0.0500]})
= 30.00%

Law-8563:

If both (**c**= C/X= Current Ratio= 1.20 times), (**i**= I/S= Interest Portion= 1.00%), (**v**= V/S= Variable Portion= 19.00%), (**d**= D/A= Dividend Portion or Payout= 30.00%), (**t**= T/B= Tax Rate= 30.00%), (**s**= [S/S']-1= Sales Growth= 5.00%), (**p**= 360P/V= Procured Inventory Days= 240 Days), (**l** = L/E= Leverage or Gearing Ratio= 99.00%), (**Q**= Quoted Longterm Liabilities= 35,351 millions USD), (**F**= Fixed Cost= 29,750 millions USD), (**U**= Utilized or Starting Capital= 64,720 millions USD), (**q**= [C-P]/X= Quick or Acid Test Ratio= 1.01 times), (**S'**= Sales of Past Year= 48,851 millions USD), and (**M**= Margin of Contribution= 41,548 millions USD), then it's (**S**= Sales or Revenues planned), is:

$$S = 360[c-q][l\,(U+\{M-F-S'i[1+s]\}[1-t][1-d]) - Q]/[vp]$$

$= 360[1.2000-1.0100][0.9900(64,720+\{41,548 -29,750-48,851*0.0100[1+0.0500]\} [1-0.3000][1-0.3000])-35,351]$
$/[0.1900*240]$

$= 51,294$ millions USD

Law-8564:

If both (**c**= C/X= Current Ratio= 1.20 times), (**i**= I/S= Interest Portion= 1.00%), (**S**= Sales or Revenues= 51,294 millions USD), (**d**= D/A= Dividend Portion or Payout= 30.00%), (**t**= T/B= Tax Rate= 30.00%), (**s**= [S/S']-1= Sales Growth= 5.00%), (**p**= 360P/V= Procured Inventory Days= 240 Days), (**l** = L/E= Leverage or Gearing Ratio= 99.00%), (**Q**= Quoted Longterm Liabilities= 35,351 millions USD), (**F**= Fixed Cost= 29,750 millions USD), (**U**= Utilized or Starting Capital= 64,720 millions USD), (**q**= [C-P]/X= Quick or Acid Test Ratio= 1.01 times), (**S'**= Sales of Past Year= 48,851 millions USD), and (**M**= Margin of Contribution= 41,548 millions USD), then it's (**v**= Variable Portion planned), is:

$$v = 360[c-q][l\,(U+\{M-F-S'i[1+s]\}[1-t][1-d]) - Q]/[Sp]$$
$$= 360[1.2000-1.0100][0.9900(64,720+\{41,54 - 29,750-48,851*0.0100[1+0.0500]\}[1-0.3000][1-0.3000])-35,351]/[51,294*240]$$
$$= \underline{19.00\%}$$

Law-8565:

If both (**c**= C/X= Current Ratio= 1.20 times), (**i**= I/S= Interest Portion= 1.00%), (**S**= Sales or Revenues= 51,294 millions USD), (**d**= D/A= Dividend Portion or Payout= 30.00%), (**t**= T/B= Tax Rate= 30.00%), (**s**= [S/S']-1= Sales Growth= 5.00%), (**v**= V/S= Variable Portion= 19.00%), (**l**= L/E= Leverage or Gearing Ratio= 99.00%), (**Q**= Quoted Longterm Liabilities= 35,351 millions USD), (**F**= Fixed Cost= 29,750 millions USD), (**U**= Utilized or Starting Capital= 64,720 millions USD), (**q**= [C-P]/X= Quick or Acid Test Ratio= 1.01 times), (**S'**= Sales of Past Year= 48,851 millions USD), and (**M**= Margin of Contribution= 41,548 millions USD), then it's (**p**= Procured Inventory Days planned), is:

$$p = 360[c-q][\text{/ }(U+\{M-F-S'i[1+s]\}[1-t][1-d])-Q]/[Sv]$$

$= 360[1.2000-1.0100][0.9900(64,720+\{41,548 -29,750-48,851*0.0100[1+0.0500]\} [1-0.3000][1-0.3000])35,351] /[51,294*0.1900]$

$= \underline{240}$ days

Law-8566:

If both (**p**= 360P/V= Procured Inventory Days= 240 Days), (**i**= I/S= Interest Portion= 1.00%), (**S**= Sales or Revenues= 51,294 millions USD), (**d**= D/A= Dividend Portion or Payout= 30.00%), (**t**= T/B= Tax Rate= 30.00%), (**s**= [S/S']-1= Sales Growth= 5.00%), (**v**= V/S= Variable Portion= 19.00%), (**l**= L/E= Leverage or Gearing Ratio= 99.00%), (**Q**= Quoted Longterm Liabilities= 35,351 millions USD), (**F**= Fixed Cost= 29,750 millions USD), (**U**= Utilized or Starting Capital= 64,720 millions USD), (**q**= [C-P]/X= Quick or Acid Test Ratio= 1.01 times), (**S'**= Sales of Past Year= 48,851 millions USD), and (**M**= Margin of Contribution= 41,548 millions USD), then it's (**c**= Current Ratio planned), is:

$$c = q + Svp / \{360[/ (U + \{M - F - S'i[1+s]\}[1-t][1-d]) - Q]\}$$

$$= 1.0100 + 51,294 * 0.1900 * 240 / \{360$$
$$[0.9900(64,720 + \{41,548 - 29,750$$
$$-48,851 * 0.0100[1+0.0500]\}$$
$$[1-0.3000][1-0.3000]) - 35,351]\}$$

= 1.20 times

Law-8567:

If both (**p**= 360P/V= Procured Inventory Days= 240 Days), (**i**= I/S= Interest Portion= 1.00%), (**S**= Sales or Revenues= 51,294 millions USD), (**d**= D/A= Dividend Portion or Payout= 30.00%), (**t**= T/B= Tax Rate= 30.00%), (**s**= [S/S']-1= Sales Growth= 5.00%), (**v**= V/S= Variable Portion= 19.00%), (**l**= L/E= Leverage or Gearing Ratio= 99.00%), (**Q**= Quoted Longterm Liabilities= 35,351 millions USD), (**F**= Fixed Cost= 29,750 millions USD), (**U**= Utilized or Starting Capital= 64,720 millions USD), (**c**= C/X= Current Ratio= 1.20 times), (**S'**= Sales of Past Year= 48,851 millions USD), and (**M**= Margin of Contribution= 41,548 millions USD), then it's (**q**= Quick or Acid Test Ratio planned), is:

$$q = c - Svp/\{360[l\,(U+\{M-F-S'i[1+s]\}[1-t][1-d]) - Q]\}$$

$$= 1.2000 - 51{,}294 * 0.1900 * 240 / \{360$$
$$[0.9900(64{,}720 + \{41{,}548 - 29{,}750$$
$$-48{,}851 * 0.0100[1+0.0500]\}$$
$$[1-0.3000][1-0.3000]) - 35{,}351]\}$$

$$= 1.01 \text{ times}$$

Law-8568:

If both (**p**= 360P/V= Procured Inventory Days= 240 Days), (**i**= I/S= Interest Portion= 1.00%), (**d**= D/A= Dividend Portion or Payout= 30.00%), (**t**= T/B= Tax Rate= 30.00%), (**s**= [S/S']-1= Sales Growth= 5.00%), (**v**= V/S= Variable Portion= 19.00%), (**l**= L/E= Leverage or Gearing Ratio= 99.00%), (**q**= [C-P]/X= Quick or Acid Test Ratio= 1.01 times), (**F**= Fixed Cost= 29,750 millions USD), (**U**= Utilized or Starting Capital= 64,720 millions USD), (**c**= C/X= Current Ratio= 1.20 times), (**S'**= Sales of Past Year= 48,851 millions USD), and (**M**= Margin of Contribution= 41,548 millions USD), then it's (**Q**= Quoted Longterm Liabilities planned), is:

$$Q = l\,(U+\{M-F-S'i[1+s]\}[1-t][1-d])$$
$$-S'vp[1+s]/\{360[c-q]\}$$
$$= 0.9900(64{,}720+\{41{,}548-29{,}750$$
$$-48{,}851*0.0100[1+0.0500]\}$$
$$[1-0.3000][1-0.3000])-48{,}851$$
$$*0.1900*240[1+0.0500]$$
$$/\{360[1.2000-1.0100]\}$$
$$= 35{,}351 \text{ millions USD}$$

Law-8569:

If both (**p**= 360P/V= Procured Inventory Days= 240 Days), (**i**= I/S= Interest Portion= 1.00%), (**d**= D/A= Dividend Portion or Payout= 30.00%), (**t**= T/B= Tax Rate= 30.00%), (**s**= [S/S']-1= Sales Growth= 5.00%), (**v**= V/S= Variable Portion= 19.00%), (**Q**= Quoted Longterm Liabilities= 35,351 millions USD), (**q**= [C-P]/X= Quick or Acid Test Ratio= 1.01 times), (**F**= Fixed Cost= 29,750 millions USD), (**U**= Utilized or Starting Capital= 64,720 millions USD), (**c**= C/X= Current Ratio= 1.20 times), (**S'**= Sales of Past Year= 48,851 millions USD), and (**M**= Margin of Contribution= 41,548 millions USD), then it's (***l*** = Leverage or gearing Ratio planned), is:

$$l = (Q+S'vp[1+s]/\{360[c-q]\})/(U+\{M-F-S'i[1+s]\}[1-t][1-d])$$

$$= (35,351+48,851*0.1900*240[1+0.0500]/\{360[1.2000-1.0100]\})/(64,720+\{41,548-29,750-48,851*0.0100[1+0.0500]\}[1-0.3000][1-0.3000])$$

$$= \underline{99.00\%}$$

Law-8570:

If both (**p**= 360P/V= Procured Inventory Days= 240 Days), (**i**= I/S= Interest Portion= 1.00%), (**d**= D/A= Dividend Portion or Payout= 30.00%), (**t**= T/B= Tax Rate= 30.00%), (**s**= [S/S']-1= Sales Growth= 5.00%), (**v**= V/S= Variable Portion= 19.00%), (**Q**= Quoted Longterm Liabilities= 35,351 millions USD), (**q**= [C-P]/X= Quick or Acid Test Ratio= 1.01 times), (**F**= Fixed Cost= 29,750 millions USD), (**l**= L/E= Leverage or Gearing Ratio= 99.00%), (**c**= C/X= Current Ratio= 1.20 times), (**S'**= Sales of Past Year= 48,851 millions USD), and (**M**= Margin of Contribution= 41,548 millions USD), then it's (**U**= Utilized or Starting Capital planned), is:

U= (Q+S'vp[1+s]/{360[c-q]})/*l*
  -{M-F-S'i[1+s]}[1-t][1-d]
= (35,351+48,851*0.1900*240
  [1+0.0500]/{360[1.2000
  -1.0100])/0.9900-{41,548
  -29,750-48,851*0.0100
  [1+0.0500]}[1-0.3000]
  [1-0.3000]
= 64,720 millions USD

Law-8571:

If both (**p**= 360P/V= Procured Inventory Days= 240 Days), (**i**= I/S= Interest Portion= 1.00%), (**d**= D/A= Dividend Portion or Payout= 30.00%), (**t**= T/B= Tax Rate= 30.00%), (**s**= [S/S']-1= Sales Growth= 5.00%), (**v**= V/S= Variable Portion= 19.00%), (**Q**= Quoted Longterm Liabilities= 35,351 millions USD), (**q**= [C-P]/X= Quick or Acid Test Ratio= 1.01 times), (**F**= Fixed Cost= 29,750 millions USD), (***l***= L/E= Leverage or Gearing Ratio= 99.00%), (**c**= C/X= Current Ratio= 1.20 times), (**S'**= Sales of Past Year= 48,851 millions USD), and (**U**= Utilized or Starting Capital= 64,720 millions USD), then it's (**M**= Margin of Contribution planned), is:

$$U = F+S'i[1+s]+[(Q+S'vp[1+s]/\{360[c-q]\})/l -U]/\{[1-t][1-d]\}$$

$= 29,750+48,851*0.0100[1+0.0500]$
$\qquad +[(35,351+48,851*0.1900*240$
$\qquad [1+0.0500]/\{360[1.2000$
$\qquad -1.0100])/0.9900-64,720]$
$\qquad /\{[1-0.3000][1-0.3000]\}$
$= 41,548$ millions USD

Law-8572:

If both (**p**= 360P/V= Procured Inventory Days= 240 Days), (**i**= I/S= Interest Portion= 1.00%), (**d**= D/A= Dividend Portion or Payout= 30.00%), (**t**= T/B= Tax Rate= 30.00%), (**s**= [S/S']-1= Sales Growth= 5.00%), (**v**= V/S= Variable Portion= 19.00%), (**Q**= Quoted Longterm Liabilities= 35,351 millions USD), (**q**= [C-P]/X= Quick or Acid Test Ratio= 1.01 times), (**M**= Margin of Contribution= 41,548 millions USD), (**l**= L/E= Leverage or Gearing Ratio= 99.00%), (**c**= C/X= Current Ratio= 1.20 times), (**S'**= Sales of Past Year= 48,851 millions USD), and (**U**= Utilized or Starting Capital= 64,720 millions USD), then it's (**F**= Fixed Cost planned), is:

$$F = M - S'i[1+s] - [(Q+S'vp[1+s]/\{360[c-q]\})/l - U]/\{[1-t][1-d]\}$$
$$= 41,548 - 48,851*0.0100[1+0.0500]$$
$$- [(35,351+48,851*0.1900*240[1+0.0500]/\{360[1.2000 - 1.0100]\})/0.9900 - 64,720]$$
$$/\{[1-0.3000][1-0.3000]\}$$
$$= \underline{29,750} \text{ millions USD}$$

Law-8573:

If both (**p**= 360P/V= Procured Inventory Days= 240 Days), (**i**= I/S= Interest Portion= 1.00%), (**d**= D/A= Dividend Portion or Payout= 30.00%), (**t**= T/B= Tax Rate= 30.00%), (**s**= [S/S']-1= Sales Growth= 5.00%), (**v**= V/S= Variable Portion= 19.00%), (**Q**= Quoted Longterm Liabilities= 35,351 millions USD), (**q**= [C-P]/X= Quick or Acid Test Ratio= 1.01 times), (**M**= Margin of Contribution= 41,548 millions USD), (***l*** = L/E= Leverage or Gearing Ratio= 99.00%), (**c**= C/X= Current Ratio= 1.20 times), (**F**= Fixed Cost= 29,750 millions USD), and (**U**= Utilized or Starting Capital= 64,720 millions USD), then it's (**S'**= Sales Past), must be:

$$S' = \{M-F-[(Q+S'vp[1+s]/\{360[c-q]\})/l - U]/\{[1-t][1-d]\}\}/\{i[1+s]\}$$

$= \{41,548-29,750-[(35,351+48,851$
$\qquad *0.1900*240[1+0.0500]/\{360$
$\qquad [1.2000-1.0100])/0.9900$
$\qquad -64,720]/\{[1-0.3000]$
$\qquad [1-0.3000]\}\}$
$\qquad /\{0.0100[1+0.0500]\}$
$= 48,851$ millions USD

Law-8574:

If both (**p**= 360P/V= Procured Inventory Days= 240 Days), (**S'**= Sales of Past Year= 48,851 millions USD), (**d**= D/A= Dividend Portion or Payout= 30.00%), (**t**= T/B= Tax Rate= 30.00%), (**s**= [S/S']-1= Sales Growth= 5.00%), (**v**= V/S= Variable Portion= 19.00%), (**Q**= Quoted Longterm Liabilities= 35,351 millions USD), (**q**= [C-P]/X= Quick or Acid Test Ratio= 1.01 times), (**M**= Margin of Contribution= 41,548 millions USD), (***l***= L/E= Leverage or Gearing Ratio= 99.00%), (**c**= C/X= Current Ratio= 1.20 times), (**F**= Fixed Cost= 29,750 millions USD), and (**U**= Utilized or Starting Capital= 64,720 millions USD), then it's (**i**= Interest Portion planned), is:

$$i = \{M-F-[(Q+S'vp[1+s]/\{360[c-q]\})/l - U]/\{[1-t][1-d]\}\}/\{S'[1+s]\}$$

$$= \{41,548 - 29,750 - [(35,351 + 48,851 * 0.1900 * 240[1+0.0500]/\{360[1.2000 - 1.0100])/0.9900 - 64,720]/\{[1-0.3000][1-0.3000]\}\}/\{48,851[1+0.0500]\}$$

$$= 1.00\%$$

Law-8575:

If both (**p**= 360P/V= Procured Inventory Days= 240 Days), (**S'**= Sales of Past Year= 48,851 millions USD), (**d**= D/A= Dividend Portion or Payout= 30.00%), (**t**= T/B= Tax Rate= 30.00%), (**i**= I/S= Interest Portion= 1.00%), (**v**= V/S= Variable Portion= 19.00%), (**Q**= Quoted Longterm Liabilities= 35,351 millions USD), (**q**= [C-P]/X= Quick or Acid Test Ratio= 1.01 times), (**M**= Margin of Contribution= 41,548 millions USD), (***l*** = L/E= Leverage or Gearing Ratio= 99.00%), (**c**= C/X= Current Ratio= 1.20 times), (**F**= Fixed Cost= 29,750 millions USD), and (**U**= Utilized or Starting Capital= 64,720 millions USD), then it's (**s**= Sales Growth planned), is:

$$s = \{M-F-[(Q+S'vp[1+s]/\{360[c-q]\})/l - U]/\{[1-t][1-d]\}\}/[S'i]-1$$
$= \{41,548-29,750-[(35,351+48,851$
$\qquad *0.1900*240[1+0.0500]/\{360$
$\qquad [1.2000-1.0100])/0.9900$
$\qquad -64,720]/\{[1-0.3000]$
$\qquad [1-0.3000]\}\}$
$\qquad /[48,851*0.0100]-1$
$= 5.00\%$

Law-8576:

If both (**p**= 360P/V= Procured Inventory Days= 240 Days), (**S'**= Sales of Past Year= 48,851 millions USD), (**d**= D/A= Dividend Portion or Payout= 30.00%), (**s**= [S/S']-1= Sales Growth= 5.00%), (**i**= I/S= Interest Portion= 1.00%), (**v**= V/S= Variable Portion= 19.00%), (**Q**= Quoted Longterm Liabilities= 35,351 millions USD), (**q**= [C-P]/X= Quick or Acid Test Ratio= 1.01 times), (**M**= Margin of Contribution= 41,548 millions USD), (***l*** = L/E= Leverage or Gearing Ratio= 99.00%), (**c**= C/X= Current Ratio= 1.20 times), (**F**= Fixed Cost= 29,750 millions USD), and (**U**= Utilized or Starting Capital= 64,720 millions USD), then it's (**t**= Tax Rate planned), is:

$$t = 1-[(Q+S'vp[1+s]/\{360[c-q]\})/l - U]/([1-d]\{M-F-S'i[1+s]\})$$

$$= 1-[(35,351+48,851*0.1900*240$$
$$[1+0.0500]/\{360[1.2000$$
$$-1.0100]\})/0.9900-64,720]$$
$$/([1-0.3000]\{41,548-29,750$$
$$-48,851*0.0100[1+0.0500]\})$$

$$= 30.00\%$$

Law-8577:

If both (**p**= 360P/V= Procured Inventory Days= 240 Days), (**S'**= Sales of Past Year= 48,851 millions USD), (**t**= T/B= Tax Rate= 30.00%), (**s**= [S/S']-1= Sales Growth= 5.00%), (**i**= I/S= Interest Portion= 1.00%), (**v**= V/S= Variable Portion= 19.00%), (**Q**= Quoted Longterm Liabilities= 35,351 millions USD), (**q**= [C-P]/X= Quick or Acid Test Ratio= 1.01 times), (**M**= Margin of Contribution= 41,548 millions USD), (***l*** = L/E= Leverage or Gearing Ratio= 99.00%), (**c**= C/X= Current Ratio= 1.20 times), (**F**= Fixed Cost= 29,750 millions USD), and (**U**= Utilized or Starting Capital= 64,720 millions USD), then it's (**d**= Dividend Portion or Payout planned), is:

$$d = 1 - [(Q + S'vp[1+s]/\{360[c-q]\})/l - U] / ([1-t]\{M - F - S'i[1+s]\})$$

$$= 1 - [(35{,}351 + 48{,}851 * 0.1900 * 240 \\ [1+0.0500]/\{360[1.2000 - 1.0100]) \\ / 0.9900 - 64{,}720]/([1-0.3000] \\ \{41{,}548 - 29{,}750 - 48{,}851 \\ * 0.0100[1+0.0500]\})$$

$$= \underline{30.00\%}$$

Law-8578:

If both (**p**= 360P/V= Procured Inventory Days= 240 Days), (**S'**= Sales of Past Year= 48,851 millions USD), (**t**= T/B= Tax Rate= 30.00%), (**s**= [S/S']-1= Sales Growth= 5.00%), (**i**= I/S= Interest Portion= 1.00%), (**d**= D/A= Dividend Portion or Payout= 30.00%), (**Q**= Quoted Longterm Liabilities= 35,351 millions USD), (**q**= [C-P]/X= Quick or Acid Test Ratio= 1.01 times), (**M**= Margin of Contribution= 41,548 millions USD), (**l**= L/E= Leverage or Gearing Ratio= 99.00%), (**c**= C/X= Current Ratio= 1.20 times), (**F**= Fixed Cost= 29,750 millions USD), and (**U**= Utilized or Starting Capital= 64,720 millions USD), then it's (**v**= Variable Portion planned), is:

$$v= 360[c-q][l\ (U+\{M-F-S'i[1+s]\}[1-t][1-d])-Q]/\{S'p[1+s]\}$$

$$= 360[1.2000-1.0100][0.9900$$
$$(64,720+\{41,548-29,750$$
$$-48,851*0.0100[1+0.0500]\}$$
$$[1-0.3000][1-0.3000])$$
$$-35,351]/\{48,851*240$$
$$[1+0.0500]\}$$
$$= 19.00\%$$

Law-8579:

If both (**v**= V/S= Variable Portion= 19.00%), (**S'**= Sales of Past Year= 48,851 millions USD), (**t**= T/B= Tax Rate= 30.00%), (**s**= [S/S']-1= Sales Growth= 5.00%), (**i**= I/S= Interest Portion= 1.00%), (**d**= D/A= Dividend Portion or Payout= 30.00%), (**Q**= Quoted Longterm Liabilities= 35,351 millions USD), (**q**= [C-P]/X= Quick or Acid Test Ratio= 1.01 times), (**M**= Margin of Contribution= 41,548 millions USD), (**l**= L/E= Leverage or Gearing Ratio= 99.00%), (**c**= C/X= Current Ratio= 1.20 times), (**F**= Fixed Cost= 29,750 millions USD), and (**U**= Utilized or Starting Capital= 64,720 millions USD), then it's (**p**= Procured Inventory Days planned), is:

$$p= 360[c-q][/(U+\{M-F-S'i[1+s]\}[1-t][1-d])-Q]/\{S'v[1+s]\}$$

$$= 360[1.2000-1.0100][0.9900(64,720+\{41,548-29,750-48,851*0.0100[1+0.0500]\}[1-0.3000][1-0.3000])-35,351]/\{48,851*0.1900[1+0.0500]\}$$

$$= \underline{240} \text{ days}$$

Law-8580:

If both (**v**= V/S= Variable Portion= 19.00%), (**S'**= Sales of Past Year= 48,851 millions USD), (**t**= T/B= Tax Rate= 30.00%), (**s**= [S/S']-1= Sales Growth= 5.00%), (**i**= I/S= Interest Portion= 1.00%), (**d**= D/A= Dividend Portion or Payout= 30.00%), (**Q**= Quoted Longterm Liabilities= 35,351 millions USD), (**q**= [C-P]/X= Quick or Acid Test Ratio= 1.01 times), (**M**= Margin of Contribution= 41,548 millions USD), (**l**= L/E= Leverage or Gearing Ratio= 99.00%), (**p**= 360P/V= Procured Inventory Days= 240 Days), (**F**= Fixed Cost= 29,750 millions USD), and (**U**= Utilized or Starting Capital= 64,720 millions USD), then it's (**c**= Current Ratio planned), is:

$$c = q + S'vp[1+s]/\{360[l\ (U+\{M-F-S'i[1+s]\}[1-t][1-d])-Q]\}$$

$$= 1.0100 + 48,851*0.1900*240[1+0.0500]/\{360[0.9900(64,720+\{41,548-29,750-48,851*0.0100[1+0.0500]\}[1-0.3000][1-0.3000])-35,351]\}$$

$$= 1.20 \text{ times}$$

Law-8581:

If both (**v**= V/S= Variable Portion= 19.00%), (**S'**= Sales of Past Year= 48,851 millions USD), (**t**= T/B= Tax Rate= 30.00%), (**s**= [S/S']-1= Sales Growth= 5.00%), (**i**= I/S= Interest Portion= 1.00%), (**d**= D/A= Dividend Portion or Payout= 30.00%), (**Q**= Quoted Longterm Liabilities= 35,351 millions USD), (**c**= C/X= Current Ratio= 1.20 times), (**M**= Margin of Contribution= 41,548 millions USD), (***l*** = L/E= Leverage or Gearing Ratio= 99.00%), (**p**= 360P/V= Procured Inventory Days= 240 Days), (**F**= Fixed Cost= 29,750 millions USD), and (**U**= Utilized or Starting Capital= 64,720 millions USD), then it's (**q**= Quick or Acid Test Ratio planned), is:

$$q= c-S'vp[1+s]/\{360[/ (U+\{M-F-S'i[1+s]\}[1-t][1-d])-Q]\}$$

$$= 1.2000-48,851*0.1900*240$$
$$[1+0.0500]/\{360[0.9900$$
$$(64,720+\{41,548-29,750$$
$$-48,851*0.0100[1+0.0500]\}$$
$$[1-0.3000][1-0.3000])$$
$$-35,351]\}$$

$$= \underline{1.01} \text{ times}$$

Law-8582:

If both (**X**= Xpress or Current Debt= 34,196 millions USD), (**D**= Dividend Paid= 2,370 millions USD), (**I**= Interest Expense= 513 millions USD), (**T**= Tax Paid= 3,385 millions USD), (**l**= L/E= Leverage or Gearing Ratio= 99.00%), (**M**= Margin of Contribution= 41,548 millions USD), (**S**= Sales or Revenues= 51,294 millions USD), (**f**= F/S= Fixed Portion= 58.00%), and (**U**= Utilized or Starting Capital= 64,720 millions USD), then it's (**Q**= Quoted Longterm Liabilities planned), is:

$$Q = l\,(U+M-Sf-I-T-D)-X$$
$$= 0.9900(64,720+41,548-51,294$$
$$\qquad *0.5800-513-3,385-2,370]$$
$$\qquad -34,196$$
$$= 35,351 \text{ millions USD}$$

Law-8583:

If both (**X**= Xpress or Current Debt= 34,196 millions USD), (**D**= Dividend Paid= 2,370 millions USD), (**I**= Interest Expense= 513 millions USD), (**T**= Tax Paid= 3,385 millions USD), (**Q**= Quoted Longterm Liabilities= 35,351 millions USD), (**M**= Margin of Contribution= 41,548 millions USD), (**S**= Sales or Revenues= 51,294 millions USD), (**f**= **F/S**= Fixed Portion= 58.00%), and (**U**= Utilized or Starting Capital= 64,720 millions USD), then it's (***I*** = Leverage or Gearing Ratio planned), is:

$$I = [Q+X]/(U+M-Sf-I-T-D)$$
$$= [35,351+34,196]/(64,720+41,548$$
$$-51,294*0.5800-513-3,385$$
$$-2,370]$$
$$= 99.00\%$$

Law-8584:

If both (**X**= Xpress or Current Debt= 34,196 millions USD), (**D**= Dividend Paid= 2,370 millions USD), (**I**= Interest Expense= 513 millions USD), (**T**= Tax Paid= 3,385 millions USD), (**Q**= Quoted Longterm Liabilities= 35,351 millions USD), (**M**= Margin of Contribution= 41,548 millions USD), (**S**= Sales or Revenues= 51,294 millions USD), (**f**= F/S= Fixed Portion= 58.00%), and (***l*** = L/E= Leverage or Gearing Ratio= 99.00%), then it's (**U**= Utilized or Starting Capital planned), is:

$$U = Sf + I + T + D + [Q+X]/l - M$$
$$= 51,294*0.5800 + 513 + 3,385 + 2,370$$
$$+ [35,351 + 34,196]/0.9900$$
$$- 41,548$$
$$= 64,720 \text{ millions USD}$$

Law-8585:

If both (**X**= Xpress or Current Debt= 34,196 millions USD), (**D**= Dividend Paid= 2,370 millions USD), (**I**= Interest Expense= 513 millions USD), (**T**= Tax Paid= 3,385 millions USD), (**Q**= Quoted Longterm Liabilities= 35,351 millions USD), (**U**= Utilized or Starting Capital= 64,720 millions USD), (**S**= Sales or Revenues= 51,294 millions USD), (**f**= F/S= Fixed Portion= 58.00%), and (***l*** = L/E= Leverage or Gearing Ratio= 99.00%), then it's (**M**= Margin of Contribution planned), is :

$$M = Sf + I + T + D + [Q+X]/l - U$$
$$= 51,294*0.5800 + 513 + 3,385 + 2,370$$
$$+ [35,351 + 34,196]/0.9900$$
$$- 64,720$$
$$= 41,548 \text{ millions USD}$$

Law-8586:

If both (**X**= Xpress or Current Debt= 34,196 millions USD), (**D**= Dividend Paid= 2,370 millions USD), (**I**= Interest Expense= 513 millions USD), (**T**= Tax Paid= 3,385 millions USD), (**Q**= Quoted Longterm Liabilities= 35,351 millions USD), (**U**= Utilized or Starting Capital= 64,720 millions USD), (**M**= Margin of Contribution= 41,548 millions USD), (**f**= F/S= Fixed Portion= 58.00%), and (***l*** = L/E= Leverage or Gearing Ratio= 99.00%), then it's (**S**= Sales or Revenues planned), is:

$$S = \{U+M-I-T-D-[Q+X]/l\}/f$$
$$= \{64{,}720+41{,}548-513-3{,}385-2{,}370 \\ -[35{,}351+34{,}196]/0.9900\} \\ /0.5800$$
$$= \underline{51{,}294} \text{ millions USD}$$

Law-8587:

If both (**X**= Xpress or Current Debt= 34,196 millions USD), (**D**= Dividend Paid= 2,370 millions USD), (**I**= Interest Expense= 513 millions USD), (**T**= Tax Paid= 3,385 millions USD), (**Q**= Quoted Longterm Liabilities= 35,351 millions USD), (**U**= Utilized or Starting Capital= 64,720 millions USD), (**M**= Margin of Contribution= 41,548 millions USD), (**S**= Sales or Revenues= 51,294 millions USD), and (**l** = L/E= Leverage or Gearing Ratio= 99.00%), then it's (**f**= Fixed Portion planned), is:

$$f = \{U+M-I-T-D-[Q+X]/l\}/S$$
$$= \{64,720+41,548-513-3,385-2,370-[35,351+34,196]/0.9900\}/51,294$$
$$= 58.00\%$$

Law-8588:

If both (**X**= Xpress or Current Debt= 34,196 millions USD), (**D**= Dividend Paid= 2,370 millions USD), (**f**= F/S=Fixed Portion= 58.00%), (**T**= Tax Paid= 3,385 millions USD), (**Q**= Quoted Longterm Liabilities= 35,351 millions USD), (**U**= Utilized or Starting Capital= 64,720 millions USD), (**M**= Margin of Contribution= 41,548 millions USD), (**S**= Sales or Revenues= 51,294 millions USD), and (**l** = L/E= Leverage or Gearing Ratio= 99.00%), then it's (**I**= Interest Expense planned), is:

$$I = U+M-Sf-T-D-[Q+X]/l$$
$$= 64,720+41,548-51,294*0.5800$$
$$-3,385-2,370-[35,351$$
$$+34,196]/0.9900$$
$$= \underline{513} \text{ millions USD}$$

Law-8589:

If both (**X**= Xpress or Current Debt= 34,196 millions USD), (**D**= Dividend Paid= 2,370 millions USD), (**f**= F/S= Fixed Portion= 58.00%), (**I**= Interest Expense= 513 millions USD), (**Q**= Quoted Longterm Liabilities= 35,351 millions USD), (**U**= Utilized or Starting Capital= 64,720 millions USD), (**M**= Margin of Contribution= 41,548 millions USD), (**S**= Sales or Revenues= 51,294 millions USD), and (**l**= L/E= Leverage or Gearing Ratio= 99.00%), then it's (**T**= Tax Paid planned), is:

$$T = U+M-Sf-I-D-[Q+X]/l$$
$$= 64,720+41,548-51,294*0.5800-513$$
$$-2,370-[35,351+34,196]$$
$$/0.9900$$
$$= 3,385 \text{ millions USD}$$

Law-8590:

If both (**X**= Xpress or Current Debt= 34,196 millions USD), (**T**= Tax Paid= 3,385 millions USD), (**f**= F/S= Fixed Portion= 58.00%), (**I**= Interest Expense= 513 millions USD), (**Q**= Quoted Longterm Liabilities= 35,351 millions USD), (**U**= Utilized or Starting Capital= 64,720 millions USD), (**M**= Margin of Contribution= 41,548 millions USD), (**S**= Sales or Revenues= 51,294 millions USD), and (**l** = L/E= Leverage or Gearing Ratio= 99.00%), then it's (**D**= Dividend Paid planned), is:

$$\begin{aligned}
\mathbf{D} &= U+M-Sf-I-T-[Q+X]/l \\
&= 64{,}720+41{,}548-51{,}294*0.5800 \\
&\quad -513-3{,}385-[35{,}351 \\
&\quad +34{,}196]/0.9900 \\
&= 2{,}370 \text{ millions USD}
\end{aligned}$$

Law-8591:

If both (**D**= Dividend Paid= 2,370 millions USD), (**T**= Tax Paid= 3,385 millions USD), (**f**= F/S= Fixed Portion= 58.00%), (**I**= Interest Expense= 513 millions USD), (**Q**= Quoted Longterm Liabilities= 35,351 millions USD), (**U**= Utilized or Starting Capital= 64,720 millions USD), (**M**= Margin of Contribution= 41,548 millions USD), (**S**= Sales or Revenues= 51,294 millions USD), and (**l** = L/E= Leverage or Gearing Ratio= 99.00%), then it's (**X**= Xpress or Current Debt planned), is:

$$X = l\{U+M-Sf-I-T-D\}-Q$$
$$= 0.9900\{64,720+41,548-51,294$$
$$*0.5800-513-3,385-2.370\}$$
$$-35,351$$
$$= 34,196 \text{ millions USD}$$

Law-8592:

If both (**D**= Dividend Paid= 2,370 millions USD), (**T**= Tax Paid= 3,385 millions USD), (**f**= F/S= Fixed Portion= 58.00%), (**I**= Interest Expense= 513 millions USD), (**c**= C/X= Current Ratio= 1.20 times), (**q**= [C-P]/X= Quick or Acid Test Ratio= 1.01 times), (**P**= Procured Inventories= 6,497 millions USD), (**U**= Utilized or Starting Capital= 64,720 millions USD), (**M**= Margin of Contribution= 41,548 millions USD), (**S**= Sales or Revenues= 51,294 millions USD), and (**l**= L/E= Leverage or Gearing Ratio= 99.00%), then it's (**Q**= Quoted Longterm Liabilities planned), is :

$$Q = l\{U+M-Sf-I-T-D\}-P/[c-q]\}$$
$$= 0.9900\{64,720+41,548-51,294$$
$$*0.5800-513-3,385-2.370\}$$
$$-6,497/[1.2000-1.0100]\}$$
$$= \underline{35,351} \text{ millions USD}$$

Law-8593:

If both (**D**= Dividend Paid= 2,370 millions USD), (**T**= Tax Paid= 3,385 millions USD), (**f**= F/S= Fixed Portion= 58.00%), (**I**= Interest Expense= 513 millions USD), (**c**= C/X= Current Ratio= 1.20 times), (**q**= [C-P]/X= Quick or Acid Test Ratio= 1.01 times), (**P**= Procured Inventories= 6,497 millions USD), (**U**= Utilized or Starting Capital= 64,720 millions USD), (**M**= Margin of Contribution= 41,548 millions USD), (**S**= Sales or Revenues= 51,294 millions USD), and (**Q**= Quoted Longterm Liabilities= 35,351 millions USD), then it's (l = Leverage or Gearing Ratio planned), is:

$$l = (Q+P/[c-q])/\{U+M-Sf-I-T-D\}$$
$$= (35,351+6,497/[1.2000-1.0100])$$
$$/\{64,720+41,548-51,294$$
$$*0.5800-513-3,385-2.370\}$$
$$= 99.00\%$$

Law-8594:

If both (**D**= Dividend Paid= 2,370 millions USD), (**T**= Tax Paid= 3,385 millions USD), (**f**= F/S= Fixed Portion= 58.00%), (**I**= Interest Expense= 513 millions USD), (**c**= C/X= Current Ratio= 1.20 times), (**q**= [C-P]/X= Quick or Acid Test Ratio= 1.01 times), (**P**= Procured Inventories= 6,497 millions USD), (**l** = L/E= Leverage or Gearing Ratio= 99.00%), (**M**= Margin of Contribution= 41,548 millions USD), (**S**= Sales or Revenues= 51,294 millions USD), and (**Q**= Quoted Longterm Liabilities= 35,351 millions USD), then it's (**U**= Utilized or Starting Capital planned), is:

$$U= Sf+I+T+D+(Q+P/[c-q]\})/l - M$$
$$= 51{,}294*0.5800+513+3{,}385+2.370$$
$$+(35{,}351+6{,}497/[1.2000$$
$$-1.0100]\})/0.9900-41{,}548$$
$$= \underline{64{,}720} \text{ millions USD}$$

Law-8595:

If both (**D**= Dividend Paid= 2,370 millions USD), (**T**= Tax Paid= 3,385 millions USD), (**f**= F/S= Fixed Portion= 58.00%), (**I**= Interest Expense= 513 millions USD), (**c**= C/X= Current Ratio= 1.20 times), (**q**= [C-P]/X= Quick or Acid Test Ratio= 1.01 times), (**P**= Procured Inventories= 6,497 millions USD), (**l** = L/E= Leverage or Gearing Ratio= 99.00%), (**U**= Utilized or Starting Capital= 64,720 millions USD), (**S**= Sales or Revenues= 51,294 millions USD), and (**Q**= Quoted Longterm Liabilities= 35,351 millions USD), then it's (**M**= Margin of Contribution planned), is :

$$M = Sf+I+T+D+(Q+P/[c-q]\})/l - U$$
$$= 51,294*0.5800+513+3,385+2.370$$
$$+(35,351+6,497/[1.2000$$
$$-1.0100]\})/0.9900-64,720$$
$$= \underline{41,548} \text{ millions USD}$$

Law-8596:

If both (**D**= Dividend Paid= 2,370 millions USD), (**T**= Tax Paid= 3,385 millions USD), (**f**= F/S= Fixed Portion= 58.00%), (**I**= Interest Expense= 513 millions USD), (**c**= C/X= Current Ratio= 1.20 times), (**q**= [C-P]/X= Quick or Acid Test Ratio= 1.01 times), (**P**= Procured Inventories= 6,497 millions USD), (**/** = L/E= Leverage or Gearing Ratio= 99.00%), (**U**= Utilized or Starting Capital= 64,720 millions USD), (**M**= Margin of Contribution= 41,548 millions USD), and (**Q**= Quoted Longterm Liabilities= 35,351 millions USD), then it's (**S**= Sales or Revenues planned), is:

$$S = [U+M-I-T-D-(Q+P/[c-q])\}/l\ ]/f$$
$$= [64,720+41,548-513-3,385-2.370$$
$$-(35,351+6,497/[1.2000$$
$$-1.0100]\})/0.9900]/0.5800$$
$$= \underline{51,294}\ \text{millions USD}$$

Law-8597:

If both (**D**= Dividend Paid= 2,370 millions USD), (**T**= Tax Paid= 3,385 millions USD), (**S**= Sales or Revenues= 51,294 millions USD), (**I**= Interest Expense= 513 millions USD), (**c**= C/X= Current Ratio= 1.20 times), (**q**= [C-P]/X= Quick or Acid Test Ratio= 1.01 times), (**P**= Procured Inventories= 6,497 millions USD), (***l*** = L/E= Leverage or Gearing Ratio= 99.00%), (**U**= Utilized or Starting Capital= 64,720 millions USD), (**M**= Margin of Contribution= 41,548 millions USD), and (**Q**= Quoted Longterm Liabilities= 35,351 millions USD), then it's (**f**= Fixed Portion planned), is:

$$f= [U+M-I-T-D-(Q+P/[c-q]\})/l\ ]/S$$
$$= [64,720+41,548-513-3,385-2.370$$
$$-(35,351+6,497/[1.2000$$
$$-1.0100]\})/0.9900]/51,294$$
$$= 58.00\%$$

Law-8598:

If both (**D**= Dividend Paid= 2,370 millions USD), (**T**= Tax Paid= 3,385 millions USD), (**S**= Sales or Revenues= 51,294 millions USD), (**f**= F/S= Fixed Portion= 58.00%), (**c**= C/X= Current Ratio= 1.20 times), (**q**= [C-P]/X= Quick or Acid Test Ratio= 1.01 times), (**P**= Procured Inventories= 6,497 millions USD), (***I*** = L/E= Leverage or Gearing Ratio= 99.00%), (**U**= Utilized or Starting Capital= 64,720 millions USD), (**M**= Margin of Contribution= 41,548 millions USD), and (**Q**= Quoted Longterm Liabilities= 35,351 millions USD), then it's (I= Interest Expense planned), is:

$$I = U+M-Sf-T-D-(Q+P/[c-q])/l$$
$$= 64{,}720+41{,}548-51{,}294*0.5800$$
$$-3{,}385-2.370-(35{,}351$$
$$+6{,}497/[1.2000-1.0100])$$
$$/0.9900$$
$$= \underline{513} \text{ millions USD}$$

Law-8599:

If both (**D**= Dividend Paid= 2,370 millions USD), (**I**= Interest Expense= 513 millions USD), (**S**= Sales or Revenues= 51,294 millions USD), (**f**= F/S= Fixed Portion= 58.00%), (**c**= C/X= Current Ratio= 1.20 times), (**q**= [C-P]/X= Quick or Acid Test Ratio= 1.01 times), (**P**= Procured Inventories= 6,497 millions USD), (**l** = L/E= Leverage or Gearing Ratio= 99.00%), (**U**= Utilized or Starting Capital= 64,720 millions USD), (**M**= Margin of Contribution= 41,548 millions USD), and (**Q**= Quoted Longterm Liabilities= 35,351 millions USD), then it's (T= Tax Paid planned), is:

$$T = U+M-Sf-I-D-(Q+P/[c-q])/l$$
$$= 64,720+41,548-51,294*0.5800-513$$
$$-2,370-(35,351+6,497/[1.2000$$
$$-1.0100])/0.9900$$
$$= 3,385 \text{ millions USD}$$

Law-8600:

If both (**T**= Tax Paid= 3,385 millions USD), (**I**= Interest Expense= 513 millions USD), (**S**= Sales or Revenues= 51,294 millions USD), (**f**= F/S= Fixed Portion= 58.00%), (**c**= C/X= Current Ratio= 1.20 times), (**q**= [C-P]/X= Quick or Acid Test Ratio= 1.01 times), (**P**= Procured Inventories= 6,497 millions USD), (**l** = L/E= Leverage or Gearing Ratio= 99.00%), (**U**= Utilized or Starting Capital= 64,720 millions USD), (**M**= Margin of Contribution= 41,548 millions USD), and (**Q**= Quoted Longterm Liabilities= 35,351 millions USD), then it's (**D**= Dividend Paid planned), is:

$$\begin{aligned} \mathbf{D} &= U+M-Sf-I-T-(Q+P/[c-q]\})/l \\ &= 64{,}720+41{,}548-51{,}294*0.5800-513 \\ &\quad -3{,}385-(35{,}351+6{,}497/[1.2000 \\ &\quad -1.0100]\})/0.9900 \\ &= \underline{2{,}370} \text{ millions USD} \end{aligned}$$

Law-8601:

If both (**T**= Tax Paid= 3,385 millions USD), (**I**= Interest Expense= 513 millions USD), (**S**= Sales or Revenues= 51,294 millions USD), (**f**= F/S= Fixed Portion= 58.00%), (**c**= C/X= Current Ratio= 1.20 times), (**q**= [C-P]/X= Quick or Acid Test Ratio= 1.01 times), (**D**= Dividend Paid= 2,370 millions USD), (**𝑙** = L/E= Leverage or Gearing Ratio= 99.00%), (**U**= Utilized or Starting Capital= 64,720 millions USD), (**M**= Margin of Contribution= 41,548 millions USD), and (**Q**= Quoted Longterm Liabilities= 35,351 millions USD), then it's (**P**= Procured Inventories planned), is:

$$P= [c-q](l\{[U+M-Sf-I-T-D]-Q\})$$
$$= [1.2000-1.0100](0.9900\{[64,720$$
$$+41,548-51,294*0.5800-513$$
$$-3,385-2,370]-35,351\})$$
$$= 6,497 \text{ millions USD}$$

Law-8602:

If both (**T**= Tax Paid= 3,385 millions USD), (**I**= Interest Expense= 513 millions USD), (**S**= Sales or Revenues= 51,294 millions USD), (**f**= F/S=Fixed Portion= 58.00%), (**P**= Procured Inventories= 6,497 millions USD), (**q**= [C-P]/X= Quick or Acid Test Ratio= 1.01 times), (**D**= Dividend Paid= 2,370 millions USD), (**l** = L/E= Leverage or Gearing Ratio= 99.00%), (**U**= Utilized or Starting Capital= 64,720 millions USD), (**M**= Margin of Contribution= 41,548 millions USD), and (**Q**= Quoted Longterm Liabilities= 35,351 millions USD), then it's (**c**= Current Ratio planned), is:

$$c = q + P/(l\{[U+M-Sf-I-T-D]-Q\})$$
$$= 1.0100 + 6,497/(0.9900\{[64,720$$
$$+41,548-51,294*0.5800-513$$
$$-3,385-2,370]-35,351\})$$
$$= 1.20 \text{ times}$$

Law-8603:

If both (**T**= Tax Paid= 3,385 millions USD), (**I**= Interest Expense= 513 millions USD), (**S**= Sales or Revenues= 51,294 millions USD), (**f**= F/S= Fixed Portion= 58.00%), (**P**= Procured Inventories= 6,497 millions USD), (**c**= C/X= Current Ratio= 1.20 times), (D= Dividend Paid= 2,370 millions USD), (***l*** = L/E= Leverage or Gearing Ratio= 99.00%), (**U**= Utilized or Starting Capital= 64,720 millions USD), (**M**= Margin of Contribution= 41,548 millions USD), and (**Q**= Quoted Longterm Liabilities= 35,351 millions USD), then it's (**q**= Quick or Acid Test Ratio planned), is:

$$q = c - P/(l\{[U+M-Sf-I-T-D]-Q\})$$
$$= 1.2000 - 6{,}497/(0.9900\{[64{,}720$$
$$+41{,}548 - 51{,}294*0.5800 - 513$$
$$-3{,}385 - 2{,}370] - 35{,}351\})$$
$$= 1.01 \text{ times}$$

Law-8604:

If both (**T**= Tax Paid= 3,385 millions USD), (**I**= Interest Expense= 513 millions USD), (**S**= Sales or Revenues= 51,294 millions USD), (**f**= F/S= Fixed Portion= 58.00%), (**p**= 360P/V= Procured Inventory Days= 240 Days), (**V**= Variable Cost= 9,746 millions USD), (**c**= C/X= Current Ratio= 1.20 times), (**D**= Dividend Paid= 2,370 millions USD), (**l** = L/E= Leverage or Gearing Ratio= 99.00%), (**U**= Utilized or Starting Capital= 64,720 millions USD), (**M**= Margin of Contribution= 41,548 millions USD), and (**q**= [C-P]/X= Quick or Acid Test Ratio= 1.01 times), then it's (**Q**= Quoted Longterm Liabilities planned), is:

$$Q = l\ [U+M-Sf-I-T-D]-Vp/\{360[c-q]\}$$
$$= 0.9900\{[64,720+41,548-51,294$$
$$*0.5800-513-3,385-2,370]$$
$$-9,746*240/\{360[1.2000$$
$$-1.0100]\}$$
$$= 35,351 \text{ millions USD}$$

Law-8605:

If both (**T**= Tax Paid= 3,385 millions USD), (**I**= Interest Expense= 513 millions USD), (**S**= Sales or Revenues= 51,294 millions USD), (**f**= F/S= Fixed Portion= 58.00%), (**p**= 360P/V= Procured Inventory Days= 240 Days), (**V**= Variable Cost= 9,746 millions USD), (**c**= C/X= Current Ratio= 1.20 times), (**D**= Dividend Paid= 2,370 millions USD), (**Q**= Quoted Longterm Liabilities= 35,351 millions USD), (**U**= Utilized or Starting Capital= 64,720 millions USD), (**M**= Margin of Contribution= 41,548 millions USD), and (**q**= [C-P]/X= Quick or Acid Test Ratio= 1.01 times), then it's (***l*** = Leverage or Gearing Ratio planned), is:

$$\begin{aligned}
\mathit{l} &= (Q+Vp/\{360[c-q]\})/[U+M-Sf-I-T-D] \\
&= (35{,}351+9{,}746*240/\{360[1.2000 \\
&\quad -1.0100]\})/[64{,}720+41{,}548 \\
&\quad -51{,}294*0.5800-513-3{,}385 \\
&\quad -2{,}370] \\
&= \underline{99.00\%}
\end{aligned}$$

Law-8606:

If both (**T**= Tax Paid= 3,385 millions USD), (**I**= Interest Expense= 513 millions USD), (**S**= Sales or Revenues= 51,294 millions USD), (**f**= F/S= Fixed Portion= 58.00%), (**p**= 360P/V= Procured Inventory Days= 240 Days), (**V**= Variable Cost= 9,746 millions USD), (**c**= C/X= Current Ratio= 1.20 times), (**D**= Dividend Paid= 2,370 millions USD), (**Q**= Quoted Longterm Liabilities= 35,351 millions USD), (*l* = L/E= Leverage or Gearing Ratio= 99.00%), (**M**= Margin of Contribution= 41,548 millions USD), and (**q**= [C-P]/X= Quick or Acid Test Ratio= 1.01 times), then it's (**U**= Utilized or Starting Capital planned), is:

$$U = Sf+I+T+D+(Q+Vp/\{360[c-q]\})/l - M$$
$$= 51,294*0.5800+513+3,385+2,370$$
$$+(35,351+9,746*240/\{360$$
$$[1.2000-1.0100]\})/0.9900$$
$$-41,548$$
$$= \underline{64,720} \text{ millions USD}$$

Law-8607:

If both (**T**= Tax Paid= 3,385 millions USD), (**I**= Interest Expense= 513 millions USD), (**S**= Sales or Revenues= 51,294 millions USD), (**f**= F/S= Fixed Portion= 58.00%), (**p**= 360P/V= Procured Inventory Days= 240 Days), (**V**= Variable Cost= 9,746 millions USD), (**c**= C/X= Current Ratio= 1.20 times), (**D**= Dividend Paid= 2,370 millions USD), (**Q**= Quoted Longterm Liabilities= 35,351 millions USD), (*l* = L/E= Leverage or Gearing Ratio= 99.00%), (**U**= Utilized or Starting Capital= 64,720 millions USD), and (**q**= [C-P]/X= Quick or Acid Test Ratio= 1.01 times), then it's (**M**= Margin of Contribution planned), is:

$$M = Sf+I+T+D+(Q+Vp/\{360[c-q]\})/l - U$$
$$= 51,294*0.5800+513+3,385+2,370$$
$$+(35,351+9,746*240/\{360$$
$$[1.2000-1.0100]\})/0.9900$$
$$-64,720$$
$$= \underline{41,548} \text{ millions USD}$$

Law-8608:

If both (**T**= Tax Paid= 3,385 millions USD), (**I**= Interest Expense= 513 millions USD), (**M**= Margin of Contribution= 41,548 millions USD), (**f**= F/S= Fixed Portion= 58.00%), (**p**= 360P/V= Procured Inventory Days= 240 Days), (**V**= Variable Cost= 9,746 millions USD), (**c**= C/X= Current Ratio= 1.20 times), (**D**= Dividend Paid= 2,370 millions USD), (**Q**= Quoted Longterm Liabilities= 35,351 millions USD), (**l** = L/E= Leverage or Gearing Ratio= 99.00%), (**U**= Utilized or Starting Capital= 64,720 millions USD), and (**q**= [C-P]/X= Quick or Acid Test Ratio= 1.01 times), then it's (**S**= Sales or Revenues planned), is:

$$S = [[U+M-I-T-D]-(Q+Vp/\{360[c-q]\})/l\,]/f$$
$$= [[64{,}720+41{,}548-513-3{,}385-2{,}370]$$
$$-(35{,}351+9{,}746*240/\{360$$
$$/[1.2000-1.0100]\})/0.9900]$$
$$/0.5800$$
$$= 51{,}294 \text{ millions USD}$$

Law-8609:

If both (**T**= Tax Paid= 3,385 millions USD), (**I**= Interest Expense= 513 millions USD), (**M**= Margin of Contribution= 41,548 millions USD), (**S**= Sales or Revenues= 51,294 millions USD), (**p**= 360P/V= Procured Inventory Days= 240 Days), (**V**= Variable Cost= 9,746 millions USD), (**c**= C/X= Current Ratio= 1.20 times), (**D**= Dividend Paid= 2,370 millions USD), (**Q**= Quoted Longterm Liabilities= 35,351 millions USD), (**/** = L/E= Leverage or Gearing Ratio= 99.00%), (**U**= Utilized or Starting Capital= 64,720 millions USD), and (**q**= [C-P]/X= Quick or Acid Test Ratio= 1.01 times), then it's (**f**= Fixed Portion planned), is:

$$f = [U+M-I-T-D-(Q+Vp/\{360[c-q]\})/\mathit{l}\,]/S$$
$$= [64,720+41,548-513-3,385-2,370]$$
$$-(35,351+9,746*240/\{360$$
$$[1.2000-1.0100]\})$$
$$/0.9900]/51,294$$
$$= \underline{58.00\%}$$

Law-8610:

If both (**T**= Tax Paid= 3,385 millions USD), (**f**= F/S= Fixed Portion= 58.00%), (**M**= Margin of Contribution= 41,548 millions USD), (**S**= Sales or Revenues= 51,294 millions USD), (**p**= 360P/V= Procured Inventory Days= 240 Days), (**V**= Variable Cost= 9,746 millions USD), (**c**= C/X= Current Ratio= 1.20 times), (**D**= Dividend Paid= 2,370 millions USD), (**Q**= Quoted Longterm Liabilities= 35,351 millions USD), (***l*** = L/E= Leverage or Gearing Ratio= 99.00%), (**U**= Utilized or Starting Capital= 64,720 millions USD), and (**q**= [C-P]/X= Quick or Acid Test Ratio= 1.01 times), then it's (**I**= Interest Expense planned), is:

$$I = U+M-Sf-T-D-(Q+Vp/\{360[c-q]\})/l$$
$$= 64{,}720+41{,}548-51{,}294*0.5800$$
$$-3{,}385-2{,}370-(35{,}351+9{,}746$$
$$*240/\{360/[1.2000-1.0100]\})$$
$$/0.9900$$
$$= \underline{513} \text{ millions USD}$$

Law-8611:

If both (**I**= Interest Expense= 513 millions USD), (**f**= F/S=Fixed Portion= 58.00%), (**M**= Margin of Contribution= 41,548 millions USD), (**S**= Sales or Revenues= 51,294 millions USD), (**p= 360P/V**= Procured Inventory Days= 240 Days), (**V**= Variable Cost= 9,746 millions USD), (**c= C/X**= Current Ratio= 1.20 times), (**D**= Dividend Paid= 2,370 millions USD), (**Q**= Quoted Longterm Liabilities= 35,351 millions USD), (***l* = L/E**= Leverage or Gearing Ratio= 99.00%), (**U**= Utilized or Starting Capital= 64,720 millions USD), and (**q= [C-P]/X**= Quick or Acid Test Ratio= 1.01 times), then it's (**T**= Tax Paid planned), is:

$$T = U+M-Sf-I-D-(Q+Vp/\{360[c-q]\})/l$$
$$= 64,720+41,548-51,294*0.5800-513$$
$$-2,370]-(35,351+9,746*240$$
$$/\{360/[1.2000-1.0100]\})$$
$$/0.9900$$
$$= 3,385 \text{ millions USD}$$

Law-8612:

If both (**I**= Interest Expense= 513 millions USD), (**f**= F/S= Fixed Portion= 58.00%), (**M**= Margin of Contribution= 41,548 millions USD), (**S**= Sales or Revenues= 51,294 millions USD), (**p**= 360P/V= Procured Inventory Days= 240 Days), (**V**= Variable Cost= 9,746 millions USD), (**c**= C/X= Current Ratio= 1.20 times), (**T**= Tax Paid= 3,385 millions USD), (**Q**= Quoted Longterm Liabilities= 35,351 millions USD), (**l** = L/E= Leverage or Gearing Ratio= 99.00%), (**U**= Utilized or Starting Capital= 64,720 millions USD), and (**q**= [C-P]/X= Quick or Acid Test Ratio= 1.01 times), then it's (**D**= Dividend Paid planned), is:

$$D = U+M-Sf-I-T-(Q+Vp/\{360[c-q]\})/l$$
$$= 64{,}720+41{,}548-513-51{,}294*0.5800$$
$$-3{,}385-2{,}370]-(35{,}351+9{,}746$$
$$*240/\{360/[1.2000-1.0100]\})$$
$$/0.9900$$
$$= 2{,}370 \text{ millions USD}$$

Law-8613:

If both (**I**= Interest Expense= 513 millions USD), (**f**= F/S= Fixed Portion= 58.00%), (**M**= Margin of Contribution= 41,548 millions USD), (**S**= Sales or Revenues= 51,294 millions USD), (**p**= 360P/V= Procured Inventory Days= 240 Days), (**D**= Dividend Paid= 2,370 millions USD), (**c**= C/X= Current Ratio= 1.20 times), (**T**= Tax Paid= 3,385 millions USD), (**Q**= Quoted Longterm Liabilities= 35,351 millions USD), (**l** = L/E= Leverage or Gearing Ratio= 99.00%), (**U**= Utilized or Starting Capital= 64,720 millions USD), and (**q**= [C-P]/X= Quick or Acid Test Ratio= 1.01 times), then it's (**V**= Variable Cost planned), is:

$$V = 360[c-q]\{l\ [U+M-Sf-I-T-d]-Q\}/p$$
$$= 360[1.2000-1.0100]\{0.9900$$
$$[64,720+41,548-51,294$$
$$*0.5800-513-3,385-2,370]$$
$$-35,351\}/240$$
$$= 9,746 \text{ millions USD}$$

Law-8614:

If both (**I**= Interest Expense= 513 millions USD), (**f**= F/S= Fixed Portion= 58.00%), (**M**= Margin of Contribution= 41,548 millions USD), (**S**= Sales or Revenues= 51,294 millions USD), (**V**= Variable Cost= 9,746 millions USD), (**D**= Dividend Paid= 2,370 millions USD), (**c**= C/X= Current Ratio= 1.20 times), (**T**= Tax Paid= 3,385 millions USD), (**Q**= Quoted Longterm Liabilities= 35,351 millions USD), (**l** = L/E= Leverage or Gearing Ratio= 99.00%), (**U**= Utilized or Starting Capital= 64,720 millions USD), and (**q**= [C-P]/X= Quick or Acid Test Ratio= 1.01 times), then it's (**p**= Procured Inventory Days planned), is:

$$p = 360[c-q]\{l\ [U+M-Sf-I-T-d]-Q\}/V$$
$$= 360[1.2000-1.0100]\{0.9900$$
$$[64,720+41,548-51,294$$
$$*0.5800-513-3,385-2,370]$$
$$-35,351\}/0.1900$$
$$= \underline{240} \text{ days}$$

Law-8615:

If both (**I**= Interest Expense= 513 millions USD), (**f**= F/S= Fixed Portion= 58.00%), (**M**= Margin of Contribution= 41,548 millions USD), (**S**= Sales or Revenues= 51,294 millions USD), (**V**= Variable Cost= 9,746 millions USD), (**D**= Dividend Paid= 2,370 millions USD), (**p**= 360P/V= Procured Inventory Days= 240 Days), (**T**= Tax Paid= 3,385 millions USD), (**Q**= Quoted Longterm Liabilities= 35,351 millions USD), (**l** = L/E= Leverage or Gearing Ratio= 99.00%), (**U**= Utilized or Starting Capital= 64,720 millions USD), and (**q**= [C-P]/X= Quick or Acid Test Ratio= 1.01 times), then it's (**c**= Current Ratio planned), is:

$$c = q + Vp/(360\{l\ [U+M-Sf-I-T-d]-Q\})$$
$$= 1.0100 + 9{,}746 * 240/(360\{0.9900$$
$$[64{,}720 + 41{,}548 - 51{,}294$$
$$*0.5800 - 513 - 3{,}385 - 2{,}370]$$
$$-35{,}351\})$$
$$= 1.20 \text{ times}$$

Law-8616:

If both (**I**= Interest Expense= 513 millions USD), (**f**= F/S= Fixed Portion= 58.00%), (**M**= Margin of Contribution= 41,548 millions USD), (**S**= Sales or Revenues= 51,294 millions USD), (**V**= Variable Cost= 9,746 millions USD), (**D**= Dividend Paid= 2,370 millions USD), (**p**= 360P/V= Procured Inventory Days= 240 Days), (**T**= Tax Paid= 3,385 millions USD), (**Q**= Quoted Longterm Liabilities= 35,351 millions USD), (**l** = L/E= Leverage or Gearing Ratio= 99.00%), (**U**= Utilized or Starting Capital= 64,720 millions USD), and (**c**= C/X= Current Ratio= 1.20 times), then it's (**q**= Quick or Acid Test Ratio planned), is:

$$q = c - Vp/(360\{l\,[U+M-Sf-I-T-d]-Q\})$$
$$= 1.2000 - 9{,}746 * 240/(360\{0.9900\,[64{,}720+41{,}548-51{,}294*0.5800-513-3{,}385-2{,}370]-35{,}351\})$$
$$= 1.01 \text{ times}$$

Law-8617:

If both (**I**= Interest Expense= 513 millions USD), (**f**= F/S= Fixed Portion= 58.00%), (**M**= Margin of Contribution= 41,548 millions USD), (**S**= Sales or Revenues= 51,294 millions USD), (**v**= V/S= Variable Portion= 19.00%), (**D**= Dividend Paid= 2,370 millions USD), (**p**= 360P/V= Procured Inventory Days= 240 Days), (**T**= Tax Paid= 3,385 millions USD), (**q**= [C-P]/X= Quick or Acid Test Ratio= 1.01 times), (**l** = L/E= Leverage or Gearing Ratio= 99.00%), (**U**= Utilized or Starting Capital= 64,720 millions USD), and (**c**= C/X= Current Ratio= 1.20 times), then it's **Q**= Quoted Longterm Liabilities planned), is:

$$Q = l\,[U+M-Sf-I-T-D]-Svp/\{360[c-q]\}$$
$$= 0.9900[64,720+41,548-51,294$$
$$*0.5800-513-3,385-2,370]$$
$$-51,294*0.1900*240$$
$$/\{360[1.2000-1.0100]\}$$
$$= 35,351 \text{ millions USD}$$

Law-8618:

If both (**I**= Interest Expense= 513 millions USD), (**f**= F/S= Fixed Portion= 58.00%), (**M**= Margin of Contribution= 41,548 millions USD), (**S**= Sales or Revenues= 51,294 millions USD), (**v**= V/S= Variable Portion= 19.00%), (**D**= Dividend Paid= 2,370 millions USD), (**p**= 360P/V= Procured Inventory Days= 240 Days), (**T**= Tax Paid= 3,385 millions USD), (**q**= [C-P]/X= Quick or Acid Test Ratio= 1.01 times), (**Q**= Quoted Longterm Liabilities= 35,351 millions USD), (**U**= Utilized or Starting Capital= 64,720 millions USD), and (**c**= C/X= Current Ratio= 1.20 times), then it's (***l*** = Leverage or Gearing Ratio planned), is:

$$l = (Q+Svp/\{360[c-q]\})/[U+M-Sf-I-T-D]$$
$$= (35{,}351+51{,}294*0.1900*240$$
$$/\{360[1.2000-1.0100]\})$$
$$/[64{,}720+41{,}548-51{,}294$$
$$*0.5800-513-3{,}385-2{,}370]$$
$$= \underline{99.00\%}$$

Law-8619:

If both (**I**= Interest Expense= 513 millions USD), (**f**= F/S= Fixed Portion= 58.00%), (**M**= Margin of Contribution= 41,548 millions USD), (**S**= Sales or Revenues= 51,294 millions USD), (**v**= V/S= Variable Portion= 19.00%), (**D**= Dividend Paid= 2,370 millions USD), (**p**= 360P/V= Procured Inventory Days= 240 Days), (**T**= Tax Paid= 3,385 millions USD), (**q**= [C-P]/X= Quick or Acid Test Ratio= 1.01 times), (**Q**= Quoted Longterm Liabilities= 35,351 millions USD), (**l** = L/E= Leverage or Gearing Ratio= 99.00%), and (**c**= C/X= Current Ratio= 1.20 times), then it's (**U**= Utilized or Starting Capital planned), is:

$$U= Sf+I+T+D+(Q+Svp/\{360[c-q]\})/l - M$$
$$= 51,294*0.5800+513+3,385+2,370$$
$$+(35,351+51,294*0.1900$$
$$*240/\{360[1.2000-1.0100]\})$$
$$/0.9900-41,548$$
$$= \underline{64,720} \text{ millions USD}$$

Law-8620:

If both (**I**= Interest Expense= 513 millions USD), (**f**= F/S= Fixed Portion= 58.00%), (**U**= Utilized or Starting Capital= 64,720 millions USD), (**S**= Sales or Revenues= 51,294 millions USD), (**v**= V/S= Variable Portion= 19.00%), (**D**= Dividend Paid= 2,370 millions USD), (**p**= 360P/V= Procured Inventory Days= 240 Days), (**T**= Tax Paid= 3,385 millions USD), (**q**= [C-P]/X= Quick or Acid Test Ratio= 1.01 times), (**Q**= Quoted Longterm Liabilities= 35,351 millions USD), (**l** = L/E= Leverage or Gearing Ratio= 99.00%), and (**c**= C/X= Current Ratio= 1.20 times), then it's (**M**= Margin of Contribution planned), is:

$$M = Sf + I + T + D + (Q + Svp/\{360[c-q]\})/l - U$$
$$= 51{,}294 * 0.5800 + 513 + 3{,}385 + 2{,}370$$
$$+ (35{,}351 + 51{,}294 * 0.1900 * 240$$
$$/\{360[1.2000 - 1.0100]\})$$
$$/0.9900 - 64{,}720$$
$$= 41{,}548 \text{ millions USD}$$

Law-8621:

If both (I= Interest Expense= 513 millions USD), (f= F/S= Fixed Portion= 58.00%), (U= Utilized or Starting Capital= 64,720 millions USD), (M= Margin of Contribution= 41,548 millions USD), (v= V/S= Variable Portion= 19.00%), (D= Dividend Paid= 2,370 millions USD), (p= 360P/V= Procured Inventory Days= 240 Days), (T= Tax Paid= 3,385 millions USD), (q= [C-P]/X= Quick or Acid Test Ratio= 1.01 times), (Q= Quoted Longterm Liabilities= 35,351 millions USD), (*l* = L/E= Leverage or Gearing Ratio= 99.00%), and (c= C/X= Current Ratio= 1.20 times), then it's (S= Sales or Revenues planned), is:

$$S= [U+M-I-T-D-(Q+Svp/\{360[c-q]\})/l\,]/f$$
$$= [64,720+41,548-513-3,385-2,370$$
$$-(35,351+51,294*0.1900$$
$$*240/\{360[1.2000$$
$$-1.0100]\})/0.9900]/0.5800$$
$$= 51,294 \text{ millions USD}$$

Law-8622:

If both (**I**= Interest Expense= 513 millions USD), (**S**= Sales or Revenues= 51,294 millions USD), (**U**= Utilized or Starting Capital= 64,720 millions USD), (**M**= Margin of Contribution= 41,548 millions USD), (**v**= V/S= Variable Portion= 19.00%), (**D**= Dividend Paid= 2,370 millions USD), (**p**= 360P/V= Procured Inventory Days= 240 Days), (**T**= Tax Paid= 3,385 millions USD), (**q**= [C-P]/X= Quick or Acid Test Ratio= 1.01 times), (**Q**= Quoted Longterm Liabilities= 35,351 millions USD), (***l*** = L/E= Leverage or Gearing Ratio= 99.00%), and (**c**= C/X= Current Ratio= 1.20 times), then it's (**f**= Fixed Portion planned), is:

$$f= [U+M-I-T-D-(Q+Svp/\{360[c-q]\})/l\,]/S$$
$$= [64,720+41,548-513-3,385-2,370$$
$$-(35,351+51,294*0.1900$$
$$*240/\{360[1.2000-1.0100]\})$$
$$/0.9900]/51,294$$
$$= 58.00\%$$

Law-8623:

If both (**f**= F/S= Fixed Portion= 58.00%), (**S**= Sales or Revenues= 51,294 millions USD), (**U**= Utilized or Starting Capital= 64,720 millions USD), (**M**= Margin of Contribution= 41,548 millions USD), (**v**= V/S= Variable Portion= 19.00%), (**D**= Dividend Paid= 2,370 millions USD), (**p**= 360P/V= Procured Inventory Days= 240 Days), (**T**= Tax Paid= 3,385 millions USD), (**q**= [C-P]/X= Quick or Acid Test Ratio= 1.01 times), (**Q**= Quoted Longterm Liabilities= 35,351 millions USD), (***I*** = L/E= Leverage or Gearing Ratio= 99.00%), and (**c**= C/X= Current Ratio= 1.20 times), then it's (**I**= Interest Expense planned), is:

$$I = U+M-Sf-T-D-(Q+Svp/\{360[c-q]\})/l$$
$$= 64{,}720+41{,}548-51{,}294*0.5800$$
$$-3{,}385-2{,}370-(35{,}351+51{,}294$$
$$*0.1900*240/\{360[1.2000$$
$$-1.0100]\})/0.9900$$
$$= 513 \text{ millions USD}$$

Law-8624:

If both (**f**= F/S= Fixed Portion= 58.00%), (**S**= Sales or Revenues= 51,294 millions USD), (**U**= Utilized or Starting Capital= 64,720 millions USD), (**M**= Margin of Contribution= 41,548 millions USD), (**v**= V/S= Variable Portion= 19.00%), (**D**= Dividend Paid= 2,370 millions USD), (**p**= 360P/V= Procured Inventory Days= 240 Days), (**I**= Interest Expense= 513 millions USD), (**q**= [C-P]/X= Quick or Acid Test Ratio= 1.01 times), (**Q**= Quoted Longterm Liabilities= 35,351 millions USD), (*l* = L/E= Leverage or Gearing Ratio= 99.00%), and (**c**= C/X= Current Ratio= 1.20 times), then it's (**T**= Interest Expense planned), is:

$$T = U+M-Sf-I-D-(Q+Svp/\{360[c-q]\})/l$$
$$= 64,720+41,548-51,294*0.5800$$
$$-513-2,370-(35,351+51,294$$
$$*0.1900*240/\{360[1.2000$$
$$-1.0100]\})/0.9900$$
$$= 3,385 \text{ millions USD}$$

Law-8625:

If both (**f**= F/S= Fixed Portion= 58.00%), (**S**= Sales or Revenues= 51,294 millions USD), (**U**= Utilized or Starting Capital= 64,720 millions USD), (**M**= Margin of Contribution= 41,548 millions USD), (**v**= V/S= Variable Portion= 19.00%), (**T**= Tax Paid= 3,385 millions USD), (**p**= 360P/V= Procured Inventory Days= 240 Days), (**I**= Interest Expense= 513 millions USD), (**q**= [C-P]/X= Quick or Acid Test Ratio= 1.01 times), (**Q**= Quoted Longterm Liabilities= 35,351 millions USD), (***l*** = L/E= Leverage or Gearing Ratio= 99.00%), and (**c**= C/X= Current Ratio= 1.20 times), then it's (**D**= Dividend Paid planned), is:

$$D = U+M-Sf-I-T-(Q+Svp/\{360[c-q]\})/l$$
$$= 64{,}720+41{,}548-51{,}294*0.5800$$
$$-513-3{,}385-(35{,}351+51{,}294$$
$$*0.1900*240/\{360[1.2000$$
$$-1.0100]\})/0.9900$$
$$= \underline{2{,}370} \text{ millions USD}$$

Law-8626:

If both (**f**= F/S= Fixed Portion= 58.00%), (**S**= Sales or Revenues= 51,294 millions USD), (**U**= Utilized or Starting Capital= 64,720 millions USD), (**M**= Margin of Contribution= 41,548 millions USD), (**D**= Dividend Paid= 2,370 millions USD), (**T**= Tax Paid= 3,385 millions USD), (**p**= 360P/V= Procured Inventory Days= 240 Days), (**I**= Interest Expense= 513 millions USD), (**q**= [C-P]/X= Quick or Acid Test Ratio= 1.01 times), (**Q**= Quoted Longterm Liabilities= 35,351 millions USD), (***l*** = L/E= Leverage or Gearing Ratio= 99.00%), and (**c**= C/X= Current Ratio= 1.20 times), then it's (**v**= Variable Portion planned), is:

$$v = 360[c-q]\{l\ [U+M-Sf-I-T-D]-Q\}/[Sp]$$
$$= 360[1.2000-1.0100]\{0.9900$$
$$[64,720+41,548-51,294$$
$$*0.5800-513-3,385-2,370]$$
$$-35,351\}/[51,294*240]$$
$$= 19.00\%$$

Law-8627:

If both (**f**= F/S= Fixed Portion= 58.00%), (**S**= Sales or Revenues= 51,294 millions USD), (**U**= Utilized or Starting Capital= 64,720 millions USD), (**M**= Margin of Contribution= 41,548 millions USD), (**D**= Dividend Paid= 2,370 millions USD), (**T**= Tax Paid= 3,385 millions USD), (**v**= V/S= Variable Portion= 19.00%), (**I**= Interest Expense= 513 millions USD), (**q**= [C-P]/X= Quick or Acid Test Ratio= 1.01 times), (**Q**= Quoted Longterm Liabilities= 35,351 millions USD), (**l** = L/E= Leverage or Gearing Ratio= 99.00%), and (**c**= C/X= Current Ratio= 1.20 times), then it's (**p**= Procured Inventory Days planned), is:

$$p= 360[c-q]\{l\ [U+M-Sf-I-T-D]-Q\}/[Sv]$$
$$= 360[1.2000-1.0100]\{0.9900$$
$$[64,720+41,548-51,294$$
$$*0.5800-513-3,385-2,370]$$
$$-35,351\}/[51,294*0.1900]$$
$$= \underline{240}\ days$$

Law-8628:

If both (**f**= F/S= Fixed Portion= 58.00%), (**S**= Sales or Revenues= 51,294 millions USD), (**U**= Utilized or Starting Capital= 64,720 millions USD), (**M**= Margin of Contribution= 41,548 millions USD), (**D**= Dividend Paid= 2,370 millions USD), (**T**= Tax Paid= 3,385 millions USD), (**v**= V/S= Variable Portion= 19.00%), (**I**= Interest Expense= 513 millions USD), (**q**= [C-P]/X= Quick or Acid Test Ratio= 1.01 times), (**Q**= Quoted Longterm Liabilities= 35,351 millions USD), (**l** = L/E= Leverage or Gearing Ratio= 99.00%), and (**p**= 360P/V= Procured Inventory Days= 240 Days), then it's (**c**= Current Ratio planned), is:

$$c = q + Svp/(360\{l\,[U+M-Sf-I-T-D]-Q\})$$
$$= 1.0100 + 51{,}294 * 0.1900 * 240$$
$$/(360\{0.9900[64{,}720 + 41{,}548$$
$$- 51{,}294 * 0.5800 - 513 - 3{,}385$$
$$- 2{,}370] - 35{,}351\})$$
$$= \underline{1.20}\ \text{times}$$

Law-8629:

If both (**f**= F/S= Fixed Portion= 58.00%), (**S**= Sales or Revenues= 51,294 millions USD), (**U**= Utilized or Starting Capital= 64,720 millions USD), (**M**= Margin of Contribution= 41,548 millions USD), (**D**= Dividend Paid= 2,370 millions USD), (**T**= Tax Paid= 3,385 millions USD), (**v**= V/S= Variable Portion= 19.00%), (**I**= Interest Expense= 513 millions USD), (**c**= C/X= Current Ratio= 1.20 times), (**Q**= Quoted Longterm Liabilities= 35,351 millions USD), (***l*** = L/E= Leverage or Gearing Ratio= 99.00%), and (**p**= 360P/V= Procured Inventory Days= 240 Days), then it's (**q**= Quick or Acid Test Ratio planned), is:

$$q= c-Svp/(360\{l\ [U+M-Sf-I-T-D]-Q\})$$
$$= 1.2000-51,294*0.1900*240$$
$$/(360\{0.9900[64,720+41,548$$
$$-51,294*0.5800-513-3,385$$
$$-2,370]-35,351\})$$
$$= \underline{1.01}\ \text{times}$$

Law-8630:

If both (**f**= F/S= Fixed Portion= 58.00%), (**s**= [S/S']-1= Sales Growth= 5.00%), (**S'**= Sales of Past Year= 48,851 millions USD), (**S**= Sales or Revenues= 51,294 millions USD), (**U**= Utilized or Starting Capital= 64,720 millions USD), (**M**= Margin of Contribution= 41,548 millions USD), (**D**= Dividend Paid= 2,370 millions USD), (**T**= Tax Paid= 3,385 millions USD), (**v**= V/S= Variable Portion= 19.00%), (**I**= Interest Expense= 513 millions USD), (**c**= C/X= Current Ratio= 1.20 times), (**q**= [C-P]/X= Quick or Acid Test Ratio= 1.01 times), (**l** = L/E= Leverage or Gearing Ratio= 99.00%), and (**p**= 360P/V= Procured Inventory Days= 240 Days), then it's (**Q**= Quoted Longterm Liabilities planned), is:

$$Q = l\,[U+M-Sf-I-T-D]-S'vp[1+s]/\{360[c-q]\}$$
$$= 0.9900[64,720+41,548-51,294$$
$$*0.5800-513-3,385-2,370]$$
$$-48,851*0.1900*240$$
$$[1+0.0500]/\{360[1.2000$$
$$-1.0100]\}$$
$$= 35,351 \text{ millions USD}$$

Law-8631:
If both (**f**= F/S= Fixed Portion= 58.00%), (**s**= [S/S']-1= Sales Growth= 5.00%), (**S'**= Sales of Past Year= 48,851 millions USD), (**S**= Sales or Revenues= 51,294 millions USD), (**U**= Utilized or Starting Capital= 64,720 millions USD), (**M**= Margin of Contribution= 41,548 millions USD), (**D**= Dividend Paid= 2,370 millions USD), (**T**= Tax Paid= 3,385 millions USD), (**v**= V/S= Variable Portion= 19.00%), (**I**= Interest Expense= 513 millions USD), (**c**= C/X= Current Ratio= 1.20 times), (**q**= [C-P]/X= Quick or Acid Test Ratio= 1.01 times), (**Q**= Quoted Longterm Liabilities= 35,351 millions USD), and (**p**= 360P/V= Procured Inventory Days= 240 Days), then it's (***l*** = Leverage or Gearing Ratio planned), is:

$$l = (Q+S'vp[1+s]/\{360[c-q]\})/[U+M-Sf-I-T-D]$$
$$= (35,351+48,851*0.1900*240$$
$$[1+0.0500]/\{360[1.2000$$
$$-1.0100]\})/[64,720+41,548$$
$$-51,294*0.5800-513-3,385$$
$$-2,370]$$
$$= \underline{99.00\%}$$

Law-8632:

If both (**f**= F/S= Fixed Portion= 58.00%), (**s**= [S/S']-1= Sales Growth= 5.00%), (**S'**= Sales of Past Year= 48,851 millions USD), (**S**= Sales or Revenues= 51,294 millions USD), (**l** = L/E= Leverage or Gearing Ratio= 99.00%), (**M**= Margin of Contribution= 41,548 millions USD), (**D**= Dividend Paid= 2,370 millions USD), (**T**= Tax Paid= 3,385 millions USD), (**v**= V/S= Variable Portion= 19.00%), (**I**= Interest Expense= 513 millions USD), (**c**= C/X= Current Ratio= 1.20 times), (**q**= [C-P]/X= Quick or Acid Test Ratio= 1.01 times), (**Q**= Quoted Longterm Liabilities= 35,351 millions USD), and (**p**= 360P/V= Procured Inventory Days= 240 Days), then it's (**U**= Utilized or Starting Capital planned), is:

$$U = Sf + I + T + D + (Q + S'vp[1+s]/\{360[c-q]\})/l - M$$
$$= 51,294*0.5800 + 513 + 3,385 + 2,370$$
$$+ (35,351 + 48,851*0.1900*240$$
$$[1+0.0500]/\{360[1.2000$$
$$-1.0100]\})/0.9900 - 41,548$$
$$= 64,720 \text{ millions USD}$$

Law-8633:

If both (**f**= F/S= Fixed Portion= 58.00%), (**s**= [S/S']-1= Sales Growth= 5.00%), (**S'**= Sales of Past Year= 48,851 millions USD), (**S**= Sales or Revenues= 51,294 millions USD), (**l** = L/E= Leverage or Gearing Ratio= 99.00%), (**U**= Utilized or Starting Capital= 64,720 millions USD), (**D**= Dividend Paid= 2,370 millions USD), (**T**= Tax Paid= 3,385 millions USD), (**v**= V/S= Variable Portion= 19.00%), (**I**= Interest Expense= 513 millions USD), (**c**= C/X= Current Ratio= 1.20 times), (**q**= [C-P]/X= Quick or Acid Test Ratio= 1.01 times), (**Q**= Quoted Longterm Liabilities= 35,351 millions USD), and (**p**= 360P/V= Procured Inventory Days= 240 Days), then it's (**M**= Margin of Contribution planned), is:

$$M = Sf+I+T+D+(Q+S'vp[1+s]/\{360[c-q]\})/l - U$$
$$= 51,294*0.5800+513+3,385+2,370$$
$$+(35,351+48,851*0.1900*240$$
$$[1+0.0500]/\{360[1.2000$$
$$-1.0100]\})/0.9900-64,720$$
$$= 41,548 \text{ millions USD}$$

Law-8634:

If both (**f**= F/S= Fixed Portion= 58.00%), (**s**= [S/S']-1= Sales Growth= 5.00%), (**S'**= Sales of Past Year= 48,851 millions USD), (**M**= Margin of Contribution= 41,548 millions USD), (**l** = L/E= Leverage or Gearing Ratio= 99.00%), (**U**= Utilized or Starting Capital= 64,720 millions USD), (**D**= Dividend Paid= 2,370 millions USD), (**T**= Tax Paid= 3,385 millions USD), (**v**= V/S= Variable Portion= 19.00%), (**I**= Interest Expense= 513 millions USD), (**c**= C/X= Current Ratio= 1.20 times), (**q**= [C-P]/X= Quick or Acid Test Ratio= 1.01 times), (**Q**= Quoted Longterm Liabilities= 35,351 millions USD), and (**p**= 360P/V= Procured Inventory Days= 240 Days), then it's (**S**= Sales or Revenues planned), is:

$$S = [U+M-I-T-D-(Q+S'vp[1+s]/\{360[c-q]\})/l]/f$$
$$= [64,720+41,548-513-3,385-2,370$$
$$-(35,351+48,851*0.1900$$
$$*240[1+0.0500]/\{360[1.2000$$
$$-1.0100]\})/0.9900]/0.5800$$
$$= 51,294 \text{ millions USD}$$

Law-8635:

If both (S= Sales or Revenues= 51,294 millions USD), (s= [S/S']-1= Sales Growth= 5.00%), (S'= Sales of Past Year= 48,851 millions USD), (M= Margin of Contribution= 41,548 millions USD), (l = L/E= Leverage or Gearing Ratio= 99.00%), (U= Utilized or Starting Capital= 64,720 millions USD), (D= Dividend Paid= 2,370 millions USD), (T= Tax Paid= 3,385 millions USD), (v= V/S= Variable Portion= 19.00%), (I= Interest Expense= 513 millions USD), (c= C/X= Current Ratio= 1.20 times), (q= [C-P]/X= Quick or Acid Test Ratio= 1.01 times), (Q= Quoted Longterm Liabilities= 35,351 millions USD), and (p= 360P/V= Procured Inventory Days= 240 Days), then it's (f= Fixed Portion planned), is:

$$f= [U+M-I-T-D-(Q+S'vp[1+s]/\{360[c-q]\})/l\ ]/S$$
$$= [64,720+41,548-513-3,385-2,370$$
$$-(35,351+48,851*0.1900$$
$$*240[1+0.0500]/\{360$$
$$[1.2000-1.0100]\})/0.9900]$$
$$/51,294$$
$$= \underline{58.00\%}$$

Law-8636:

If both (**S**= Sales or Revenues= 51,294 millions USD), (**s**= [S/S']-1= Sales Growth= 5.00%), (**S'**= Sales of Past Year= 48,851 millions USD), (**M**= Margin of Contribution= 41,548 millions USD), (**l** = L/E= Leverage or Gearing Ratio= 99.00%), (**U**= Utilized or Starting Capital= 64,720 millions USD), (**D**= Dividend Paid= 2,370 millions USD), (**T**= Tax Paid= 3,385 millions USD), (**v**= V/S= Variable Portion= 19.00%), (**f**= F/S= Fixed Portion= 58.00%), (**c**= C/X= Current Ratio= 1.20 times), (**q**= [C-P]/X= Quick or Acid Test Ratio= 1.01 times), (**Q**= Quoted Longterm Liabilities= 35,351 millions USD), and (**p**= 360P/V= Procured Inventory Days= 240 Days), then it's (**I**= Interest Expense planned), is:

$$I = U+M-Sf-T-D-(Q+S'vp[1+s]/\{360[c-q]\})/l$$
$$= 64,720+41,548-51,294*0.5800$$
$$-3,385-2,370-(35,351$$
$$+48,851*0.1900*240$$
$$[1+0.0500]/\{360[1.2000$$
$$-1.0100]\})/0.9900$$
$$= \underline{513} \text{ millions USD}$$

Law-8637:

If both (**S**= Sales or Revenues= 51,294 millions USD), (**s**= [S/S']-1= Sales Growth= 5.00%), (**S'**= Sales of Past Year= 48,851 millions USD), (**M**= Margin of Contribution= 41,548 millions USD), (**l** = L/E= Leverage or Gearing Ratio= 99.00%), (**U**= Utilized or Starting Capital= 64,720 millions USD), (**D**= Dividend Paid= 2,370 millions USD), (**I**= Interest Expense= 513 millions USD), (**v**= V/S= Variable Portion= 19.00%), (**f**= F/S= Fixed Portion= 58.00%), (**c**= C/X= Current Ratio= 1.20 times), (**q**= [C-P]/X= Quick or Acid Test Ratio= 1.01 times), (**Q**= Quoted Longterm Liabilities= 35,351 millions USD), and (**p**= 360P/V= Procured Inventory Days= 240 Days), then it's (**T**= Tax Paid planned), is:

$$T = U+M-Sf-I-D-(Q+S'vp[1+s]/\{360[c-q]\})/l$$
$$= 64,720+41,548-51,294*0.5800$$
$$-513-2,370-(35,351+48,851$$
$$*0.1900*240[1+0.0500]$$
$$/\{360[1.2000-1.0100]\})$$
$$/0.9900$$
$$= \underline{3,385} \text{ millions USD}$$

Law-8638:

If both (**S**= Sales or Revenues= 51,294 millions USD), (**s**= [S/S']-1= Sales Growth= 5.00%), (**S'**= Sales of Past Year= 48,851 millions USD), (**M**= Margin of Contribution= 41,548 millions USD), (**l** = L/E= Leverage or Gearing Ratio= 99.00%), (**U**= Utilized or Starting Capital= 64,720 millions USD), (**T**= Tax Paid= 3,385 millions USD), (**I**= Interest Expense= 513 millions USD), (**v**= V/S= Variable Portion= 19.00%), (**f**= F/S= Fixed Portion= 58.00%), (**c**= C/X= Current Ratio= 1.20 times), (**q**= [C-P]/X= Quick or Acid Test Ratio= 1.01 times), (**Q**= Quoted Longterm Liabilities= 35,351 millions USD), and (**p**= 360P/V= Procured Inventory Days= 240 Days), then it's (**D**= Dividend Paid planned), is:

$$D = U+M-Sf-I-T-(Q+S'vp[1+s]/\{360[c-q]\})/l$$
$$= 64,720+41,548-51,294*0.5800$$
$$-513-3,385-(35,351+48,851$$
$$*0.1900*240[1+0.0500]/\{360$$
$$[1.2000-1.0100]\})/0.9900$$
$$= 2,370 \text{ millions USD}$$

Law-8639:

If both (**S**= Sales or Revenues= 51,294 millions USD), (**s**= [S/S']-1= Sales Growth= 5.00%), (**D**= Dividend Paid= 2,370 millions USD), (**M**= Margin of Contribution= 41,548 millions USD), (**I** = L/E= Leverage or Gearing Ratio= 99.00%), (**U**= Utilized or Starting Capital= 64,720 millions USD), (**T**= Tax Paid= 3,385 millions USD), (**I**= Interest Expense= 513 millions USD), (**v**= V/S= Variable Portion= 19.00%), (**f**= F/S= Fixed Portion= 58.00%), (**c**= C/X= Current Ratio= 1.20 times), (**q**= [C-P]/X= Quick or Acid Test Ratio= 1.01 times), (**Q**= Quoted Longterm Liabilities= 35,351 millions USD), and (**p**= 360P/V= Procured Inventory Days= 240 Days), then it's (**S'**= Sales Past), must be:

$$S' = 360[c-q](I\{U+M-Sf-I-T-D\}-Q)/\{vp[1+s]\}$$
$$= 360[1.2000-1.0100](0.9900$$
$$\{64,720+41,548-51,294$$
$$*0.5800-513-3,385-2,370\}$$
$$-35,351)/\{0.1900*240$$
$$[1+0.0500]\}$$
$$= 48,851 \text{ millions USD}$$

Law-8640:

If both (**S**= Sales or Revenues= 51,294 millions USD), (**s**= [S/S']-1= Sales Growth= 5.00%), (**D**= Dividend Paid= 2,370 millions USD), (**M**= Margin of Contribution= 41,548 millions USD), (**l**= L/E= Leverage or Gearing Ratio= 99.00%), (**U**= Utilized or Starting Capital= 64,720 millions USD), (**T**= Tax Paid= 3,385 millions USD), (**I**= Interest Expense= 513 millions USD), (**S'**= Sales of Past Year= 48,851 millions USD), (**f**= F/S= Fixed Portion= 58.00%), (**c**= C/X= Current Ratio= 1.20 times), (**q**= [C-P]/X= Quick or Acid Test Ratio= 1.01 times), (**Q**= Quoted Longterm Liabilities= 35,351 millions USD), and (**p**= 360P/V= Procured Inventory Days= 240 Days), then it's (**v**= Variable Portion planned), is:

$$v = 360[c-q](l\{U+M-Sf-I-T-D\}-Q)/\{S'p[1+s]\}$$
$$= 360[1.2000-1.0100](0.9900\{64,720+41,548-51,294*0.5800-513-3,385-2,370\}-35,351)/\{48,851*240[1+0.0500]\}$$
$$= \underline{19.00\%}$$

Law-8641:

If both (**S**= Sales or Revenues= 51,294 millions USD), (**v**= V/S= Variable Portion= 19.00%), (**D**= Dividend Paid= 2,370 millions USD), (**M**= Margin of Contribution= 41,548 millions USD), (**l** = L/E= Leverage or Gearing Ratio= 99.00%), (**U**= Utilized or Starting Capital= 64,720 millions USD), (**T**= Tax Paid= 3,385 millions USD), (**I**= Interest Expense= 513 millions USD), (**S'**= Sales of Past Year= 48,851 millions USD), (**f**= F/S= Fixed Portion= 58.00%), (**c**= C/X= Current Ratio= 1.20 times), (**q**= [C-P]/X= Quick or Acid Test Ratio= 1.01 times), (**Q**= Quoted Longterm Liabilities= 35,351 millions USD), and (**p**= 360P/V= Procured Inventory Days= 240 Days), then it's (**s**= Sales Growth planned), is:

$$s = 360[c-q](l\{U+M-Sf-I-T-D\}-Q)/[S'vp]-1$$
$$= 360[1.2000-1.0100](0.9900$$
$$\{64,720+41,548-51,294$$
$$*0.5800-513-3,385-2,370\}$$
$$-35,351)/[48,851$$
$$*0.1900*240]-1$$
$$= 5.00\%$$

Law-8642:

If both (**S**= Sales or Revenues= 51,294 millions USD), (**v**= V/S= Variable Portion= 19.00%), (**D**= Dividend Paid= 2,370 millions USD), (**M**= Margin of Contribution= 41,548 millions USD), (**l** = L/E= Leverage or Gearing Ratio= 99.00%), (**U**= Utilized or Starting Capital= 64,720 millions USD), (**T**= Tax Paid= 3,385 millions USD), (**I**= Interest Expense= 513 millions USD), (**S'**= Sales of Past Year= 48,851 millions USD), (**f**= F/S= Fixed Portion= 58.00%), (**s**= [S/S']-1= Sales Growth= 5.00%), (**q**= [C-P]/X= Quick or Acid Test Ratio= 1.01 times), (**Q**= Quoted Longterm Liabilities= 35,351 millions USD), and (**p**= 360P/V= Procured Inventory Days= 240 Days), then it's (**c**= Current Ratio planned), is:

$$c = q + S'vp[1+s]/[360(l\{U+M-Sf-I-T-D\}-Q)]$$
$$= 1.0100 + 48,851*0.1900*240$$
$$[1+0.0500]/[360(0.9900\{64,720+41,548-51,294*0.5800-513-3,385-2,370\}-35,351)]$$
$$= \underline{1.20} \text{ times}$$

Law-8643:

If both (**S**= Sales or Revenues= 51,294 millions USD), (**v**= V/S= Variable Portion= 19.00%), (**D**= Dividend Paid= 2,370 millions USD), (**M**= Margin of Contribution= 41,548 millions USD), (**l** = L/E= Leverage or Gearing Ratio= 99.00%), (**U**= Utilized or Starting Capital= 64,720 millions USD), (**T**= Tax Paid= 3,385 millions USD), (**I**= Interest Expense= 513 millions USD), (**S'**= Sales of Past Year= 48,851 millions USD), (**f**= F/S= Fixed Portion= 58.00%), (**s**= [S/S']-1= Sales Growth= 5.00%), (**c**= C/X= Current Ratio= 1.20 times), (**Q**= Quoted Longterm Liabilities= 35,351 millions USD), and (**p**= 360P/V= Procured Inventory Days= 240 Days), then it's (**q**= Quick or Acid Test Ratio planned), is:

$$q= c-S'vp[1+s]/[360(l \{U+M-Sf-I-T-D\}-Q)]$$
$$= 1.2000-48,851*0.1900*240$$
$$[1+0.0500] /[360(0.9900$$
$$\{64,720+41,548-51,294$$
$$*0.5800-513-3,385-2,370\}$$
$$-35,351)]$$
$$= 1.01 \text{ times}$$

Law-8644:

If both (**S**= Sales or Revenues= 51,294 millions USD), (**d**= D/A= Dividend Portion or Payout= 30.00%), (**f**= F/S= Fixed Portion= 58.00%), (**M**= Margin of Contribution= 41,548 millions USD), (**l** = L/E= Leverage or Gearing Ratio= 99.00%), (**U**= Utilized or Starting Capital= 64,720 millions USD), (**T**= Tax Paid= 3,385 millions USD), (**I**= Interest Expense= 513 millions USD), and (**X**= Xpress or Current Debt= 34,196 millions USD), then it's (**Q**= Quoted Longterm Liabilities planned), is:

$$\begin{aligned}
Q &= l\{U+[M-Sf-I-T][1-d]\}-X \\
&= 0.9900\{64{,}720+[41{,}548-51{,}294 \\
&\quad *0.5800-513-3{,}385] \\
&\quad [1-0.3000]\}-34{,}196 \\
&= 35{,}351 \text{ millions USD}
\end{aligned}$$

Law-8645:

If both (**S**= Sales or Revenues= 51,294 millions USD), (**d**= D/A= Dividend Portion or Payout= 30.00%), (**f**= F/S= Fixed Portion= 58.00%), (**M**= Margin of Contribution= 41,548 millions USD), (**U**= Utilized or Starting Capital= 64,720 millions USD), (**T**= Tax Paid= 3,385 millions USD), (**Q**= Quoted Longterm Liabilities= 35,351 millions USD), (**I**= Interest Expense= 513 millions USD), and (**X**= Xpress or Current Debt= 34,196 millions USD), then it's (***l*** = Leverage or Gearing Ratio planned), is:

$$\begin{aligned}
\mathit{l} &= [Q+X]/\{U+[M-Sf-I-T][1-d]\} \\
&= [35,351+34,196]/\{64,720+[41,548 \\
&\quad -51,294*0.5800-513-3,385] \\
&\quad [1-0.3000]\} \\
&= \underline{99.00\%}
\end{aligned}$$

Law-8646:

If both (**S**= Sales or Revenues= 51,294 millions USD), (**d**= D/A= Dividend Portion or Payout= 30.00%), (**f**= F/S= Fixed Portion= 58.00%), (**M**= Margin of Contribution= 41,548 millions USD), (**l**= L/E= Leverage or Gearing Ratio= 99.00%), (**T**= Tax Paid= 3,385 millions USD), (**Q**= Quoted Longterm Liabilities= 35,351 millions USD), (**I**= Interest Expense= 513 millions USD), and (**X**= Xpress or Current Debt= 34,196 millions USD), then it's (**U**= Utilized or Starting Capital planned), is:

$$U = [Q+X]/l - \{M-Sf-I-T\}][1-d]$$
$$= [35,351+34,196]/0.9900-[41,548$$
$$- 51,294*0.5800-513-3,385]$$
$$[1-0.3000]$$
$$= \underline{64,720} \text{ millions USD}$$

Law-8647:

If both (**S**= Sales or Revenues= 51,294 millions USD), (**d**= D/A= Dividend Portion or Payout= 30.00%), (**f**= F/S= Fixed Portion= 58.00%), (**U**= Utilized or Starting Capital= 64,720 millions USD), (**l** = L/E= Leverage or Gearing Ratio= 99.00%), (**T**= Tax Paid= 3,385 millions USD), (**Q**= Quoted Longterm Liabilities= 35,351 millions USD), (**I**= Interest Expense= 513 millions USD), and (**X**= Xpress or Current Debt= 34,196 millions USD), then it's (**M**= Margin of Contribution planned), is:

$$M= Sf+I+T+\{Q+X\}/l - U\}/[1-d]$$
$$= 51,294*0.5800+513+3,385$$
$$+\{[35,351+34,196]/0.9900$$
$$-64,720\}/[1-0.3000]$$
$$= \underline{41,548} \text{ millions USD}$$

Law-8648:

If both (**M**= Margin of Contribution= 41,548 millions USD), (**d**= D/A= Dividend Portion or Payout= 30.00%), (**f**= F/S= Fixed Portion= 58.00%), (**U**= Utilized or Starting Capital= 64,720 millions USD), (**l** = L/E= Leverage or Gearing Ratio= 99.00%), (**T**= Tax Paid= 3,385 millions USD), (**Q**= Quoted Longterm Liabilities= 35,351 millions USD), (**I**= Interest Expense= 513 millions USD), and (**X**= Xpress or Current Debt= 34,196 millions USD), then it's (**S**= Sales or Revenues planned), is:

$$S = (M-I-T-\{Q+X\}/l - U\}/[1-d])/f$$
$$= (41{,}548 - 513 - 3{,}385 - \{[35{,}351 + 34{,}196]/0.9900 - 64{,}720\} / [1-0.3000])/0.5800$$
$$= 51{,}294 \text{ millions USD}$$

Law-8649:

If both (**M**= Margin of Contribution= 41,548 millions USD), (**d**= D/A= Dividend Portion or Payout= 30.00%), (**S**= Sales or Revenues= 51,294 millions USD), (**U**= Utilized or Starting Capital= 64,720 millions USD), (***l*** = L/E= Leverage or Gearing Ratio= 99.00%), (**T**= Tax Paid= 3,385 millions USD), (**Q**= Quoted Longterm Liabilities= 35,351 millions USD), (**I**= Interest Expense= 513 millions USD), and (**X**= Xpress or Current Debt= 34,196 millions USD), then it's (**f**= Fixed Portion planned), is:

$$f = (M-I-T-\{Q+X\}/l - U\}/[1-d])/S$$
$$= (41,548-513-3,385-\{[35,351+34,196]/0.9900-64,720\}/[1-0.3000])/51,294$$
$$= 58.00\%$$

Law-8650:

If both (**M**= Margin of Contribution= 41,548 millions USD), (**d**= D/A= Dividend Portion or Payout= 30.00%), (**S**= Sales or Revenues= 51,294 millions USD), (**U**= Utilized or Starting Capital= 64,720 millions USD), (**/** = L/E= Leverage or Gearing Ratio= 99.00%), (**T**= Tax Paid= 3,385 millions USD), (**Q**= Quoted Longterm Liabilities= 35,351 millions USD), (**f**= F/S= Fixed Portion= 58.00%), and (**X**= Xpress or Current Debt= 34,196 millions USD), then it's (**I**= Interest Expense planned), is:

$$I = M - Sf - T - \{Q+X\}/l - U\}/[1-d]$$
$$= 41{,}548 - 51{,}294 * 0.5800 - 3{,}385$$
$$- \{[35{,}351 + 34{,}196]/0.9900$$
$$- 64{,}720\}/[1 - 0.3000]$$
$$= \underline{513} \text{ millions USD}$$

Law-8651:

If both (**M**= Margin of Contribution= 41,548 millions USD), (**d**= D/A= Dividend Portion or Payout= 30.00%), (**S**= Sales or Revenues= 51,294 millions USD), (**f**= F/S= Fixed Portion= 58.00%), (**U**= Utilized or Starting Capital= 64,720 millions USD), (***l*** = L/E= Leverage or Gearing Ratio= 99.00%), (**Q**= Quoted Longterm Liabilities= 35,351 millions USD), (**I**= Interest Expense= 513 millions USD), and (**X**= Xpress or Current Debt= 34,196 millions USD), then it's (**T**= Tax paid planned), is:

$$T = M - Sf - I - \{Q+X\}/l - U\}/[1-d]$$
$$= 41{,}548 - 51{,}294 * 0.5800 - 513$$
$$\quad -\{[35{,}351 + 34{,}196]/0.9900$$
$$\quad -64{,}720\}/[1-0.3000]$$
$$= 3{,}385 \text{ millions USD}$$

Law-8652:

If both (**M**= Margin of Contribution= 41,548 millions USD), (**T**= Tax Paid= 3,385 millions USD), (**S**= Sales or Revenues= 51,294 millions USD), (**f**= F/S= Fixed Portion= 58.00%), (**U**= Utilized or Starting Capital= 64,720 millions USD), (**l** = L/E= Leverage or Gearing Ratio= 99.00%), (**Q**= Quoted Longterm Liabilities= 35,351 millions USD), (**I**= Interest Expense= 513 millions USD), and (**X**= Xpress or Current Debt= 34,196 millions USD), then it's (**d**= Dividend portion or Payout planned), is:

$$d = 1-\{[Q+X]/l - U\}/[M-Sf-I-T]$$
$$= 1-\{[35,351+34,196]/0.9900-64,720\}/[41,548-51,294*0.5800-513-3,385]$$
$$= 30.00\%$$

Law-8653:

If both (**M**= Margin of Contribution= 41,548 millions USD), (**T**= Tax Paid= 3,385 millions USD), (**S**= Sales or Revenues= 51,294 millions USD), (**f**= F/S= Fixed Portion= 58.00%), (**U**= Utilized or Starting Capital= 64,720 millions USD), (**l** = L/E= Leverage or Gearing Ratio= 99.00%), (**Q**= Quoted Longterm Liabilities= 35,351 millions USD), (**I**= Interest Expense= 513 millions USD), and (**d**= D/A= Dividend Portion or Payout= 30.00%), then it's (**X**= Xpress or Current Debt planned), is:

$$X = l\{U+[M-Sf-I-T][1-d]\}-Q$$
$$= 0.9900\{64,720+[41,548-51,294$$
$$*0.5800-513-3,385]$$
$$[1-0.3000]\}-35,351$$
$$= 34,196 \text{ millions USD}$$

Law-8654:

If both (**M**= Margin of Contribution= 41,548 millions USD), (**T**= Tax Paid= 3,385 millions USD), (**S**= Sales or Revenues= 51,294 millions USD), (**f**= F/S= Fixed Portion= 58.00%), (**U**= Utilized or Starting Capital= 64,720 millions USD), (**l** = L/E= Leverage or Gearing Ratio= 99.00%), (**c**= C/X= Current Ratio= 1.20 times), (**P**= Procured Inventories= 6,497 millions USD), (**q**= [C-P]/X= Quick or Acid Test Ratio= 1.01 times), (**I**= Interest Expense= 513 millions USD), and (**d**= D/A= Dividend Portion or Payout= 30.00%), then it's (**Q**= Quoted Longterm Liabilities planned), is:

$$Q = l\{U+[M-Sf-I-T][1-d]\}-P/[c-q]$$
$$= 0.9900\{64,720+[41,548-51,294$$
$$*0.5800-513-3,385]$$
$$[1-0.3000]\}-6,497/[1.2000$$
$$-1.0100]$$
$$= \underline{35,351} \text{ millions USD}$$

Law-8655:

If both (**M**= Margin of Contribution= 41,548 millions USD), (**T**= Tax Paid= 3,385 millions USD), (**S**= Sales or Revenues= 51,294 millions USD), (**f**= F/S= Fixed Portion= 58.00%), (**U**= Utilized or Starting Capital= 64,720 millions USD), (**Q**= Quoted Longterm Liabilities= 35,351 millions USD), (**c**= C/X= Current Ratio= 1.20 times), (P= Procured Inventories= 6,497 millions USD), (**q**= [C-P]/X= Quick or Acid Test Ratio= 1.01 times), (**I**= Interest Expense= 513 millions USD), and (**d**= D/A= Dividend Portion or Payout= 30.00%), then it's (**l** = Leverage or Gearing Ratio planned), is:

$$l = \{Q+P/[c-q]\}/\{U+[M-Sf-I-T][1-d]\}-P/[c-q]$$
$$= \{35,351+6,497/[1.2000-1.0100]\}$$
$$/\{64,720+[41,548-51,294$$
$$*0.5800-513-3,385]$$
$$[1-0.3000]\}-6,497/[1.2000$$
$$-1.0100]$$
$$= \underline{99.00\%}$$

Law-8656:

If both (**M**= Margin of Contribution= 41,548 millions USD), (**T**= Tax Paid= 3,385 millions USD), (**S**= Sales or Revenues= 51,294 millions USD), (**f**= F/S= Fixed Portion= 58.00%), (***l*** = L/E= Leverage or Gearing Ratio= 99.00%), (**Q**= Quoted Longterm Liabilities= 35,351 millions USD), (**c**= C/X= Current Ratio= 1.20 times), (**P**= Procured Inventories= 6,497 millions USD), (**q**= [C-P]/X= Quick or Acid Test Ratio= 1.01 times), (**I**= Interest Expense= 513 millions USD), and (**d**= D/A= Dividend Portion or Payout= 30.00%), then it's (**U**= Utilized or Starting Capital planned), is:

$$U = \{Q+P/[c-q]/l - [M-Sf-I-T][1-d]$$
$$= \{35,351+6,497/[1.2000-1.0100]\}$$
$$/0.9900 - [41,548-51,294$$
$$*0.5800-513-3,385]$$
$$[1-0.3000]$$
$$= 64,720 \text{ millions USD}$$

Law-8657:

If both (**U**= Utilized or Starting Capital= 64,720 millions USD), (**T**= Tax Paid= 3,385 millions USD), (**S**= Sales or Revenues= 51,294 millions USD), (**f**= F/S= Fixed Portion= 58.00%), (***l*** = L/E= Leverage or Gearing Ratio= 99.00%), (**Q**= Quoted Longterm Liabilities= 35,351 millions USD), (**c**= C/X= Current Ratio= 1.20 times), (**P**= Procured Inventories= 6,497 millions USD), (**q**= [C-P]/X= Quick or Acid Test Ratio= 1.01 times), (**I**= Interest Expense= 513 millions USD), and (**d**= D/A= Dividend Portion or Payout= 30.00%), then it's (**M**= Margin of Contribution planned), is:

$$M = Sf + I + T + \{Q + P/[c-q]/l - U\}/[1-d]$$
$$= 51{,}294 * 0.5800 + 513 + 3{,}385$$
$$+ \{35{,}351 + 6{,}497/[1.2000$$
$$- 1.0100]/0.9900 - 64{,}720\}$$
$$/[1 - 0.3000]$$
$$= 41{,}548 \text{ millions USD}$$

Law-8658:

If both (**U**= Utilized or Starting Capital= 64,720 millions USD), (**T**= Tax Paid= 3,385 millions USD), (**M**= Margin of Contribution= 41,548 millions USD), (**f**= F/S= Fixed Portion= 58.00%), (**l** = L/E= Leverage or Gearing Ratio= 99.00%), (**Q**= Quoted Longterm Liabilities= 35,351 millions USD), (**c**= C/X= Current Ratio= 1.20 times), (**P**= Procured Inventories= 6,497 millions USD), (**q**= [C-P]/X= Quick or Acid Test Ratio= 1.01 times), (**I**= Interest Expense= 513 millions USD), and (**d**= D/A= Dividend Portion or Payout= 30.00%), then it's (**S**= Sales or Revenues planned), is:

$$S = (M-I-T-\{Q+P/[c-q]/l - U\}/[1-d])/f$$
$$= (41,548-513-3,385-\{35,351$$
$$+6,497/[1.2000-1.0100]$$
$$/0.9900-64,720\}$$
$$/[1-0.3000])/0.5800$$
$$= \underline{51,294} \text{ millions USD}$$

Law-8659:

If both (**U**= Utilized or Starting Capital= 64,720 millions USD), (**T**= Tax Paid= 3,385 millions USD), (**M**= Margin of Contribution= 41,548 millions USD), (**S**= Sales or Revenues= 51,294 millions USD), (*l* = L/E= Leverage or Gearing Ratio= 99.00%), (**Q**= Quoted Longterm Liabilities= 35,351 millions USD), (**c**= C/X= Current Ratio= 1.20 times), (**P**= Procured Inventories= 6,497 millions USD), (**q**= [C-P]/X= Quick or Acid Test Ratio= 1.01 times), (**I**= Interest Expense= 513 millions USD), and (**d**= D/A= Dividend Portion or Payout= 30.00%), then it's (**f**= Fixed Portion planned), is:

$$f = (M-I-T-\{Q+P/[c-q]/l - U\}/[1-d])/S$$
$$= (41,548-513-3,385-\{35,351$$
$$+6,497/[1.2000-1.0100]$$
$$/0.9900-64,720\}$$
$$/[1-0.3000])/51,294$$
$$= \underline{58.00\%}$$

Law-8660:

If both (**U**= Utilized or Starting Capital= 64,720 millions USD), (**T**= Tax Paid= 3,385 millions USD), (**M**= Margin of Contribution= 41,548 millions USD), (**S**= Sales or Revenues= 51,294 millions USD), (***l*** = L/E= Leverage or Gearing Ratio= 99.00%), (**Q**= Quoted Longterm Liabilities= 35,351 millions USD), (**c**= C/X= Current Ratio= 1.20 times), (**P**= Procured Inventories= 6,497 millions USD), (**q**= [C-P]/X= Quick or Acid Test Ratio= 1.01 times), (**f**= F/S= Fixed Portion= 58.00%), and (**d**= D/A= Dividend Portion or Payout= 30.00%), then it's (**I**= Interest Expense planned), is:

$$I = M - Sf - T - \{Q + P/[c-q]/l - U\}/[1-d]$$
$$= 41,548 - 51,294 * 0.5800 - 3,385$$
$$- \{35,351 + 6,497/[1.2000$$
$$- 1.0100]/0.9900 - 64,720\}$$
$$/[1 - 0.3000]$$
$$= \underline{513} \text{ millions USD}$$

Law-8661:

If both (**U**= Utilized or Starting Capital= 64,720 millions USD), (**I**= Interest Expense= 513 millions USD), (**M**= Margin of Contribution= 41,548 millions USD), (**S**= Sales or Revenues= 51,294 millions USD), (***l*** = L/E= Leverage or Gearing Ratio= 99.00%), (**Q**= Quoted Longterm Liabilities= 35,351 millions USD), (**c**= C/X= Current Ratio= 1.20 times), (**P**= Procured Inventories= 6,497 millions USD), (**q**= [C-P]/X= Quick or Acid Test Ratio= 1.01 times), (**f**= F/S= Fixed Portion= 58.00%), and (**d**= D/A= Dividend Portion or Payout= 30.00%), then it's (**T**= Tax Paid planned), is:

$$T = M - Sf - I - \{Q + P/[c-q]/l - U\}/[1-d]$$
$$= 41,548 - 51,294*0.5800 - 513$$
$$- \{35,351 + 6,497/[1.2000$$
$$- 1.0100]/0.9900 - 64,720\}$$
$$/[1 - 0.3000]$$
$$= \underline{3,385} \text{ millions USD}$$

Law-8662:

If both (**U**= Utilized or Starting Capital= 64,720 millions USD), (**I**= Interest Expense= 513 millions USD), (**M**= Margin of Contribution= 41,548 millions USD), (**S**= Sales or Revenues= 51,294 millions USD), (**l = L/E**= Leverage or Gearing Ratio= 99.00%), (**Q**= Quoted Longterm Liabilities= 35,351 millions USD), (**c**= C/X= Current Ratio= 1.20 times), (**P**= Procured Inventories= 6,497 millions USD), (**q**= [C-P]/X= Quick or Acid Test Ratio= 1.01 times), (**f**= F/S= Fixed Portion= 58.00%), and (**T**= Tax Paid= 3,385 millions USD), then it's (**d**= Dividend Portion or Payout planned), is:

$$d = 1-\{Q+P/[c-q]/l -U\}/[M-Sf-I-T]$$
$$= 1-\{35,351+6,497/[1.2000-1.0100]/0.9900-64,720\}/[41,548-51,294*0.5800-513-3,385]$$
$$= 30.00\%$$

Law-8663:

If both (**U**= Utilized or Starting Capital= 64,720 millions USD), (**I**= Interest Expense= 513 millions USD), (**M**= Margin of Contribution= 41,548 millions USD), (**S**= Sales or Revenues= 51,294 millions USD), (**l** = L/E= Leverage or Gearing Ratio= 99.00%), (**Q**= Quoted Longterm Liabilities= 35,351 millions USD), (**c**= C/X= Current Ratio= 1.20 times), (**d**= D/A= Dividend Portion or Payout= 30.00%), (**q**= [C-P]/X= Quick or Acid Test Ratio= 1.01 times), (**f**= F/S= Fixed Portion= 58.00%), and (**T**= Tax Paid= 3,385 millions USD), then it's (**P**= Procured Inventories planned), is:

$$P = [c-q](l\{U+[M-Sf-I-T][1-d]\}-Q)$$
$$= [1.2000-1.0100](0.9900\{64,720$$
$$+[41,548-51,294*0.5800$$
$$-513-3,385][1-0.3000]\}$$
$$-35,351)$$
$$= 6,497 \text{ millions USD}$$

Law-8664:

If both (**U**= Utilized or Starting Capital= 64,720 millions USD), (**I**= Interest Expense= 513 millions USD), (**M**= Margin of Contribution= 41,548 millions USD), (**S**= Sales or Revenues= 51,294 millions USD), (**l** = L/E= Leverage or Gearing Ratio= 99.00%), (**Q**= Quoted Longterm Liabilities= 35,351 millions USD), (**P**= Procured Inventories= 6,497 millions USD), (**d**= D/A= Dividend Portion or Payout= 30.00%), (**q**= [C-P]/X= Quick or Acid Test Ratio= 1.01 times), (**f**= F/S= Fixed Portion= 58.00%), and (**T**= Tax Paid= 3,385 millions USD), then it's (**c**= Current Ratio planned), is:

$$c = q + P/(l\{U+[M-Sf-I-T][1-d]\}-Q)$$
$$= 1.0100 + 6{,}497/(0.9900\{64{,}720$$
$$+[41{,}548-51{,}294*0.5800$$
$$-513-3{,}385][1-0.3000]\}$$
$$-35{,}351)$$
$$= \underline{1.20} \text{ times}$$

Law-8665:

If both (**U**= Utilized or Starting Capital= 64,720 millions USD), (**I**= Interest Expense= 513 millions USD), (**M**= Margin of Contribution= 41,548 millions USD), (**S**= Sales or Revenues= 51,294 millions USD), (***l*** = L/E= Leverage or Gearing Ratio= 99.00%), (**Q**= Quoted Longterm Liabilities= 35,351 millions USD), (**P**= Procured Inventories= 6,497 millions USD), (**d**= D/A= Dividend Portion or Payout= 30.00%), (**c**= C/X= Current Ratio= 1.20 times), (**f**= F/S= Fixed Portion= 58.00%), and (**T**= Tax Paid= 3,385 millions USD), then it's (**q**= Quick or Acid Test Ratio planned), is:

$$q = c - P/(l\{U+[M-Sf-I-T][1-d]\}-Q)$$
$$= 1.2000 - 6{,}497/(0.9900\{64{,}720 + [41{,}548 - 51{,}294*0.5800 - 513 - 3{,}385][1-0.3000]\} - 35{,}351)$$
$$= 1.01 \text{ times}$$

Law-8666:

If both (**U**= Utilized or Starting Capital= 64,720 millions USD), (**I**= Interest Expense= 513 millions USD), (**M**= Margin of Contribution= 41,548 millions USD), (**S**= Sales or Revenues= 51,294 millions USD), (**l = L/E**= Leverage or Gearing Ratio= 99.00%), (**q**= [C-P]/X= Quick or Acid Test Ratio= 1.01 times), (**p**= 360P/V= Procured Inventory Days= 240 Days), (**V**= Variable Cost= 9,746 millions USD), (**d**= D/A= Dividend Portion or Payout= 30.00%), (**c**= C/X= Current Ratio= 1.20 times), (**f**= F/S= Fixed Portion= 58.00%), and (**T**= Tax Paid= 3,385 millions USD), then it's (**Q**= Quoted Longterm Liabilities planned), is:

$$Q = l\{U+[M-Sf-I-T][1-d]\}-Vp/\{360[c-q]\}$$
$$= 0.9900\{64{,}720+[41{,}548-51{,}294*0.5800-513-3{,}385][1-0.3000]\}-9{,}746*240/\{360[1.2000-1.0100]\}$$
$$= \underline{35{,}351} \text{ millions USD}$$

Law-8667:

If both (**U**= Utilized or Starting Capital= 64,720 millions USD), (**I**= Interest Expense= 513 millions USD), (**M**= Margin of Contribution= 41,548 millions USD), (**S**= Sales or Revenues= 51,294 millions USD), (**Q**= Quoted Longterm Liabilities= 35,351 millions USD), (**q**= [C-P]/X= Quick or Acid Test Ratio= 1.01 times), (**p**= 360P/V= Procured Inventory Days= 240 Days), (**V**= Variable Cost= 9,746 millions USD), (**d**= D/A= Dividend Portion or Payout= 30.00%), (**c**= C/X= Current Ratio= 1.20 times), (**f**= F/S= Fixed Portion= 58.00%), and (**T**= Tax Paid= 3,385 millions USD), then it's (***I*** = Leverage or Gearing Ratio planned), is:

$$I = (Q+Vp/\{360[c-q]\})/\{U+[M-Sf-I-T][1-d]\}$$
$$= (35,351+9,746*240/\{360[1.2000 -1.0100]\})/\{64,720+[41,548 -51,294*0.5800-513-3,385] [1-0.3000]\}$$
$$= 99.00\%$$

Law-8668:

If both (I = L/E= Leverage or Gearing Ratio= 99.00%), (I= Interest Expense= 513 millions USD), (M= Margin of Contribution= 41,548 millions USD), (S= Sales or Revenues= 51,294 millions USD), (Q= Quoted Longterm Liabilities= 35,351 millions USD), (q= [C-P]/X= Quick or Acid Test Ratio= 1.01 times), (p= 360P/V= Procured Inventory Days= 240 Days), (V= Variable Cost= 9,746 millions USD), (d= D/A= Dividend Portion or Payout= 30.00%), (c= C/X= Current Ratio= 1.20 times), (f= F/S= Fixed Portion= 58.00%), and (T= Tax Paid= 3,385 millions USD), then it's (U= Utilized or Starting Capital planned), is:

$$U = (Q+Vp/\{360[c-q]\})/l - [M-Sf-I-T][1-d]$$
$$= (35{,}351 + 9{,}746*240/\{360[1.2000 - 1.0100]\})/0.9900 - [41{,}548 - 51{,}294*0.5800 - 513 - 3{,}385][1 - 0.3000]$$
$$= 64{,}720 \text{ millions USD}$$

Law-8669:

If both (**l** = L/E= Leverage or Gearing Ratio= 99.00%), (**I**= Interest Expense= 513 millions USD), (**U**= Utilized or Starting Capital= 64,720 millions USD), (**S**= Sales or Revenues= 51,294 millions USD), (**Q**= Quoted Longterm Liabilities= 35,351 millions USD), (**q**= [C-P]/X= Quick or Acid Test Ratio= 1.01 times), (**p**= 360P/V= Procured Inventory Days= 240 Days), (**V**= Variable Cost= 9,746 millions USD), (**d**= D/A= Dividend Portion or Payout= 30.00%), (**c**= C/X= Current Ratio= 1.20 times), (**f**= F/S= Fixed Portion= 58.00%), and (**T**= Tax Paid= 3,385 millions USD), then it's (**M**= Margin of Contribution planned), is:

$$M = Sf + I + T + [(Q + Vp/\{360[c-q]\})/l - U]/[1-d]$$
$$= 51{,}294 * 0.5800 + 513 + 3{,}385$$
$$+ [(35{,}351 + 9{,}746 * 240$$
$$/\{360[1.2000 - 1.0100]\})$$
$$/0.9900 - 64{,}720]$$
$$/[1 - 0.3000]$$
$$= 41{,}548 \text{ millions USD}$$

Finance Construction-13, *Tim Asikin, Steve Asikin, Indra Senihardja*

Law-8670:

If both (l = L/E= Leverage or Gearing Ratio= 99.00%), (**I**= Interest Expense= 513 millions USD), (**U**= Utilized or Starting Capital= 64,720 millions USD), (**M**= Margin of Contribution= 41,548 millions USD), (**Q**= Quoted Longterm Liabilities= 35,351 millions USD), (**q**= [C-P]/X= Quick or Acid Test Ratio= 1.01 times), (**p**= 360P/V= Procured Inventory Days= 240 Days), (**V**= Variable Cost= 9,746 millions USD), (**d**= D/A= Dividend Portion or Payout= 30.00%), (**c**= C/X= Current Ratio= 1.20 times), (**f**= F/S= Fixed Portion= 58.00%), and (**T**= Tax Paid= 3,385 millions USD), then it's (**S**= Sales or Revenues planned), is:

$$S = \{M-I-T-[(Q+Vp/\{360[c-q]\})/l -U]/[1-d]\}/f$$

$$= \{41,548-513-3,385-[(35,351+9,746*240/\{360[1.2000-1.0100]\})/0.9900-64,720]/[1-0.3000]\}/0.5800$$

$$= 51,294 \text{ millions USD}$$

Finance Construction-13, *Tim Asikin, Steve Asikin, Indra Senihardja*

Law-8671:
If both (I = L/E= Leverage or Gearing Ratio= 99.00%), (I= Interest Expense= 513 millions USD), (U= Utilized or Starting Capital= 64,720 millions USD), (M= Margin of Contribution= 41,548 millions USD), (Q= Quoted Longterm Liabilities= 35,351 millions USD), (q= [C-P]/X= Quick or Acid Test Ratio= 1.01 times), (p= 360P/V= Procured Inventory Days= 240 Days), (V= Variable Cost= 9,746 millions USD), (d= D/A= Dividend Portion or Payout= 30.00%), (c= C/X= Current Ratio= 1.20 times), (S= Sales or Revenues= 51,294 millions USD), and (T= Tax Paid= 3,385 millions USD), then it's (f= Fixed Portion planned), is:

$$f = \{M-I-T-[(Q+Vp/\{360[c-q]\})/I - U]/[1-d]\}/S$$
$$= \{41,548-513-3,385-[(35,351+9,746\\ *240/\{360[1.2000-1.0100]\})\\ /0.9900-64,720]/[1-0.3000]\}\\ /51,294$$
$$= 58.00\%$$

Law-8672:

If both (I = L/E= Leverage or Gearing Ratio= 99.00%), (f= F/S= Fixed Portion= 58.00%), (U= Utilized or Starting Capital= 64,720 millions USD), (M= Margin of Contribution= 41,548 millions USD), (Q= Quoted Longterm Liabilities= 35,351 millions USD), (q= [C-P]/X= Quick or Acid Test Ratio= 1.01 times), (p= 360P/V= Procured Inventory Days= 240 Days), (V= Variable Cost= 9,746 millions USD), (d= D/A= Dividend Portion or Payout= 30.00%), (c= C/X= Current Ratio= 1.20 times), (S= Sales or Revenues= 51,294 millions USD), and (T= Tax Paid= 3,385 millions USD), then it's (I= Interest Expense planned), is:

$$I = M-Sf-T-[(Q+Vp/\{360[c-q]\})/I - U]/[1-d]$$
$$= 41,548-51,294*0.5800-3,385$$
$$-[(35,351+9,746*240/\{360[1.2000-1.0100]\})/0.9900$$
$$-64,720]/[1-0.3000]$$
$$= \underline{513} \text{ millions USD}$$

Law-8673:

If both (l = L/E= Leverage or Gearing Ratio= 99.00%), (f= F/S= Fixed Portion= 58.00%), (U= Utilized or Starting Capital= 64,720 millions USD), (M= Margin of Contribution= 41,548 millions USD), (Q= Quoted Longterm Liabilities= 35,351 millions USD), (q= [C-P]/X= Quick or Acid Test Ratio= 1.01 times), (p= 360P/V= Procured Inventory Days= 240 Days), (V= Variable Cost= 9,746 millions USD), (d= D/A= Dividend Portion or Payout= 30.00%), (c= C/X= Current Ratio= 1.20 times), (S= Sales or Revenues= 51,294 millions USD), and (I= Interest Expense= 513 millions USD), then it's (T= Tax Paid planned), is:

$$T = M - Sf - I - [(Q + Vp/\{360[c-q]\})/l - U]/[1-d]$$
$$= 41{,}548 - 51{,}294 * 0.5800 - 513$$
$$\quad - [(35{,}351 + 9{,}746 * 240 / \{360$$
$$\quad [1.2000 - 1.0100]\}) / 0.9900$$
$$\quad - 64{,}720] / [1 - 0.3000]$$
$$= 3{,}385 \text{ millions USD}$$

Law-8674:

If both (l = L/E= Leverage or Gearing Ratio= <u>99.00%</u>), (**f**= F/S= Fixed Portion= <u>58.00%</u>), (**U**= Utilized or Starting Capital= <u>64,720</u> millions USD), (**M**= Margin of Contribution= <u>41,548</u> millions USD), (**Q**= Quoted Longterm Liabilities= <u>35,351</u> millions USD), (**q**= [C-P]/X= Quick or Acid Test Ratio= <u>1.01</u> times), (**p**= 360P/V= Procured Inventory Days= <u>240</u> Days), (**V**= Variable Cost= <u>9,746</u> millions USD), (**T**= Tax Paid= <u>3,385</u> millions USD), (**c**= C/X= Current Ratio= <u>1.20</u> times), (**S**= Sales or Revenues= <u>51,294</u> millions USD), and (**I**= Interest Expense= <u>513</u> millions USD), then it's (**d**= Dividend Portion or Payout planned), is:

$$d = 1 - [(Q+Vp/\{360[c-q]\})/l - U]/[M-Sf-I-T]$$
$$= 1 - [(35,351+9,746*240/\{360[1.2000-1.0100]\})/0.9900 - 64,720]/[41,548-51,294*0.5800-513-3,385]$$
$$= \underline{30.00\%}$$

Law-8675:

If both (l = L/E= Leverage or Gearing Ratio= 99.00%), (**f**= F/S= Fixed Portion= 58.00%), (**U**= Utilized or Starting Capital= 64,720 millions USD), (**M**= Margin of Contribution= 41,548 millions USD), (**Q**= Quoted Longterm Liabilities= 35,351 millions USD), (**q**= [C-P]/X= Quick or Acid Test Ratio= 1.01 times), (**p**= 360P/V= Procured Inventory Days= 240 Days), (**d**= D/A= Dividend Portion or Payout= 30.00%), (**T**= Tax Paid= 3,385 millions USD), (**c**= C/X= Current Ratio= 1.20 times), (**S**= Sales or Revenues= 51,294 millions USD), and (**I**= Interest Expense= 513 millions USD), then it's (**V**= Variable Cost planned), is:

$$V = 360[c-q](l\{U+[M-Sf-I-T][1-d]\}-Q)/p$$
$$= 360[1.2000-1.0100](0.9900$$
$$\{64,720+[41,548-51,294$$
$$*0.5800-513-3,385]$$
$$[1-0.3000]\}-35,351)/240$$
$$= \underline{9,746} \text{ millions USD}$$

Law-8676:

If both (l = L/E= Leverage or Gearing Ratio= 99.00%), (**f**= F/S= Fixed Portion= 58.00%), (**U**= Utilized or Starting Capital= 64,720 millions USD), (**M**= Margin of Contribution= 41,548 millions USD), (**Q**= Quoted Longterm Liabilities= 35,351 millions USD), (**q**= [C-P]/X= Quick or Acid Test Ratio= 1.01 times), (**V**= Variable Cost= 9,746 millions USD), (**d**= D/A= Dividend Portion or Payout= 30.00%), (**T**= Tax Paid= 3,385 millions USD), (**c**= C/X= Current Ratio= 1.20 times), (**S**= Sales or Revenues= 51,294 millions USD), and (**I**= Interest Expense= 513 millions USD), then it's (**p**= Procures Inventory Days planned), is:

$$p = 360[c-q](l\{U+[M-Sf-I-T][1-d]\}-Q)/V$$
$$= 360[1.2000-1.0100](0.9900$$
$$\{64,720+[41,548-51,294$$
$$*0.5800-513-3,385]$$
$$[1-0.3000]\}-35,351)/0.1900$$
$$= \underline{240} \text{ days}$$

Law-8677:

If both (l = L/E= Leverage or Gearing Ratio= 99.00%), (f= F/S= Fixed Portion= 58.00%), (U= Utilized or Starting Capital= 64,720 millions USD), (M= Margin of Contribution= 41,548 millions USD), (Q= Quoted Longterm Liabilities= 35,351 millions USD), (q= [C-P]/X= Quick or Acid Test Ratio= 1.01 times), (V= Variable Cost= 9,746 millions USD), (d= D/A= Dividend Portion or Payout= 30.00%), (T= Tax Paid= 3,385 millions USD), (p= 360P/V= Procured Inventory Days= 240 Days), (S= Sales or Revenues= 51,294 millions USD), and (I= Interest Expense= 513 millions USD), then it's (c= Current Ratio planned), is:

$$c = q + Vp/[360(l\{U+[M-Sf-I-T][1-d]\}-Q)]$$
$$= 1.0100 + 9,746*240/[360(0.9900\{64,720+[41,548-51,294*0.5800-513-3,385][1-0.3000]\}-35,351)]$$
$$= 1.20 \text{ times}$$

Law-8678:

If both (**f**= L/E= Leverage or Gearing Ratio= 99.00%), (**f**= F/S= Fixed Portion= 58.00%), (**U**= Utilized or Starting Capital= 64,720 millions USD), (**M**= Margin of Contribution= 41,548 millions USD), (**Q**= Quoted Longterm Liabilities= 35,351 millions USD), (**c**= C/X= Current Ratio= 1.20 times), (**V**= Variable Cost= 9,746 millions USD), (**d**= D/A= Dividend Portion or Payout= 30.00%), (**T**= Tax Paid= 3,385 millions USD), (**p**= 360P/V= Procured Inventory Days= 240 Days), (**S**= Sales or Revenues= 51,294 millions USD), and (**I**= Interest Expense= 513 millions USD), then it's (**q**= Quick or Acid Test Ratio planned), is:

$$q = c - Vp/[360(l\{U+[M-Sf-I-T][1-d]\}-Q)]$$
$$= 1.2000 - 9{,}746*240/[360(0.9900$$
$$\{64{,}720+[41{,}548-51{,}294$$
$$*0.5800-513-3{,}385]$$
$$[1-0.3000]\}-35{,}351)]$$
$$= \underline{1.01} \text{ times}$$

Law-8679:

If both (**l** = L/E= Leverage or Gearing Ratio= 99.00%), (**f**= F/S= Fixed Portion= 58.00%), (**U**= Utilized or Starting Capital= 64,720 millions USD), (**M**= Margin of Contribution= 41,548 millions USD), (**q**= [C-P]/X= Quick or Acid Test Ratio= 1.01 times), (**c**= C/X= Current Ratio= 1.20 times), (**v**= V/S= Variable Portion= 19.00%), (**d**= D/A= Dividend Portion or Payout= 30.00%), (**T**= Tax Paid= 3,385 millions USD), (**p**= 360P/V= Procured Inventory Days= 240 Days), (**S**= Sales or Revenues= 51,294 millions USD), and (**I**= Interest Expense= 513 millions USD), then it's (**Q**= Quoted Longterm Liabilities planned), is:

$Q = l \{U+[M-Sf-I-T][1-d]\}-Svp/\{360[c-q]\}$
   = 0.9900{64,720+[41,548-51,294
       *0.5800-513-3,385]
       [1-0.3000]}- 51,294
       *0.1900*240/{360[
       1.2000-1.0100]}
   = 35,351 millions USD

Law-8680:

If both (**Q**= Quoted Longterm Liabilities= 35,351 millions USD), (**f**= F/S= Fixed Portion= 58.00%), (**U**= Utilized or Starting Capital= 64,720 millions USD), (**M**= Margin of Contribution= 41,548 millions USD), (**q**= [C-P]/X= Quick or Acid Test Ratio= 1.01 times), (**c**= C/X= Current Ratio= 1.20 times), (**v**= V/S= Variable Portion= 19.00%), (**d**= D/A= Dividend Portion or Payout= 30.00%), (**T**= Tax Paid= 3,385 millions USD), (**p**= 360P/V= Procured Inventory Days= 240 Days), (**S**= Sales or Revenues= 51,294 millions USD), and (**l**= Interest Expense= 513 millions USD), then it's (***l*** = Leverage or Gearing Ratio planned), is:

$$\begin{aligned}
\textit{l} &= (Q+Svp/\{360[c-q]\})/\{U+[M-Sf-I-T][1-d]\} \\
&= (35{,}351+51{,}294*0.1900*240 \\
&\quad /\{360[1.2000-1.0100]\}) \\
&\quad /\{64{,}720+[41{,}548-51{,}294 \\
&\quad *0.5800-513-3{,}385] \\
&\quad [1-0.3000]\} \\
&= 99.00\%
\end{aligned}$$

Law-8681:

If both (**Q**= Quoted Longterm Liabilities= 35,351 millions USD), (**f**= F/S= Fixed Portion= 58.00%), (***l***= L/E= Leverage or Gearing Ratio= 99.00%), (**M**= Margin of Contribution= 41,548 millions USD), (**q**= [C-P]/X= Quick or Acid Test Ratio= 1.01 times), (**c**= C/X= Current Ratio= 1.20 times), (**v**= V/S= Variable Portion= 19.00%), (**d**= D/A= Dividend Portion or Payout= 30.00%), (**T**= Tax Paid= 3,385 millions USD), (**p**= 360P/V= Procured Inventory Days= 240 Days), (**S**= Sales or Revenues= 51,294 millions USD), and (**I**= Interest Expense= 513 millions USD), then it's (**U**= Utilized or Starting Capital planned), is:

$$U = (Q+Svp/\{360[c-q]\})/l - [M-Sf-I-T][1-d]$$
$$= (35{,}351 + 51{,}294 * 0.1900 * 240$$
$$/\{360[1.2000-1.0100]\})$$
$$/0.9900 - [41{,}548 - 51{,}294$$
$$*0.5800 - 513 - 3{,}385]$$
$$[1-0.3000]$$
$$= \underline{64{,}720} \text{ millions USD}$$

Law-8682:

If both (**Q**= Quoted Longterm Liabilities= 35,351 millions USD), (f= F/S=Fixed Portion= 58.00%), (***l*** = L/E= Leverage or Gearing Ratio= 99.00%), (**U**= Utilized or Starting Capital= 64,720 millions USD), (**q**= [C-P]/X= Quick or Acid Test Ratio= 1.01 times), (**c**= C/X= Current Ratio= 1.20 times), (**v**= V/S= Variable Portion= 19.00%), (**d**= D/A= Dividend Portion or Payout= 30.00%), (**T**= Tax Paid= 3,385 millions USD), (**p**= 360P/V= Procured Inventory Days= 240 Days), (**S**= Sales or Revenues= 51,294 millions USD), and (**I**= Interest Expense= 513 millions USD), then it's (**M**= Margin of Contribution planned), is:

$$U= Sf+I+T+[(Q+Svp/\{360[c-q]\})/l -U]/[1-d]$$
$$= 51{,}294*0.5800+513+3{,}385$$
$$+[(35{,}351+51{,}294*0.1900$$
$$*240/\{360[1.2000-1.0100]\})$$
$$/0.9900-64{,}720]/[1-0.3000]$$
$$= 41{,}548 \text{ millions USD}$$

Law-8683:

If both (**Q**= Quoted Longterm Liabilities= 35,351 millions USD), (**f**= F/S= Fixed Portion= 58.00%), (**l**= L/E= Leverage or Gearing Ratio= 99.00%), (**U**= Utilized or Starting Capital= 64,720 millions USD), (**q**= [C-P]/X= Quick or Acid Test Ratio= 1.01 times), (**c**= C/X= Current Ratio= 1.20 times), (**v**= V/S= Variable Portion= 19.00%), (**d**= D/A= Dividend Portion or Payout= 30.00%), (**T**= Tax Paid= 3,385 millions USD), (p= 360P/V= Procured Inventory Days= 240 Days), (**M**= Margin of Contribution= 41,548 millions USD), and (**I**= Interest Expense= 513 millions USD), then it's (**S**= Sales or Revenues planned), is:

$$S = \{M-I-T-[(Q+Svp/\{360[c-q]\})/l - U]/[1-d]\}/f$$
$$= \{41,548-513-3,385-[(35,351+51,294*0.1900*240/\{360[1.2000-1.0100]\})/0.9900 -64,720]/[1-0.3000]\}/0.5800$$
$$= 51,294 \text{ millions USD}$$

Law-8684:

If both (**Q**= Quoted Longterm Liabilities= 35,351 millions USD), (**S**= Sales or Revenues= 51,294 millions USD), (**l** = L/E= Leverage or Gearing Ratio= 99.00%), (**U**= Utilized or Starting Capital= 64,720 millions USD), (**q**= [C-P]/X= Quick or Acid Test Ratio= 1.01 times), (**c**= C/X= Current Ratio= 1.20 times), (**v**= V/S= Variable Portion= 19.00%), (**d**= D/A= Dividend Portion or Payout= 30.00%), (**T**= Tax Paid= 3,385 millions USD), (**p**= 360P/V= Procured Inventory Days= 240 Days), (**M**= Margin of Contribution= 41,548 millions USD), and (**I**= Interest Expense= 513 millions USD), then it's (**f**= Fixed Portion planned), is:

$$f = \{M-I-T-[(Q+Svp/\{360[c-q]\})/l -U]/[1-d]\}/S$$

$$= \{41,548-513-3,385-[(35,351+51,294*0.1900*240/\{360[1.2000-1.0100]\})/0.9900-64,720]/[1-0.3000]\}/51,294$$

$$= 58.00\%$$

Law-8685:

If both (**Q**= Quoted Longterm Liabilities= 35,351 millions USD), (**S**= Sales or Revenues= 51,294 millions USD), (**_l_** = L/E= Leverage or Gearing Ratio= 99.00%), (**U**= Utilized or Starting Capital= 64,720 millions USD), (**q**= [C-P]/X= Quick or Acid Test Ratio= 1.01 times), (**c**= C/X= Current Ratio= 1.20 times), (**v**= V/S= Variable Portion= 19.00%), (**d**= D/A= Dividend Portion or Payout= 30.00%), (**T**= Tax Paid= 3,385 millions USD), (**p**= 360P/V= Procured Inventory Days= 240 Days), (**M**= Margin of Contribution= 41,548 millions USD), and (**f**= F/S= Fixed Portion= 58.00%), then it's (**I**= Interest Expense planned), is:

$$I = M - Sf - T - [(Q + Svp/\{360[c-q]\})/l - U]/[1-d]$$
$$= 41{,}548 - 51{,}294 * 0.5800 - 3{,}385$$
$$- [(35{,}351 + 51{,}294 * 0.1900$$
$$* 240/\{360[1.2000 - 1.0100]\})$$
$$/0.9900 - 64{,}720]/[1 - 0.3000]$$
$$= \underline{513} \text{ millions USD}$$

Law-8686:

If both (**Q**= Quoted Longterm Liabilities= 35,351 millions USD), (**S**= Sales or Revenues= 51,294 millions USD), (**l** = L/E= Leverage or Gearing Ratio= 99.00%), (**U**= Utilized or Starting Capital= 64,720 millions USD), (**q**= [C-P]/X= Quick or Acid Test Ratio= 1.01 times), (**c**= C/X= Current Ratio= 1.20 times), (**v**= V/S= Variable Portion= 19.00%), (**d**= D/A= Dividend Portion or Payout= 30.00%), (**I**= Interest Expense= 513 millions USD), (**p**= 360P/V= Procured Inventory Days= 240 Days), (**M**= Margin of Contribution= 41,548 millions USD), and (**f**= F/S= Fixed Portion= 58.00%), then it's (**T**= Tax Paid planned), is:

$$T= M-Sf-I-[(Q+Svp/\{360[c-q]\})/l - U]/[1-d]$$
$$= 41,548-51,294*0.5800-513$$
$$- [(35,351+51,294*0.1900$$
$$*240/\{360[1.2000$$
$$-1.0100]\})/0.9900-64,720]$$
$$/[1-0.3000]$$
$$= 3,385 \text{ millions USD}$$

Law-8687:

If both (**Q**= Quoted Longterm Liabilities= 35,351 millions USD), (**S**= Sales or Revenues= 51,294 millions USD), (**l** = L/E= Leverage or Gearing Ratio= 99.00%), (**U**= Utilized or Starting Capital= 64,720 millions USD), (**q**= [C-P]/X= Quick or Acid Test Ratio= 1.01 times), (**c**= C/X= Current Ratio= 1.20 times), (**v**= V/S= Variable Portion= 19.00%), (**T**= Tax Paid= 3,385 millions USD), (**I**= Interest Expense= 513 millions USD), (**p**= 360P/V= Procured Inventory Days= 240 Days), (**M**= Margin of Contribution= 41,548 millions USD), and (**f**= F/S= Fixed Portion= 58.00%), then it's (**d**= Dividend Portion or Payout planned), is:

$$d= 1-[(Q+Svp/\{360[c-q]\})/l -U]/[M-Sf-I-T]$$
$$= 1- [(35,351+51,294*0.1900*240$$
$$/\{360[1.2000-1.0100]\})$$
$$/0.9900-64,720]/[41,548$$
$$-51,294*0.5800-513$$
$$-3,385]$$
$$= 30.00\%$$

Law-8688:

If both (**Q**= Quoted Longterm Liabilities= 35,351 millions USD), (**S**= Sales or Revenues= 51,294 millions USD), (**l** = L/E= Leverage or Gearing Ratio= 99.00%), (**U**= Utilized or Starting Capital= 64,720 millions USD), (**q**= [C-P]/X= Quick or Acid Test Ratio= 1.01 times), (**c**= C/X= Current Ratio= 1.20 times), (**d**= D/A= Dividend Portion or Payout= 30.00%), (**T**= Tax Paid= 3,385 millions USD), (**I**= Interest Expense= 513 millions USD), (**p**= 360P/V= Procured Inventory Days= 240 Days), (**M**= Margin of Contribution= 41,548 millions USD), and (**f**= F/S= Fixed Portion= 58.00%), then it's (**v**= Variable Portion planned), is:

$$v = 360[c-q](l\{U+[M-Sf-I-T][1-d]\}-Q)/[Sp]$$
$$= 360[1.2000-1.0100](0.9900$$
$$\{64,720+[41,548-51,294$$
$$*0.5800-513-3,385]$$
$$[1-0.3000]\}-35,351)$$
$$/[51,294*240]$$
$$= 19.00\%$$

Law-8689:

If both (**Q**= Quoted Longterm Liabilities= 35,351 millions USD), (**S**= Sales or Revenues= 51,294 millions USD), (**l** = L/E= Leverage or Gearing Ratio= 99.00%), (**U**= Utilized or Starting Capital= 64,720 millions USD), (**q**= [C-P]/X= Quick or Acid Test Ratio= 1.01 times), (**c**= C/X= Current Ratio= 1.20 times), (**d**= D/A= Dividend Portion or Payout= 30.00%), (**T**= Tax Paid= 3,385 millions USD), (**I**= Interest Expense= 513 millions USD), (**v**= V/S= Variable Portion= 19.00%), (**M**= Margin of Contribution= 41,548 millions USD), and (**f**= F/S= Fixed Portion= 58.00%), then it's (**p**= Procured Inventory Days planned), is:

$$p = 360[c-q](l\ \{U+[M-Sf-I-T][1-d]\}-Q)/[Sv]$$
$$= 360[1.2000-1.0100](0.9900$$
$$\{64,720+[41,548-51,294$$
$$*0.5800-513-3,385]$$
$$[1-0.3000]\}-35,351)$$
$$/[51,294*0.1900]$$
$$= \underline{240}\ \text{days}$$

Law-8690:

If both (**Q**= Quoted Longterm Liabilities= 35,351 millions USD), (**S**= Sales or Revenues= 51,294 millions USD), (**l** = L/E= Leverage or Gearing Ratio= 99.00%), (**U**= Utilized or Starting Capital= 64,720 millions USD), (**q**= [C-P]/X= Quick or Acid Test Ratio= 1.01 times), (**p**= 360P/V= Procured Inventory Days= 240 Days), (**d**= D/A= Dividend Portion or Payout= 30.00%), (**T**= Tax Paid= 3,385 millions USD), (**I**= Interest Expense= 513 millions USD), (**v**= V/S= Variable Portion= 19.00%), (**M**= Margin of Contribution= 41,548 millions USD), and (**f**= F/S=Fixed Portion= 58.00%), then it's (**c**= Current Ratio planned), is:

$$c = q + Svp/[360(l\{U+[M-Sf-I-T][1-d]\}-Q)]$$
$$= 1.0100 + 51,294*0.1900*240/[360(0.9900\{64,720+[41,548-51,294*0.5800-513-3,385][1-0.3000]\}-35,351)]$$
$$= 1.20 \text{ times}$$

Law-8691:

If both (**Q**= Quoted Longterm Liabilities= 35,351 millions USD), (**S**= Sales or Revenues= 51,294 millions USD), (**l** = L/E= Leverage or Gearing Ratio= 99.00%), (**U**= Utilized or Starting Capital= 64,720 millions USD), (**c**= C/X= Current Ratio= 1.20 times), (**p**= 360P/V= Procured Inventory Days= 240 Days), (**d**= D/A= Dividend Portion or Payout= 30.00%), (**T**= Tax Paid= 3,385 millions USD), (**I**= Interest Expense= 513 millions USD), (**v**= V/S= Variable Portion= 19.00%), (**M**= Margin of Contribution= 41,548 millions USD), and (**f**= F/S= Fixed Portion= 58.00%), then it's (**q**= Quick or Acid Test Ratio planned), is:

$$q = c - Svp/[360(l\{U+[M-Sf-I-T][1-d]\}-Q)]$$
$$= 1.2000 - 51,294*0.1900*240$$
$$/[360(0.9900\{64,720$$
$$+[41,548-51,294*0.5800$$
$$-513-3,385][1-0.3000]\}$$
$$-35,351)]$$
$$= 1.01 \text{ times}$$

Law-8692:

If both (q= [C-P]/X= Quick or Acid Test Ratio= 1.01 times), (S= Sales or Revenues= 51,294 millions USD), (l = L/E= Leverage or Gearing Ratio= 99.00%), (U= Utilized or Starting Capital= 64,720 millions USD), (c= C/X= Current Ratio= 1.20 times), (p= 360P/V= Procured Inventory Days= 240 Days), (S'= Sales of Past Year= 48,851 millions USD), (s= [S/S']-1= Sales Growth= 5.00%), (d= D/A= Dividend Portion or Payout= 30.00%), (T= Tax Paid= 3,385 millions USD), (I= Interest Expense= 513 millions USD), (v= V/S= Variable Portion= 19.00%), (M= Margin of Contribution= 41,548 millions USD), and (f= F/S=Fixed Portion= 58.00%), then it's (Q= Quoted Longterm Liabilities planned), is:

$$Q = l\{U+[M-Sf-I-T][1-d]\}-S'vp[1+s]/\{360[c-q]\}$$
$$= 0.9900\{64,720+[41,548-51,294$$
$$*0.5800-513-3,385]$$
$$[1-0.3000]\}-48,851*0.1900$$
$$*240[1+0.0500]/\{360$$
$$[1.2000-1.0100]\}$$
$$= \underline{35,351} \text{ millions USD}$$

Law-8693:

If both (**q**= [C-P]/X= Quick or Acid Test Ratio= 1.01 times), (**S**= Sales or Revenues= 51,294 millions USD), (**Q**= Quoted Longterm Liabilities= 35,351 millions USD), (**U**= Utilized or Starting Capital= 64,720 millions USD), (**c**= C/X= Current Ratio= 1.20 times), (**p**= 360P/V= Procured Inventory Days= 240 Days), (**S'**= Sales of Past Year= 48,851 millions USD), (**s**= [S/S']-1= Sales Growth= 5.00%), (**d**= D/A= Dividend Portion or Payout= 30.00%), (**T**= Tax Paid= 3,385 millions USD), (**I**= Interest Expense= 513 millions USD), (**v**= V/S= Variable Portion= 19.00%), (**M**= Margin of Contribution= 41,548 millions USD), and (**f**= F/S=Fixed Portion= 58.00%), then it's (***l*** = Leverage or Gearing Ratio planned), is:

$$l = (Q+S'vp[1+s]/\{360[c-q]\})/\{U+[M-Sf-I-T][1-d]\}$$
$$= (35,351+48,851*0.1900*240$$
$$[1+0.0500]/\{360[1.2000$$
$$-1.0100]\})/\{64,720+[41,548$$
$$-51,294*0.5800-513-3,385]$$
$$[1-0.3000]\}$$
$$= 99.00\%$$

Law-8694:

If both (**q**= [C-P]/X= Quick or Acid Test Ratio= 1.01 times), (**S**= Sales or Revenues= 51,294 millions USD), (**Q**= Quoted Longterm Liabilities= 35,351 millions USD), (***l*** = L/E= Leverage or Gearing Ratio= 99.00%), (**c**= C/X= Current Ratio= 1.20 times), (**p**= 360P/V= Procured Inventory Days= 240 Days), (**S'**= Sales of Past Year= 48,851 millions USD), (**s**= [S/S']-1= Sales Growth= 5.00%), (**d**= D/A= Dividend Portion or Payout= 30.00%), (**T**= Tax Paid= 3,385 millions USD), (**I**= Interest Expense= 513 millions USD), (**v**= V/S= Variable Portion= 19.00%), (**M**= Margin of Contribution= 41,548 millions USD), and (**f**= F/S= Fixed Portion= 58.00%), then it's (**U**= Utilized or Starting Capital planned), is:

$$U = (Q+S'vp[1+s]/\{360[c-q]\})/l$$
$$-[M-Sf-I-T][1-d]$$
$$= (35,351+48,851*0.1900*240$$
$$[1+0.0500]/\{360[1.2000$$
$$-1.0100]\})/0.9900-[41,548$$
$$-51,294*0.5800-513-3,385]$$
$$[1-0.3000]$$
$$= \underline{64,720} \text{ millions USD}$$

Law-8695:

If both (**q**= [C-P]/X= Quick or Acid Test Ratio= 1.01 times), (**S**= Sales or Revenues= 51,294 millions USD), (**Q**= Quoted Longterm Liabilities= 35,351 millions USD), (**l** = L/E= Leverage or Gearing Ratio= 99.00%), (**c**= C/X= Current Ratio= 1.20 times), (**p**= 360P/V= Procured Inventory Days= 240 Days), (**S'**= Sales of Past Year= 48,851 millions USD), (**s**= [S/S']-1= Sales Growth= 5.00%), (**d**= D/A= Dividend Portion or Payout= 30.00%), (**T**= Tax Paid= 3,385 millions USD), (**I**= Interest Expense= 513 millions USD), (**v**= V/S= Variable Portion= 19.00%), (**U**= Utilized or Starting Capital= 64,720 millions USD), and (**f**= F/S= Fixed Portion= 58.00%), then it's (**M**= Margin of Contribution= planned), is:

$$M= Sf+I+T+[(Q+S'vp[1+s]/\{360[c-q]\})/l -U]/[1-d]$$
$$= 51,294*0.5800+513+3,385$$
$$+[(35,351+48,851*0.1900$$
$$*240[1+0.0500]/\{360[1.2000$$
$$-1.0100]\})/0.9900-64,720]$$
$$/[1-0.3000]$$
$$= 41,548 \text{ millions USD}$$

Finance Construction-13, *Tim Asikin, Steve Asikin, Indra Senihardja*

Law-8696:

If both (**q**= [C-P]/X= Quick or Acid Test Ratio= 1.01 times), (**M**= Margin of Contribution= 41,548 millions USD), (**Q**= Quoted Longterm Liabilities= 35,351 millions USD), (**l** = L/E= Leverage or Gearing Ratio= 99.00%), (**c**= C/X= Current Ratio= 1.20 times), (**p**= 360P/V= Procured Inventory Days= 240 Days), (**S'**= Sales of Past Year= 48,851 millions USD), (**s**= [S/S']-1= Sales Growth= 5.00%), (**d**= D/A= Dividend Portion or Payout= 30.00%), (**T**= Tax Paid= 3,385 millions USD), (**I**= Interest Expense= 513 millions USD), (**v**= V/S= Variable Portion= 19.00%), (**U**= Utilized or Starting Capital= 64,720 millions USD), and (**f**= F/S=Fixed Portion= 58.00%), then it's (**S**= Sales or Revenues planned), is:

$$S = \{M-I-T-[(Q+S'vp[1+s]/\{360[c-q]\})/l - U]/[1-d]\}/f$$
$$= \{41,548-513-3,385-[(35,351$$
$$+48,851*0.1900*240$$
$$[1+0.0500]/\{360[1.2000$$
$$-1.0100]\})/0.9900-64,720]$$
$$/[1-0.3000]\}/0.5800$$
$$= 51,294 \text{ millions USD}$$

Law-8697:

If both (**q**= [C-P]/X= Quick or Acid Test Ratio= 1.01 times), (**M**= Margin of Contribution= 41,548 millions USD), (**Q**= Quoted Longterm Liabilities= 35,351 millions USD), (**l** = L/E= Leverage or Gearing Ratio= 99.00%), (**c**= C/X= Current Ratio= 1.20 times), (**p**= 360P/V= Procured Inventory Days= 240 Days), (**S'**= Sales of Past Year= 48,851 millions USD), (**s**= [S/S']-1= Sales Growth= 5.00%), (**d**= D/A= Dividend Portion or Payout= 30.00%), (**T**= Tax Paid= 3,385 millions USD), (**I**= Interest Expense= 513 millions USD), (**v**= V/S= Variable Portion= 19.00%), (**U**= Utilized or Starting Capital= 64,720 millions USD), and (**S**= Sales or Revenues= 51,294 millions USD), then it's (**f**= Fixed Portion planned), is:

$$f = \{M-I-T-[(Q+S'vp[1+s]/\{360[c-q]\})/l - U]/[1-d]\}/S$$

$$= \{41,548-513-3,385-[(35,351 +48,851*0.1900*240 [1+0.0500]/\{360[1.2000 -1.0100]\})/0.9900-64,720] /[1-0.3000]\}/51,294$$

$$= 58.00\%$$

Law-8698:

If both (q= [C-P]/X= Quick or Acid Test Ratio= 1.01 times), (M= Margin of Contribution= 41,548 millions USD), (Q= Quoted Longterm Liabilities= 35,351 millions USD), (l = L/E= Leverage or Gearing Ratio= 99.00%), (c= C/X= Current Ratio= 1.20 times), (p= 360P/V= Procured Inventory Days= 240 Days), (S'= Sales of Past Year= 48,851 millions USD), (s= [S/S']-1= Sales Growth= 5.00%), (d= D/A= Dividend Portion or Payout= 30.00%), (T= Tax Paid= 3,385 millions USD), (f= F/S= Fixed Portion= 58.00%), (v= V/S= Variable Portion= 19.00%), (U= Utilized or Starting Capital= 64,720 millions USD), and (S= Sales or Revenues= 51,294 millions USD), then it's (I= Interest Expense planned), is:

$$I = M - Sf - T - [(Q + S'vp[1+s]/\{360[c-q]\})/l - U]/[1-d]$$
$$= 41,548 - 51,294 * 0.5800 - 3,385$$
$$\quad - [(35,351 + 48,851 * 0.1900$$
$$\quad\quad * 240[1+0.0500]/\{360[1.2000$$
$$\quad\quad -1.0100]\})/0.9900 - 64,720]$$
$$\quad /[1-0.3000]$$
$$= 513 \text{ millions USD}$$

Finance Construction-13, *Tim Asikin, Steve Asikin, Indra Senihardja*

Law-8699:

If both (q= [C-P]/X= Quick or Acid Test Ratio= 1.01 times), (M= Margin of Contribution= 41,548 millions USD), (Q= Quoted Longterm Liabilities= 35,351 millions USD), (l = L/E= Leverage or Gearing Ratio= 99.00%), (c= C/X= Current Ratio= 1.20 times), (p= 360P/V= Procured Inventory Days= 240 Days), (S'= Sales of Past Year= 48,851 millions USD), (s= [S/S']-1= Sales Growth= 5.00%), (d= D/A= Dividend Portion or Payout= 30.00%), (I= Interest Expense= 513 millions USD), (f= F/S= Fixed Portion= 58.00%), (v= V/S= Variable Portion= 19.00%), (U= Utilized or Starting Capital= 64,720 millions USD), and (S= Sales or Revenues= 51,294 millions USD), then it's (T= Tax Paid planned), is:

T= M-Sf-I-[(Q+S'vp[1+s]
　　　　/{360[c-q]})/l -U]/[1-d]
　= 41,548-51,294*0.5800-513
　　　-[(35,351+48,851*0.1900
　　　*240[1+0.0500]/{360
　　　[1.2000-1.0100]})/0.9900
　　　-64,720]/[1-0.3000]
　= 3,385 millions USD

Law-8700:

If both (**q**= [C-P]/X= Quick or Acid Test Ratio= 1.01 times), (**M**= Margin of Contribution= 41,548 millions USD), (**Q**= Quoted Longterm Liabilities= 35,351 millions USD), (*l* = L/E= Leverage or Gearing Ratio= 99.00%), (**c**= C/X= Current Ratio= 1.20 times), (**p**= 360P/V= Procured Inventory Days= 240 Days), (**S'**= Sales of Past Year= 48,851 millions USD), (**s**= [S/S']-1= Sales Growth= 5.00%), (**T**= Tax Paid= 3,385 millions USD), (**I**= Interest Expense= 513 millions USD), (**f**= F/S= Fixed Portion= 58.00%), (**v**= V/S= Variable Portion= 19.00%), (**U**= Utilized or Starting Capital= 64,720 millions USD), and (**S**= Sales or Revenues= 51,294 millions USD), then it's (**d**= Dividend Portion or Payout planned), is:

$$d = 1 - [(Q+S'vp[1+s]/\{360[c-q]\})/l - U] / [M-Sf-I-T]$$

$$= 1 - [(35,351+48,851*0.1900*240 [1+0.0500]/\{360[1.2000 -1.0100]\})/0.9900-64,720] /[41,548-51,294*0.5800 -513-3,385]$$

$$= 30.00\%$$

Law-8701:

If both (**q**= [C-P]/X= Quick or Acid Test Ratio= 1.01 times), (**M**= Margin of Contribution= 41,548 millions USD), (**Q**= Quoted Longterm Liabilities= 35,351 millions USD), (**l** = L/E= Leverage or Gearing Ratio= 99.00%), (**c**= C/X= Current Ratio= 1.20 times), (**p**= 360P/V= Procured Inventory Days= 240 Days), (**d**= D/A= Dividend Portion or Payout= 30.00%), (**s**= [S/S']-1= Sales Growth= 5.00%), (**T**= Tax Paid= 3,385 millions USD), (**I**= Interest Expense= 513 millions USD), (**f**= F/S= Fixed Portion= 58.00%), (**v**= V/S= Variable Portion= 19.00%), (**U**= Utilized or Starting Capital= 64,720 millions USD), and (**S**= Sales or Revenues= 51,294 millions USD), then it's (**S'**= Sales Past), must be:

$$S' = 360[c-q](l \{U+[M-Sf-I-T][1-d]\}-Q)/\{vp[1+s]\}$$
$$= 360[1.2000-1.0100](0.9900$$
$$\{64,720+[41,548-51,294$$
$$*0.5800-513-3,385]$$
$$[1-0.3000]\}-35,351)$$
$$/\{0.1900*240[1+0.0500]\}$$
$$= 48,851 \text{ millions USD}$$

Law-8702:

If both (**q**= [C-P]/X= Quick or Acid Test Ratio= 1.01 times), (**M**= Margin of Contribution= 41,548 millions USD), (**Q**= Quoted Longterm Liabilities= 35,351 millions USD), (***l*** = L/E= Leverage or Gearing Ratio= 99.00%), (**c**= C/X= Current Ratio= 1.20 times), (**S'**= Sales of Past Year= 48,851 millions USD), (**d**= D/A= Dividend Portion or Payout= 30.00%), (**s**= [S/S']-1= Sales Growth= 5.00%), (**T**= Tax Paid= 3,385 millions USD), (I= Interest Expense= 513 millions USD), (**f**= F/S= Fixed Portion= 58.00%), (**p**= 360P/V= Procured Inventory Days= 240 Days), (**U**= Utilized or Starting Capital= 64,720 millions USD), and (**S**= Sales or Revenues= 51,294 millions USD), then it's (**v**= Variable Portion planned), is:

$$v= 360[c-q](l\{U+[M-Sf-I-T][1-d]\}-Q)/\{S'p[1+s]\}$$
$$= 360[1.2000-1.0100](0.9900\{64,720+[41,548-51,294*0.5800-513-3,385][1-0.3000]\}-35,351)/\{48,851*240[1+0.0500]\}$$
$$= \underline{19.00\%}$$

Law-8703:

If both (q= [C-P]/X= Quick or Acid Test Ratio= 1.01 times), (M= Margin of Contribution= 41,548 millions USD), (Q= Quoted Longterm Liabilities= 35,351 millions USD), (l = L/E= Leverage or Gearing Ratio= 99.00%), (c= C/X= Current Ratio= 1.20 times), (v= V/S= Variable Portion= 19.00%), (d= D/A= Dividend Portion or Payout= 30.00%), (s= [S/S']-1= Sales Growth= 5.00%), (T= Tax Paid= 3,385 millions USD), (I= Interest Expense= 513 millions USD), (f= F/S= Fixed Portion= 58.00%), (S'= Sales of Past Year= 48,851 millions USD), (U= Utilized or Starting Capital= 64,720 millions USD), and (S= Sales or Revenues= 51,294 millions USD), then it's (p= Procured Inventory Days planned), is:

$$p = 360[c-q](l\{U+[M-Sf-I-T][1-d]\}-Q)/\{S'v[1+s]\}$$
$$= 360[1.2000-1.0100](0.9900$$
$$\{64,720+[41,548-51,294$$
$$*0.5800-513-3,385]$$
$$[1-0.3000]\}-35,351)$$
$$/\{48,851*0.1900$$
$$[1+0.0500]\}$$
$$= \underline{240} \text{ days}$$

Law-8704:

If both (**q**= [C-P]/X= Quick or Acid Test Ratio= 1.01 times), (**M**= Margin of Contribution= 41,548 millions USD), (**Q**= Quoted Longterm Liabilities= 35,351 millions USD), (***l*** = L/E= Leverage or Gearing Ratio= 99.00%), (**c**= C/X= Current Ratio= 1.20 times), (**v**= V/S= Variable Portion= 19.00%), (**d**= D/A= Dividend Portion or Payout= 30.00%), (**S'**= Sales of Past Year= 48,851 millions USD), (**T**= Tax Paid= 3,385 millions USD), (**I**= Interest Expense= 513 millions USD), (**f**= F/S= Fixed Portion= 58.00%), (**p**= 360P/V= Procured Inventory Days= 240 Days), (**U**= Utilized or Starting Capital= 64,720 millions USD), and (**S**= Sales or Revenues= 51,294 millions USD), then it's (**s**= Sales Growth planned), is:

$$s = 360[c-q](l\{U+[M-Sf-I-T][1-d]\}-Q)/[S'vp]-1$$
$$= 360[1.2000-1.0100](0.9900\{64,720+[41,548-51,294*0.5800-513-3,385][1-0.3000]\}-35,351)/[48,851*0.1900*240]-1$$
$$= 5.00\%$$

Law-8705:

If both (**q**= [C-P]/X= Quick or Acid Test Ratio= 1.01 times), (**M**= Margin of Contribution= 41,548 millions USD), (**Q**= Quoted Longterm Liabilities= 35,351 millions USD), (**l** = L/E= Leverage or Gearing Ratio= 99.00%), (**s**= [S/S']-1= Sales Growth= 5.00%), (**v**= V/S= Variable Portion= 19.00%), (**d**= D/A= Dividend Portion or Payout= 30.00%),(**S'**= Sales of Past Year= 48,851 millions USD), (**T**= Tax Paid= 3,385 millions USD), (**I**= Interest Expense= 513 millions USD), (**f**= F/S= Fixed Portion= 58.00%), (**p**= 360P/V= Procured Inventory Days= 240 Days), (**U**= Utilized or Starting Capital= 64,720 millions USD), and (**S**= Sales or Revenues= 51,294 millions USD), then it's (**c**= Current Ratio planned), is:

$$c = q+S'vp[1+s]/[360(l\{U+[M-Sf-I-T][1-d]\}-Q)]$$
$$= 1.0100+48,851*0.1900*240$$
$$[1+0.0500] \ /[360(0.9900$$
$$\{64,720+[41,548-51,294$$
$$*0.5800-513-3,385]$$
$$[1-0.3000]\}-35,351)]$$
$$= 1.20 \text{ times}$$

Law-8706:

If both (**c**= C/X= Current Ratio= 1.20 times), (**M**= Margin of Contribution= 41,548 millions USD), (**Q**= Quoted Longterm Liabilities= 35,351 millions USD), (**l** = L/E= Leverage or Gearing Ratio= 99.00%), (**s**= [S/S']-1= Sales Growth= 5.00%), (**v**= V/S= Variable Portion= 19.00%), (**d**= D/A= Dividend Portion or Payout= 30.00%), (**p**= 360P/V= Procured Inventory Days= 240 Days), (**T**= Tax Paid= 3,385 millions USD), (**I**= Interest Expense= 513 millions USD), (**f**= F/S= Fixed Portion= 58.00%),(**S'**= Sales of Past Year= 48,851 millions USD), (**U**= Utilized or Starting Capital= 64,720 millions USD), and (**S**= Sales or Revenues= 51,294 millions USD), then it's (**q**= Quick or Acid Test Ratio planned), is:

$$q= c-S'vp[1+s]/[360(l\{U+[M-Sf-I-T][1-d]\}-Q)]$$
$$= 1.2000-48,851*0.1900*240[1+0.0500] /[360(0.9900\{64,720+[41,548-51,294*0.5800-513-3,385][1-0.3000]\}-35,351)]$$
$$= 1.01 \text{ times}$$

Law-8707:

If both (**M**= Margin of Contribution= 41,548 millions USD), (**X**= Xpress or Current Debt= 34,196 millions USD), (**I** = L/E= Leverage or Gearing Ratio= 99.00%), (**A**= After Tax Income= 7,899 millions USD), (**d**= D/A= Dividend Portion or Payout= 30.00%), (**T**= Tax Paid= 3,385 millions USD), (**I**= Interest Expense= 513 millions USD), (**f**= F/S= Fixed Portion= 58.00%), (**U**= Utilized or Starting Capital= 64,720 millions USD), and (**S**= Sales or Revenues= 51,294 millions USD), then it's (**Q**= Quoted Longterm Liabilities planned), is:

$$Q = I\,[U+M-Sf-I-T-Ad]-X$$
$$= 0.9900[64,720+41,548-51,294$$
$$*0.5800-513-3,385$$
$$-7,899*0.3000]-34,196$$
$$= 35,351 \text{ millions USD}$$

Law-8708:

If both (**M**= Margin of Contribution= 41,548 millions USD), (**X**= Xpress or Current Debt= 34,196 millions USD), (**Q**= Quoted Longterm Liabilities= 35,351 millions USD), (**A**= After Tax Income= 7,899 millions USD), (**d**= D/A= Dividend Portion or Payout= 30.00%), (**T**= Tax Paid= 3,385 millions USD), (**I**= Interest Expense= 513 millions USD), (**f**= F/S= Fixed Portion= 58.00%), (**U**= Utilized or Starting Capital= 64,720 millions USD), and (**S**= Sales or Revenues= 51,294 millions USD), then it's (*l* = Leverage or Gearing Ratio planned), is:

$$l = [Q+X]/[U+M-Sf-I-T-Ad]$$
$$= [35,351+34,196]/[64,720+41,548$$
$$-51,294*0.5800-513-3,385$$
$$-7,899*0.3000]$$
$$= \underline{99.00\%}$$

Law-8709:

If both (**M**= Margin of Contribution= 41,548 millions USD), (**X**= Xpress or Current Debt= 34,196 millions USD), (**Q**= Quoted Longterm Liabilities= 35,351 millions USD), (**A**= After Tax Income= 7,899 millions USD), (**d**= D/A= Dividend Portion or Payout= 30.00%), (**T**= Tax Paid= 3,385 millions USD), (**I**= Interest Expense= 513 millions USD), (**f**= F/S= Fixed Portion= 58.00%), (*l* = L/E= Leverage or Gearing Ratio= 99.00%), and (**S**= Sales or Revenues= 51,294 millions USD), then it's (**U**= Utilized or Starting Capital planned), is:

$$U = Sf + I + T + Ad + [Q+X]/l - M$$
$$= 51{,}294 * 0.5800 + 513 + 3{,}385$$
$$+ 7{,}899 * 0.3000 + [35{,}351$$
$$+ 34{,}196]/0.9900 - 41{,}548$$
$$= \underline{64{,}720} \text{ millions USD}$$

Law-8710:

If both (**U**= Utilized or Starting Capital= 64,720 millions USD), (**X**= Xpress or Current Debt= 34,196 millions USD), (**Q**= Quoted Longterm Liabilities= 35,351 millions USD), (**A**= After Tax Income= 7,899 millions USD), (**d**= D/A= Dividend Portion or Payout= 30.00%), (**T**= Tax Paid= 3,385 millions USD), (**I**= Interest Expense= 513 millions USD), (**f**= F/S= Fixed Portion= 58.00%), (**l** = L/E= Leverage or Gearing Ratio= 99.00%), and (**S**= Sales or Revenues= 51,294 millions USD), then it's (**M**= Margin of Contribution planned), is:

$$M= Sf+I+T+Ad+[Q+X]/l-U$$
$$= 51,294*0.5800+513+3,385$$
$$+7,899*0.3000+ [35,351$$
$$+34,196]/0.9900-64,720$$
$$= \underline{41,548} \text{ millions USD}$$

Law-8711:

If both (**U**= Utilized or Starting Capital= 64,720 millions USD), (**X**= Xpress or Current Debt= 34,196 millions USD), (**Q**= Quoted Longterm Liabilities= 35,351 millions USD), (**A**= After Tax Income= 7,899 millions USD), (**d**= D/A= Dividend Portion or Payout= 30.00%), (**T**= Tax Paid= 3,385 millions USD), (**I**= Interest Expense= 513 millions USD), (**f**= F/S= Fixed Portion= 58.00%), (**l** = L/E= Leverage or Gearing Ratio= 99.00%), and (**M**= Margin of Contribution= 41,548 millions USD), then it's (**S**= Sales or Revenues planned), is:

$$S = \{U+M-I-T-Ad-[Q+X]/l\}/f$$
$$= (64,720+41,548-513-3,385$$
$$-7,899*0.3000- [35,351$$
$$+34,196]/0.9900\}/0.5800$$
$$= 51,294 \text{ millions USD}$$

Law-8712:

If both (**U**= Utilized or Starting Capital= 64,720 millions USD), (**X**= Xpress or Current Debt= 34,196 millions USD), (**Q**= Quoted Longterm Liabilities= 35,351 millions USD), (**A**= After Tax Income= 7,899 millions USD), (**d**= D/A= Dividend Portion or Payout= 30.00%), (**T**= Tax Paid= 3,385 millions USD), (**I**= Interest Expense= 513 millions USD), (**S**= Sales or Revenues= 51,294 millions USD), (**l** = L/E= Leverage or Gearing Ratio= 99.00%), and (**M**= Margin of Contribution= 41,548 millions USD), then it's (**f**= Fixed Portion planned), is:

$$f = \{U+M-I-T-Ad-[Q+X]/l\}/S$$
$$= (64{,}720+41{,}548-513-3{,}385-7{,}899$$
$$*0.3000 - \{[35{,}351+34{,}196]$$
$$/0.9900\})/51{,}294$$
$$= \underline{58.00\%}$$

Law-8713:

If both (**U**= Utilized or Starting Capital= 64,720 millions USD), (**X**= Xpress or Current Debt= 34,196 millions USD), (**Q**= Quoted Longterm Liabilities= 35,351 millions USD), (**A**= After Tax Income= 7,899 millions USD), (**d**= D/A= Dividend Portion or Payout= 30.00%), (**T**= Tax Paid= 3,385 millions USD), (**f**= F/S= Fixed Portion= 58.00%), (**S**= Sales or Revenues= 51,294 millions USD), (*I* = L/E= Leverage or Gearing Ratio= 99.00%), and (**M**= Margin of Contribution= 41,548 millions USD), then it's (**I**= Interest Expense planned), is:

$$I = U+M-Sf-T-Ad-[Q+X]/l$$
$$= 64{,}720+41{,}548-51{,}294*0.5800$$
$$-3{,}385-7{,}899*0.3000$$
$$-[35{,}351+34{,}196]/0.9900$$
$$= \underline{513} \text{ millions USD}$$

Law-8714:

If both (**U**= Utilized or Starting Capital= 64,720 millions USD), (**X**= Xpress or Current Debt= 34,196 millions USD), (**Q**= Quoted Longterm Liabilities= 35,351 millions USD), (**A**= After Tax Income= 7,899 millions USD), (**d**= D/A= Dividend Portion or Payout= 30.00%), (**I**= Interest Expense= 513 millions USD), (**f**= F/S= Fixed Portion= 58.00%), (**S**= Sales or Revenues= 51,294 millions USD), (*l* = L/E= Leverage or Gearing Ratio= 99.00%), and (**M**= Margin of Contribution= 41,548 millions USD), then it's (**T**= Tax Paid planned), is:

$$T = U+M-Sf-I-Ad-[Q+X]/l$$
$$= 64{,}720+41{,}548-51{,}294*0.5800$$
$$-513-7{,}899*0.3000$$
$$-[35{,}351+34{,}196]/0.9900$$
$$= \underline{3{,}385} \text{ millions USD}$$

Law-8715:

If both (**U**= Utilized or Starting Capital= 64,720 millions USD), (**X**= Xpress or Current Debt= 34,196 millions USD), (**Q**= Quoted Longterm Liabilities= 35,351 millions USD), (**T**= Tax Paid= 3,385 millions USD), (**d**= D/A= Dividend Portion or Payout= 30.00%), (**I**= Interest Expense= 513 millions USD), (**f**= F/S= Fixed Portion= 58.00%), (**S**= Sales or Revenues= 51,294 millions USD), (**l** = L/E= Leverage or Gearing Ratio= 99.00%), and (**M**= Margin of Contribution= 41,548 millions USD), then it's (**A**= After Tax Income planned), is:

$$A = \{U+M-Sf-I-T-\{[Q+X]/l\}\}/d$$
$$= \{64,720+41,548-51,294*0.5800 \\ -513-3,385 - [35,351 \\ +34,196]/0.9900\}/0.3000$$
$$= \underline{7,899} \text{ millions USD}$$

Law-8716:

If both (**U**= Utilized or Starting Capital= 64,720 millions USD), (**X**= Xpress or Current Debt= 34,196 millions USD), (**Q**= Quoted Longterm Liabilities= 35,351 millions USD), (**T**= Tax Paid= 3,385 millions USD), (**A**= After Tax Income= 7,899 millions USD), (**I**= Interest Expense= 513 millions USD), (**f**= F/S= Fixed Portion= 58.00%), (**S**= Sales or Revenues= 51,294 millions USD), (**l** = L/E= Leverage or Gearing Ratio= 99.00%), and (**M**= Margin of Contribution= 41,548 millions USD), then it's (**d**= Dividend Portion or Payout planned), is:

$$d = \{U+M-Sf-I-T-\{[Q+X]/l\}\}/A$$
$$= \{64,720+41,548-51,294*0.5800$$
$$-513-3,385-[35,351+34,196]$$
$$/0.9900\}/7,899$$
$$= 30.00\%$$

Law-8717:

If both (**U**= Utilized or Starting Capital= 64,720 millions USD), (**d**= D/A= Dividend Portion or Payout= 30.00%), (**Q**= Quoted Longterm Liabilities= 35,351 millions USD), (**T**= Tax Paid= 3,385 millions USD), (**A**= After Tax Income= 7,899 millions USD), (**I**= Interest Expense= 513 millions USD), (**f**= F/S= Fixed Portion= 58.00%), (**S**= Sales or Revenues= 51,294 millions USD), (**l** = L/E= Leverage or Gearing Ratio= 99.00%), and (**M**= Margin of Contribution= 41,548 millions USD), then it's (**X**= Xpress or Current Debt planned), is:

$$X = l\,[U+M-Sf-I-T-Ad]-Q$$
$$= 0.9900[64,720+41,548-51,294$$
$$*0.5800-513-3,385$$
$$-7,899*0.3000]-35,351$$
$$= \underline{34,196} \text{ millions USD}$$

Finance Construction-13, *Tim Asikin, Steve Asikin, Indra Senihardja*

Law-8718:

If both (**U**= Utilized or Starting Capital= 64,720 millions USD), (**d**= D/A= Dividend Portion or Payout= 30.00%), (**c**= C/X= Current Ratio= 1.20 times), (**T**= Tax Paid= 3,385 millions USD), (**q**= [C-P]/X= Quick or Acid Test Ratio= 1.01 times), (**P**= Procured Inventories= 6,497 millions USD), (**A**= After Tax Income= 7,899 millions USD), (**I**= Interest Expense= 513 millions USD), (**f**= F/S= Fixed Portion= 58.00%), (**S**= Sales or Revenues= 51,294 millions USD), (**l** = L/E= Leverage or Gearing Ratio= 99.00%), and (**M**= Margin of Contribution= 41,548 millions USD), then it's (**Q**= Quoted Longterm Liabilities planned), is:

$$Q = l\,[U+M-Sf-I-T-Ad]-P/[c-q]$$
$$= 0.9900[64,720+41,548-51,294$$
$$*0.5800-513-3,385-7,899$$
$$*0.3000]-6,497$$
$$/[1.2000-1.0100]$$
$$= \underline{35,351}\text{ millions USD}$$

Law-8719:

If both (**U**= Utilized or Starting Capital= 64,720 millions USD), (**d**= D/A= Dividend Portion or Payout= 30.00%), (**c**= C/X= Current Ratio= 1.20 times), (**T**= Tax Paid= 3,385 millions USD), (**q**= [C-P]/X= Quick or Acid Test Ratio= 1.01 times), (**P**= Procured Inventories= 6,497 millions USD), (**A**= After Tax Income= 7,899 millions USD), (**I**= Interest Expense= 513 millions USD), (**f**= F/S= Fixed Portion= 58.00%), (**S**= Sales or Revenues= 51,294 millions USD), (**Q**= Quoted Longterm Liabilities= 35,351 millions USD), and (**M**= Margin of Contribution= 41,548 millions USD), then it's (**l** = Leverage or Gearing Ratio planned), is:

$$l = \{Q+P/[c-q]\}/[U+M-Sf-I-T-Ad]$$
$$= \{35,351+6,497/[1.2000-1.0100]\}$$
$$/[64,720+41,548-51,294$$
$$*0.5800-513-3,385$$
$$-7,899*0.3000]$$
$$= 99.00\%$$

Law-8720:

If both (l = L/E= Leverage or Gearing Ratio= 99.00%), (**d**= D/A= Dividend Portion or Payout= 30.00%), (**c**= C/X= Current Ratio= 1.20 times), (**T**= Tax Paid= 3,385 millions USD), (**q**= [C-P]/X= Quick or Acid Test Ratio= 1.01 times), (**P**= Procured Inventories= 6,497 millions USD), (**A**= After Tax Income= 7,899 millions USD), (**I**= Interest Expense= 513 millions USD), (**f**= F/S= Fixed Portion= 58.00%), (**S**= Sales or Revenues= 51,294 millions USD), (**Q**= Quoted Longterm Liabilities= 35,351 millions USD), and (**M**= Margin of Contribution= 41,548 millions USD), then it's (**U**= Utilized or Starting Capital planned), is:

$$U = Sf+I+T+Ad+\{Q+P/[c-q]\}/l - M$$
$$= 51{,}294*0.5800+513+3{,}385+7{,}899*0.3000+\{35{,}351+6{,}497/[1.2000-1.0100]\}/0.9900 -41{,}548$$
$$= \underline{64{,}720} \text{ millions}$$

Law-8721:

If both (**⊦ L/E**= Leverage or Gearing Ratio= 99.00%), (**d**= D/A= Dividend Portion or Payout= 30.00%), (**c**= C/X= Current Ratio= 1.20 times), (**T**= Tax Paid= 3,385 millions USD), (**q**= [C-P]/X= Quick or Acid Test Ratio= 1.01 times), (**P**= Procured Inventories= 6,497 millions USD), (**A**= After Tax Income= 7,899 millions USD), (**I**= Interest Expense= 513 millions USD), (**f**= F/S= Fixed Portion= 58.00%), (**S**= Sales or Revenues= 51,294 millions USD), (**Q**= Quoted Longterm Liabilities= 35,351 millions USD), and (**U**= Utilized or Starting Capital= 64,720 millions USD), then it's (**M**= Margin of Contribution planned), is:

$$M = Sf + I + T + Ad + \{Q + P/[c-q]\}/l - U$$
$$= 51{,}294 * 0.5800 + 513 + 3{,}385$$
$$ + 7{,}899 * 0.3000 + \{35{,}351$$
$$ + 6{,}497/[1.2000 - 1.0100]\}$$
$$ /0.9900 - 64{,}720$$
$$= \underline{41{,}548} \text{ millions}$$

Law-8722:

If both (l = L/E= Leverage or Gearing Ratio= 99.00%), (**d**= D/A= Dividend Portion or Payout= 30.00%), (**c**= C/X= Current Ratio= 1.20 times), (**T**= Tax Paid= 3,385 millions USD), (**q**= [C-P]/X= Quick or Acid Test Ratio= 1.01 times), (**P**= Procured Inventories= 6,497 millions USD), (**A**= After Tax Income= 7,899 millions USD), (**I**= Interest Expense= 513 millions USD), (**f**= F/S= Fixed Portion= 58.00%), (**M**= Margin of Contribution= 41,548 millions USD), (**Q**= Quoted Longterm Liabilities= 35,351 millions USD), and (**U**= Utilized or Starting Capital= 64,720 millions USD), then it's (**S**= Sales or Revenues planned), is:

$$S = (U+M-I-T-Ad-\{Q+P/[c-q]\}/l\,)/f$$
$$= (64{,}720+41{,}548-513-3{,}385-7{,}899$$
$$*0.3000 - \{35{,}351+6{,}497$$
$$/[1.2000-1.0100]\}/0.9900)$$
$$/0.5800$$
$$= 51{,}294 \text{ millions}$$

Law-8723:

If both (I = L/E= Leverage or Gearing Ratio= 99.00%), (**d**= D/A= Dividend Portion or Payout= 30.00%), (**c**= C/X= Current Ratio= 1.20 times), (**T**= Tax Paid= 3,385 millions USD), (**q**= [C-P]/X= Quick or Acid Test Ratio= 1.01 times), (**P**= Procured Inventories= 6,497 millions USD), (**A**= After Tax Income= 7,899 millions USD), (I= Interest Expense= 513 millions USD), (**S**= Sales or Revenues= 51,294 millions USD), (**M**= Margin of Contribution= 41,548 millions USD), (**Q**= Quoted Longterm Liabilities= 35,351 millions USD), and (**U**= Utilized or Starting Capital= 64,720 millions USD), then it's (**f**= Fixed Portion planned), is:

$$f = (U+M-I-T-Ad-\{Q+P/[c-q]\}/I\,)/S$$
$$= (64{,}720+41{,}548-513-3{,}385-7{,}899$$
$$*0.3000-\{35{,}351+6{,}497$$
$$/[1.2000-1.0100]\}/0.9900)$$
$$/51{,}294$$
$$= 58.00\%$$

Law-8724:

If both (**I** = L/E= Leverage or Gearing Ratio= 99.00%), (**d**= D/A= Dividend Portion or Payout= 30.00%), (**c**= C/X= Current Ratio= 1.20 times), (**T**= Tax Paid= 3,385 millions USD), (**q**= [C-P]/X= Quick or Acid Test Ratio= 1.01 times), (**P**= Procured Inventories= 6,497 millions USD), (**A**= After Tax Income= 7,899 millions USD), (**f**= F/S= Fixed Portion= 58.00%), (**S**= Sales or Revenues= 51,294 millions USD), (**M**= Margin of Contribution= 41,548 millions USD), (**Q**= Quoted Longterm Liabilities= 35,351 millions USD), and (**U**= Utilized or Starting Capital= 64,720 millions USD), then it's (**I**= Interest Expense planned), is:

$$I= U+M-Sf-T-Ad-\{Q+P/[c-q]\}/l$$
$$= 64,720+41,548-51,294*0.5800$$
$$-3,385-7,899*0.3000$$
$$-\{35,351+6,497/[1.2000$$
$$-1.0100]\}/0.9900$$
$$= \underline{513} \text{ millions USD}$$

Law-8725:

If both (I = L/E= Leverage or Gearing Ratio= 99.00%), (**d**= D/A= Dividend Portion or Payout= 30.00%), (**c**= C/X= Current Ratio= 1.20 times), (**I**= Interest Expense= 513 millions USD), (**q**= [C-P]/X= Quick or Acid Test Ratio= 1.01 times), (**P**= Procured Inventories= 6,497 millions USD), (**A**= After Tax Income= 7,899 millions USD), (**f**= F/S= Fixed Portion= 58.00%), (**S**= Sales or Revenues= 51,294 millions USD), (**M**= Margin of Contribution= 41,548 millions USD), (**Q**= Quoted Longterm Liabilities= 35,351 millions USD), and (**U**= Utilized or Starting Capital= 64,720 millions USD), then it's (**T**= Tax Paid planned), is:

$$T = U+M-Sf-I-Ad-\{Q+P/[c-q]\}/I$$
$$= 64{,}720+41{,}548-51{,}294*0.5800$$
$$-513-7{,}899*0.3000$$
$$-\{35{,}351+6{,}497/[1.2000$$
$$-1.0100]\}/0.9900$$
$$= 3{,}385 \text{ millions USD}$$

Law-8726:

If both (**⊩ L/E**= Leverage or Gearing Ratio= 99.00%), (**d**= D/A= Dividend Portion or Payout= 30.00%), (**c**= C/X= Current Ratio= 1.20 times), (**I**= Interest Expense= 513 millions USD), (**q**= [C-P]/X= Quick or Acid Test Ratio= 1.01 times), (**P**= Procured Inventories= 6,497 millions USD), (**T**= Tax Paid= 3,385 millions USD), (**f**= F/S= Fixed Portion= 58.00%), (**S**= Sales or Revenues= 51,294 millions USD), (**M**= Margin of Contribution= 41,548 millions USD), (**Q**= Quoted Longterm Liabilities= 35,351 millions USD), and (**U**= Utilized or Starting Capital= 64,720 millions USD), then it's (**A**= After Tax Income planned), is:

$$A= (U+M-Sf-I-T-\{Q+P/[c-q]\}/l\ )/d$$
$$= (64{,}720+41{,}548-51{,}294*0.5800$$
$$-513-3{,}385-\{35{,}351+6{,}497$$
$$/[1.2000-1.0100]\}/0.9900)$$
$$/0.3000$$
$$= 7{,}899 \text{ millions USD}$$

Law-8727:

If both (I = L/E= Leverage or Gearing Ratio= 99.00%), (**A**= After Tax Income= 7,899 millions USD), (**c**= C/X= Current Ratio= 1.20 times), (I= Interest Expense= 513 millions USD), (**q**= [C-P]/X= Quick or Acid Test Ratio= 1.01 times), (**P**= Procured Inventories= 6,497 millions USD), (**T**= Tax Paid= 3,385 millions USD), (**f**= F/S= Fixed Portion= 58.00%), (**S**= Sales or Revenues= 51,294 millions USD), (**M**= Margin of Contribution= 41,548 millions USD), (**Q**= Quoted Longterm Liabilities= 35,351 millions USD), and (**U**= Utilized or Starting Capital= 64,720 millions USD), then it's (**d**= Dividend Portion or Payout planned), is:

$$\begin{aligned}
\mathbf{d} &= (U+M-Sf-I-T-\{Q+P/[c-q]\}/I\,)/A \\
&= (64{,}720+41{,}548-51{,}294*0.5800 \\
&\quad -513-3{,}385-\{35{,}351+6{,}497 \\
&\quad /[1.2000-1.0100]\}/0.9900) \\
&\quad /7{,}899 \\
&= 30.00\%
\end{aligned}$$

Law-8728:

If both (l = L/E= Leverage or Gearing Ratio= 99.00%), (**A**= After Tax Income= 7,899 millions USD), (**c**= C/X= Current Ratio= 1.20 times), (**I**= Interest Expense= 513 millions USD), (**q**= [C-P]/X= Quick or Acid Test Ratio= 1.01 times), (**d**= D/A= Dividend Portion or Payout= 30.00%), (**T**= Tax Paid= 3,385 millions USD), (**f** = F/S= Fixed Portion= 58.00%), (**S**= Sales or Revenues= 51,294 millions USD), (**M**= Margin of Contribution= 41,548 millions USD), (**Q**= Quoted Longterm Liabilities= 35,351 millions USD), and (**U**= Utilized or Starting Capital= 64,720 millions USD), then it's (**P**= Procured Inventories planned), is:

$$P = [c-q]\{l\,[U+M-Sf-I-T-Ad]-Q\}$$
$$= [1.2000-1.0100]\{0.9900[64,720$$
$$+41,548-51,294*0.5800$$
$$-513-3,385-7,899*0.3000]$$
$$-35,351\}$$
$$= \underline{6,497} \text{ millions USD}$$

Law-8729:

If both (l = L/E= Leverage or Gearing Ratio= 99.00%), (**A**= After Tax Income= 7,899 millions USD), (**P**= Procured Inventories= 6,497 millions USD), (**I**= Interest Expense= 513 millions USD), (**q**= [C-P]/X= Quick or Acid Test Ratio= 1.01 times), (**d**= D/A= Dividend Portion or Payout= 30.00%), (**T**= Tax Paid= 3,385 millions USD), (**f**= F/S= Fixed Portion= 58.00%), (**S**= Sales or Revenues= 51,294 millions USD), (**M**= Margin of Contribution= 41,548 millions USD), (**Q**= Quoted Longterm Liabilities= 35,351 millions USD), and (**U**= Utilized or Starting Capital= 64,720 millions USD), then it's (**c**= Current Ratio planned), is:

$$c= q+P/\{l\ [U+M-Sf-I-T-Ad]-Q\}$$
$$= 1.0100+6,497/\{0.9900[64,720$$
$$+41,548-51,294*0.5800$$
$$-513-3,385-7,899*0.3000]$$
$$-35,351\}$$
$$=1.20\ \text{times}$$

Law-8730:

If both (l = L/E= Leverage or Gearing Ratio= 99.00%), (**A**= After Tax Income= 7,899 millions USD), (**P**= Procured Inventories= 6,497 millions USD), (**I**= Interest Expense= 513 millions USD), (**c**= C/X= Current Ratio= 1.20 times), (**d**= D/A= Dividend Portion or Payout= 30.00%), (**T**= Tax Paid= 3,385 millions USD), (**f**= F/S= Fixed Portion= 58.00%), (**S**= Sales or Revenues= 51,294 millions USD), (**M**= Margin of Contribution= 41,548 millions USD), (**Q**= Quoted Longterm Liabilities= 35,351 millions USD), and (**U**= Utilized or Starting Capital= 64,720 millions USD), then it's (**q**= Quick or Acid Test Ratio planned), is:

$$q = c - P/\{l\,[U+M-Sf-I-T-Ad]-Q\}$$
$$= 1.2000 - 6{,}497/\{0.9900[64{,}720$$
$$+ 41{,}548 - 51{,}294*0.5800$$
$$- 513 - 3{,}385 - 7{,}899*0.3000]$$
$$- 35{,}351\}$$
$$= 1.01 \text{ times}$$

Law-8731:

If both (l = L/E= Leverage or Gearing Ratio= 99.00%), (**A**= After Tax Income= 7,899 millions USD), (**V**= Variable Cost= 9,746 millions USD), (**p**= 360P/V= Procured Inventory Days= 240 Days), (**I**= Interest Expense= 513 millions USD), (**c**= C/X= Current Ratio= 1.20 times), (**d**= D/A= Dividend Portion or Payout= 30.00%), (**T**= Tax Paid= 3,385 millions USD), (**f**= F/S= Fixed Portion= 58.00%), (**S**= Sales or Revenues= 51,294 millions USD), (**M**= Margin of Contribution= 41,548 millions USD), (**q**= [C-P]/X= Quick or Acid Test Ratio= 1.01 times), and (**U**= Utilized or Starting Capital= 64,720 millions USD), then it's (**Q**= Quoted Longterm Liabilities planned), is:

$$Q = l\,[U+M-Sf-I-T-Ad]-Vp/\{360[c-q]\}$$
$$= 0.9900[64,720+41,548-51,294$$
$$*0.5800-513-3,385-7,899$$
$$*0.3000]-9,746*240/\{360$$
$$[1.2000-1.0100]\}$$
$$= 35,351 \text{ millions USD}$$

Law-8732:

If both (**Q**= Quoted Longterm Liabilities= 35,351 millions USD), (**A**= After Tax Income= 7,899 millions USD), (**V**= Variable Cost= 9,746 millions USD), (**p**= 360P/V= Procured Inventory Days= 240 Days), (**I**= Interest Expense= 513 millions USD), (**c**= C/X= Current Ratio= 1.20 times), (**d**= D/A= Dividend Portion or Payout= 30.00%), (**T**= Tax Paid= 3,385 millions USD), (**f**= F/S= Fixed Portion= 58.00%), (**S**= Sales or Revenues= 51,294 millions USD), (**M**= Margin of Contribution= 41,548 millions USD), (**q**= [C-P]/X= Quick or Acid Test Ratio= 1.01 times), and (**U**= Utilized or Starting Capital= 64,720 millions USD), then it's (**l** = Leverage or Gearing Ratio planned), is:

$$l = (Q+Vp/\{360[c-q]\})/[U+M-Sf-I-T-Ad]$$
$$= (35,351+9,746*240/\{360[1.2000-1.0100]\})/[64,720+41,548-51,294*0.5800-513-3,385-7,899*0.3000]$$
$$= 99.00\%$$

Law-8733:

If both (**Q**= Quoted Longterm Liabilities= 35,351 millions USD), (**A**= After Tax Income= 7,899 millions USD), (**V**= Variable Cost= 9,746 millions USD), (**p**= 360P/V= Procured Inventory Days= 240 Days), (**I**= Interest Expense= 513 millions USD), (**c**= C/X= Current Ratio= 1.20 times), (**d**= D/A= Dividend Portion or Payout= 30.00%), (**T**= Tax Paid= 3,385 millions USD), (**f**= F/S= Fixed Portion= 58.00%), (S= Sales or Revenues= 51,294 millions USD), (**M**= Margin of Contribution= 41,548 millions USD), (**q**= [C-P]/X= Quick or Acid Test Ratio= 1.01 times), and (**l** = L/E= Leverage or Gearing Ratio= 99.00%), then it's (**U**= Utilized or Starting Capital planned), is:

$$U = Sf + I + T + Ad + (Q + Vp/\{360[c-q]\})/l - M$$
$$= 51,294 * 0.5800 + 513 + 3,385$$
$$+ 7,899 * 0.3000 + (35,351$$
$$+ 9,746 * 240 / \{360[1.2000$$
$$- 1.0100]\})/0.9900 - 41,548$$
$$= 64,720 \text{ millions USD}$$

Law-8734:

If both (**Q**= Quoted Longterm Liabilities= 35,351 millions USD), (**A**= After Tax Income= 7,899 millions USD), (**V**= Variable Cost= 9,746 millions USD), (**p**= 360P/V= Procured Inventory Days= 240 Days), (**I**= Interest Expense= 513 millions USD), (**c**= C/X= Current Ratio= 1.20 times), (**d**= D/A= Dividend Portion or Payout= 30.00%), (**T**= Tax Paid= 3,385 millions USD), (**f**= F/S= Fixed Portion= 58.00%), (**S**= Sales or Revenues= 51,294 millions USD), (**U**= Utilized or Starting Capital= 64,720 millions USD), (**q**= [C-P]/X= Quick or Acid Test Ratio= 1.01 times), and (**l** = L/E= Leverage or Gearing Ratio= 99.00%), then it's (**M**= Margin of Contribution planned), is:

$$M= Sf+I+T+Ad+(Q+Vp/\{360[c-q]\})/l -U$$
$$= 51,294*0.5800+513+3,385$$
$$+7,899*0.3000+(35,351$$
$$+9,746*240/\{360[1.2000$$
$$-1.0100]\})/0.9900-64,720$$
$$= 41,548 \text{ millions USD}$$

Law-8735:

If both (**Q**= Quoted Longterm Liabilities= 35,351 millions USD), (**A**= After Tax Income= 7,899 millions USD), (**V**= Variable Cost= 9,746 millions USD), (**p**= 360P/V= Procured Inventory Days= 240 Days), (**I**= Interest Expense= 513 millions USD), (**c**= C/X= Current Ratio= 1.20 times), (**d**= D/A= Dividend Portion or Payout= 30.00%), (**T**= Tax Paid= 3,385 millions USD), (**f**= F/S= Fixed Portion= 58.00%), (**M**= Margin of Contribution= 41,548 millions USD), (**U**= Utilized or Starting Capital= 64,720 millions USD), (**q**= [C-P]/X= Quick or Acid Test Ratio= 1.01 times), and (**l** = L/E= Leverage or Gearing Ratio= 99.00%), then it's (**S**= Sales or Revenues planned), is:

$$S= [U+M-I-T-Ad-(Q+Vp/\{360[c-q]\})/l\,]/f$$
$$= [64,720+41,548-513-3,385$$
$$-7,899*0.3000- +(35,351$$
$$+9,746*240/\{360[1.2000$$
$$-1.0100]\}\,)/0.9900]/0.5800$$
$$= 51,294 \text{ millions USD}$$

Law-8736:

If both (**Q**= Quoted Longterm Liabilities= 35,351 millions USD), (**A**= After Tax Income= 7,899 millions USD), (**V**= Variable Cost= 9,746 millions USD), (**p**= 360P/V= Procured Inventory Days= 240 Days), (**I**= Interest Expense= 513 millions USD), (**c**= C/X= Current Ratio= 1.20 times), (**d**= D/A= Dividend Portion or Payout= 30.00%), (**T**= Tax Paid= 3,385 millions USD), (**S**= Sales or Revenues= 51,294 millions USD), (**M**= Margin of Contribution= 41,548 millions USD), (**U**= Utilized or Starting Capital= 64,720 millions USD), (**q**= [C-P]/X= Quick or Acid Test Ratio= 1.01 times), and (**l** = L/E= Leverage or Gearing Ratio= 99.00%), then it's (**f**= Fixed Portion planned), is:

$$f = [U+M-I-T-Ad-(Q+Vp/\{360[c-q]\})/l\,]/S$$
$$= [64,720+41,548-513-3,385$$
$$-7,899*0.3000- +(35,351$$
$$+9,746*240/\{360[1.2000$$
$$-1.0100]\})/0.9900]/51,294$$
$$= 58.00\%$$

Law-8737:

If both (**Q**= Quoted Longterm Liabilities= 35,351 millions USD), (**A**= After Tax Income= 7,899 millions USD), (**V**= Variable Cost= 9,746 millions USD), (**p**= 360P/V= Procured Inventory Days= 240 Days), (**f**= F/S= Fixed Portion= 58.00%), (**c**= C/X= Current Ratio= 1.20 times), (**d**= D/A= Dividend Portion or Payout= 30.00%), (**T**= Tax Paid= 3,385 millions USD), (**S**= Sales or Revenues= 51,294 millions USD), (**M**= Margin of Contribution= 41,548 millions USD), (**U**= Utilized or Starting Capital= 64,720 millions USD), (**q**= [C-P]/X= Quick or Acid Test Ratio= 1.01 times), and (**l**= L/E= Leverage or Gearing Ratio= 99.00%), then it's (**I**= Interest Expense planned), is:

$$I = U+M-Sf-T-Ad-(Q+Vp/\{360[c-q]\})/l$$
$$= 64,720+41,548-51,294$$
$$*0.5800-3,385-7,899$$
$$*0.3000-(35,351+9,746$$
$$*240/\{360[1.2000$$
$$-1.0100]\})/0.9900$$
$$= 513 \text{ millions USD}$$

Law-8738:

If both (**Q**= Quoted Longterm Liabilities= 35,351 millions USD), (**A**= After Tax Income= 7,899 millions USD), (**V**= Variable Cost= 9,746 millions USD), (**p**= 360P/V= Procured Inventory Days= 240 Days), (**f**= F/S= Fixed Portion= 58.00%), (**c**= C/X= Current Ratio= 1.20 times), (**d**= D/A= Dividend Portion or Payout= 30.00%), (**I**= Interest Expense= 513 millions USD), (**S**= Sales or Revenues= 51,294 millions USD), (**M**= Margin of Contribution= 41,548 millions USD), (**U**= Utilized or Starting Capital= 64,720 millions USD), (**q**= [C-P]/X= Quick or Acid Test Ratio= 1.01 times), and (**l** = L/E= Leverage or Gearing Ratio= 99.00%), then it's (**T**= Tax Paid planned), is:

$$T= U+M-Sf-I-Ad-(Q+Vp/\{360[c-q]\})/l$$
$$= 64,720+41,548-51,294*0.5800$$
$$-513-7,899*0.3000-(35,351$$
$$+9,746*240/\{360[1.2000$$
$$-1.0100]\})/0.9900$$
$$= 3,385 \text{ millions USD}$$

Law-8739:

If both (**Q**= Quoted Longterm Liabilities= 35,351 millions USD), (**T**= Tax Paid= 3,385 millions USD), (**V**= Variable Cost= 9,746 millions USD), (**p**= 360P/V= Procured Inventory Days= 240 Days), (**f**= F/S= Fixed Portion= 58.00%), (**c**= C/X= Current Ratio= 1.20 times), (**d**= D/A= Dividend Portion or Payout= 30.00%), (**I**= Interest Expense= 513 millions USD), (**S**= Sales or Revenues= 51,294 millions USD), (**M**= Margin of Contribution= 41,548 millions USD), (**U**= Utilized or Starting Capital= 64,720 millions USD), (**q**= [C-P]/X= Quick or Acid Test Ratio= 1.01 times), and (**l** = L/E= Leverage or Gearing Ratio= 99.00%), then it's (**A**= After Tax Income planned), is:

$$A = [U+M-Sf-I-T -(Q+Vp/\{360[c-q]\})/l\,]/d$$
$$= [64,720+41,548-51,294*0.5800 -513-3,385]-(35,351+9,746 *240/\{360[1.2000 -1.0100]\})/0.9900]/0.3000$$
$$= 7,899 \text{ millions USD}$$

Law-8740:

If both (**Q**= Quoted Longterm Liabilities= 35,351 millions USD), (**T**= Tax Paid= 3,385 millions USD), (**V**= Variable Cost= 9,746 millions USD), (**p**= 360P/V= Procured Inventory Days= 240 Days), (**f**= F/S= Fixed Portion= 58.00%), (**c**= C/X= Current Ratio= 1.20 times), (**A**= After Tax Income= 7,899 millions USD), (**I**= Interest Expense= 513 millions USD), (**S**= Sales or Revenues= 51,294 millions USD), (**M**= Margin of Contribution= 41,548 millions USD), (**U**= Utilized or Starting Capital= 64,720 millions USD), (**q**= [C-P]/X= Quick or Acid Test Ratio= 1.01 times), and (**l** = L/E= Leverage or Gearing Ratio= 99.00%), then it's (**d**= Dividend Portion or Payout planned), is:

$$d = [U+M-Sf-I-T-(Q+Vp/\{360[c-q]\})/l\,]/A$$
$$= [64,720+41,548-51,294*0.5800$$
$$-513-3,385]-(35,351+9,746$$
$$*240/\{360[1.2000-1.0100]\})$$
$$/0.9900]/7,899$$
$$= 30.00\%$$

Law-8741:

If both (**Q**= Quoted Longterm Liabilities= 35,351 millions USD), (**T**= Tax Paid= 3,385 millions USD), (**d**= D/A= Dividend Portion or Payout= 30.00%), (**p**= 360P/V= Procured Inventory Days= 240 Days), (**f**= F/S= Fixed Portion= 58.00%), (**c**= C/X= Current Ratio= 1.20 times), (**A**= After Tax Income= 7,899 millions USD), (**I**= Interest Expense= 513 millions USD), (**S**= Sales or Revenues= 51,294 millions USD), (**M**= Margin of Contribution= 41,548 millions USD), (**U**= Utilized or Starting Capital= 64,720 millions USD), (**q**= [C-P]/X= Quick or Acid Test Ratio= 1.01 times), and (**I** = L/E= Leverage or Gearing Ratio= 99.00%), then it's (**V**= Variable Cost planned), is:

$$V = 360[c-q]\{I\ [U+M-Sf-I-T-Ad]-Q\}/p$$
$$= 360[1.2000-1.0100]\{0.9900\ [64,720+41,548-51,294\ *0.5800-513-3,385\ -7,899*0.3000]-35,351\}\ /240$$
$$= 9,746 \text{ millions USD}$$

Law-8742:

If both (**Q**= Quoted Longterm Liabilities= 35,351 millions USD), (**T**= Tax Paid= 3,385 millions USD), (**d**= D/A= Dividend Portion or Payout= 30.00%), (**V**= Variable Cost= 9,746 millions USD), (**f**= F/S= Fixed Portion= 58.00%), (**c**= C/X= Current Ratio= 1.20 times), (**A**= After Tax Income= 7,899 millions USD), (**I**= Interest Expense= 513 millions USD), (**S**= Sales or Revenues= 51,294 millions USD), (**M**= Margin of Contribution= 41,548 millions USD), (**U**= Utilized or Starting Capital= 64,720 millions USD), (**q**= [C-P]/X= Quick or Acid Test Ratio= 1.01 times), and (**l** = L/E= Leverage or Gearing Ratio= 99.00%), then it's (**p**= Procured Inventory Days planned), is:

$$p = 360[c-q]\{l\ [U+M-Sf-I-T-Ad]-Q\}/V$$
$$= 360[1.2000-1.0100]\{0.9900$$
$$[64,720+41,548-51,294$$
$$*0.5800-513-3,385$$
$$-7,899*0.3000]-35,351\}$$
$$/9,746$$
$$= \underline{240}\ \text{days}$$

Law-8743:

If both (**Q**= Quoted Longterm Liabilities= 35,351 millions USD), (**T**= Tax Paid= 3,385 millions USD), (**d**= D/A= Dividend Portion or Payout= 30.00%), (**V**= Variable Cost= 9,746 millions USD), (**f**= F/S= Fixed Portion= 58.00%), (**p**= 360P/V= Procured Inventory Days= 240 Days), (**A**= After Tax Income= 7,899 millions USD), (**I**= Interest Expense= 513 millions USD), (**S**= Sales or Revenues= 51,294 millions USD), (**M**= Margin of Contribution= 41,548 millions USD), (**U**= Utilized or Starting Capital= 64,720 millions USD), (**q**= [C-P]/X= Quick or Acid Test Ratio= 1.01 times), and (***l*** = L/E= Leverage or Gearing Ratio= 99.00%), then it's (**c**= Current Ratio planned), is:

$$c = q + Vp/(360\{l\,[U+M-Sf-I-T-Ad]-Q\})$$
$$= 1.0100 + 9,746*240/(360\{0.9900$$
$$[64,720+41,548-51,294$$
$$*0.5800-513-3,385-7,899$$
$$*0.3000]-35,351\})$$
$$= 1.20 \text{ times}$$

Law-8744:

If both (**Q**= Quoted Longterm Liabilities= 35,351 millions USD), (**T**= Tax Paid= 3,385 millions USD), (**d**= D/A= Dividend Portion or Payout= 30.00%), (**V**= Variable Cost= 9,746 millions USD), (**f**= F/S= Fixed Portion= 58.00%), (**p**= 360P/V= Procured Inventory Days= 240 Days), (**A**= After Tax Income= 7,899 millions USD), (**I**= Interest Expense= 513 millions USD), (**S**= Sales or Revenues= 51,294 millions USD), (**M**= Margin of Contribution= 41,548 millions USD), (**U**= Utilized or Starting Capital= 64,720 millions USD), (**c**= C/X= Current Ratio= 1.20 times), and (**l**= L/E= Leverage or Gearing Ratio= 99.00%), then it's (**q**= Quick or Acid Test Ratio planned), is:

$$q = c - Vp/(360\{l\,[U+M-Sf-I-T-Ad]-Q\})$$
$$= 1.2000 - 9{,}746*240/(360\{0.9900\,[64{,}720+41{,}548-51{,}294*0.5800-513-3{,}385-7{,}899*0.3000]-35{,}351\})$$
$$= 1.01 \text{ times}$$

Law-8745:

If both (**q**= [C-P]/X= Quick or Acid Test Ratio= 1.01 times), (**T**= Tax Paid= 3,385 millions USD), (**d**= D/A= Dividend Portion or Payout= 30.00%), (**v**= V/S= Variable Portion= 19.00%), (**f**= F/S= Fixed Portion= 58.00%), (**p**= 360P/V= Procured Inventory Days= 240 Days), (**A**= After Tax Income= 7,899 millions USD), (**I**= Interest Expense= 513 millions USD), (**S**= Sales or Revenues= 51,294 millions USD), (**M**= Margin of Contribution= 41,548 millions USD), (**U**= Utilized or Starting Capital= 64,720 millions USD), (**c**= C/X= Current Ratio= 1.20 times), and (**l**= L/E= Leverage or Gearing Ratio= 99.00%), then it's (**Q**= Quoted Longterm Liabilities planned), is:

$$Q = l\,[U+M-Sf-I-T-Ad]-Svp/\{360[c-q]\}$$
$$= 0.9900[64,720+41,548-51,294$$
$$*0.5800-513-3,385$$
$$-7,899*0.3000]$$
$$-51,294*0.1900*240$$
$$/\{360[1.2000-1.0100]\}$$
$$= 35,351 \text{ millions USD}$$

Law-8746:

If both (**q**= [C-P]/X= Quick or Acid Test Ratio= 1.01 times), (**T**= Tax Paid= 3,385 millions USD), (**d**= D/A= Dividend Portion or Payout= 30.00%), (**v**= V/S= Variable Portion= 19.00%), (**f**= F/S= Fixed Portion= 58.00%), (**p**= 360P/V= Procured Inventory Days= 240 Days), (**A**= After Tax Income= 7,899 millions USD), (**I**= Interest Expense= 513 millions USD), (**S**= Sales or Revenues= 51,294 millions USD), (**M**= Margin of Contribution= 41,548 millions USD), (**U**= Utilized or Starting Capital= 64,720 millions USD), (**c**= C/X= Current Ratio= 1.20 times), and (**Q**= Quoted Longterm Liabilities= 35,351 millions USD), then it's (**l** = Leverage or Gearing Ratio planned), is:

$$l = (Q+Svp/\{360[c-q]\})/[U+M-Sf-I-T-Ad]$$
$$= (35,351+51,294*0.1900*240$$
$$/\{360[1.2000-1.0100]\})$$
$$/[64,720+41,548-51,294$$
$$*0.5800-513-3,385-7,899$$
$$*0.3000]$$
$$= 99.00\%$$

Law-8747:

If both (**q**= [C-P]/X= Quick or Acid Test Ratio= 1.01 times), (**T**= Tax Paid= 3,385 millions USD), (**d**= D/A= Dividend Portion or Payout= 30.00%), (**v**= V/S= Variable Portion= 19.00%), (f= **F**/S= Fixed Portion= 58.00%), (**p**= 360P/V= Procured Inventory Days= 240 Days), (**A**= After Tax Income= 7,899 millions USD), (**I**= Interest Expense= 513 millions USD), (**S**= Sales or Revenues= 51,294 millions USD), (**M**= Margin of Contribution= 41,548 millions USD), (**l** = L/E= Leverage or Gearing Ratio= 99.00%), (**c**= C/X= Current Ratio= 1.20 times), and (**Q**= Quoted Longterm Liabilities= 35,351 millions USD), then it's (**U**= Utilized or Starting Capital planned), is:

$$U = Sf+I+T+Ad+(Q+Svp/\{360[c-q]\})/l - M$$
$$= 51,294*0.5800+513+3,385$$
$$+7,899*0.3000 +(35,351$$
$$+51,294*0.1900*240/\{360$$
$$[1.2000-1.0100]\})/0.9900$$
$$-41,548$$
$$= 64,720 \text{ millions USD}$$

Law-8748:

If both (**q**= [C-P]/X= Quick or Acid Test Ratio= 1.01 times), (**T**= Tax Paid= 3,385 millions USD), (**d**= D/A= Dividend Portion or Payout= 30.00%), (**v**= V/S= Variable Portion= 19.00%), (**f**= F/S= Fixed Portion= 58.00%), (**p**= 360P/V= Procured Inventory Days= 240 Days), (**A**= After Tax Income= 7,899 millions USD), (**I**= Interest Expense= 513 millions USD), (**S**= Sales or Revenues= 51,294 millions USD), (**U**= Utilized or Starting Capital= 64,720 millions USD),
(**l** = L/E= Leverage or Gearing Ratio= 99.00%), (**c**= C/X= Current Ratio= 1.20 times), and (**Q**= Quoted Longterm Liabilities= 35,351 millions USD), then it's (**M**= Margin of Contribution planned), is:

$$M= Sf+I+T+Ad+(Q+Svp/\{360[c-q]\})/l -U$$
$$= 51,294*0.5800+513+3,385+7,899*0.3000 +(35,351+51,294*0.1900*240/\{360[1.2000-1.0100]\})/0.9900-64,720$$
$$= 41,548 \text{ millions USD}$$

Law-8749:

If both (**q**= [C-P]/X= Quick or Acid Test Ratio= 1.01 times), (**T**= Tax Paid= 3,385 millions USD), (**d**= D/A= Dividend Portion or Payout= 30.00%), (**v**= V/S= Variable Portion= 19.00%), (**f**= F/S= Fixed Portion= 58.00%), (**p**= 360P/V= Procured Inventory Days= 240 Days), (**A**= After Tax Income= 7,899 millions USD), (**I**= Interest Expense= 513 millions USD), (**M**= Margin of Contribution= 41,548 millions USD), (**U**= Utilized or Starting Capital= 64,720 millions USD), (**l** = L/E= Leverage or Gearing Ratio= 99.00%), (**c**= C/X= Current Ratio= 1.20 times), and (**Q**= Quoted Longterm Liabilities= 35,351 millions USD), then it's (**S**= Sales or Revenues planned), is:

$$S = [U+M-I-T-Ad - (Q+Svp/\{360[c-q]\})/l\,]/f$$

$$= [64{,}720+41{,}548-513-3{,}385$$
$$-7{,}899*0.3000-(35{,}351$$
$$+51{,}294*0.1900*240/\{360$$
$$[1.2000-1.0100]\})/0.9900]$$
$$/0.5800$$

$$= 51{,}294 \text{ millions USD}$$

Law-8750:

If both (**q**= [C-P]/X= Quick or Acid Test Ratio= 1.01 times), (**T**= Tax Paid= 3,385 millions USD), (**d**= D/A= Dividend Portion or Payout= 30.00%), (**v**= V/S= Variable Portion= 19.00%), (**S**= Sales or Revenues= 51,294 millions USD), (**p**= 360P/V= Procured Inventory Days= 240 Days), (**A**= After Tax Income= 7,899 millions USD), (**I**= Interest Expense= 513 millions USD), (**M**= Margin of Contribution= 41,548 millions USD), (**U**= Utilized or Starting Capital= 64,720 millions USD), (**l** = L/E= Leverage or Gearing Ratio= 99.00%), (**c**= C/X= Current Ratio= 1.20 times), and (**Q**= Quoted Longterm Liabilities= 35,351 millions USD), then it's (**f**= Fixed Portion planned), is:

$$f = [U+M-I-T-Ad -(Q+Svp/\{360[c-q]\})/l\,]/S$$
$$= [64,720+41,548-513-3,385-7,899$$
$$*0.3000 -(35,351+51,294$$
$$*0.1900*240/\{360$$
$$[1.2000-1.0100]\})/0.9900]$$
$$/51,294$$
$$= 58.00\%$$

Law-8751:

If both (**q**= [C-P]/X= Quick or Acid Test Ratio= 1.01 times), (**T**= Tax Paid= 3,385 millions USD), (**d**= D/A= Dividend Portion or Payout= 30.00%), (**v**= V/S= Variable Portion= 19.00%), (**S**= Sales or Revenues= 51,294 millions USD), (**p**= 360P/V= Procured Inventory Days= 240 Days), (**A**= After Tax Income= 7,899 millions USD), (**f**= F/S= Fixed Portion= 58.00%), (**M**= Margin of Contribution= 41,548 millions USD), (**U**= Utilized or Starting Capital= 64,720 millions USD), (**l** = L/E= Leverage or Gearing Ratio= 99.00%), (**c**= C/X= Current Ratio= 1.20 times), and (**Q**= Quoted Longterm Liabilities= 35,351 millions USD), then it's (**I**= Interest Expense planned), is:

$$I = U+M-Sf-T-Ad-(Q+Svp/\{360[c-q]\})/l$$
$$= 64,720+41,548-51,294*0.5800$$
$$-3,385-7,899*0.3000$$
$$-(35,351+51,294*0.1900$$
$$*240/\{360[1.2000$$
$$-1.0100]\})/0.9900$$
$$= 513 \text{ millions USD}$$

Law-8752:

If both (**q**= [C-P]/X= Quick or Acid Test Ratio= 1.01 times), (**I**= Interest Expense= 513 millions USD), (**d**= D/A= Dividend Portion or Payout= 30.00%), (**v**= V/S= Variable Portion= 19.00%), (**S**= Sales or Revenues= 51,294 millions USD), (**p**= 360P/V= Procured Inventory Days= 240 Days), (**A**= After Tax Income= 7,899 millions USD), (**f**= F/S= Fixed Portion= 58.00%), (**M**= Margin of Contribution= 41,548 millions USD), (**U**= Utilized or Starting Capital= 64,720 millions USD), (***l*** = L/E= Leverage or Gearing Ratio= 99.00%), (**c**= C/X= Current Ratio= 1.20 times), and (**Q**= Quoted Longterm Liabilities= 35,351 millions USD), then it's (**T**= Tax Paid planned), is:

$$T = U+M-Sf-I-Ad-(Q+Svp/\{360[c-q]\})/l$$
$$= 64{,}720+41{,}548-51{,}294*0.5800$$
$$\quad -513-7{,}899*0.3000-(35{,}351$$
$$\quad +51{,}294*0.1900*240/\{360$$
$$\quad [1.2000-1.0100]\})/0.9900$$
$$= 3{,}385 \text{ millions USD}$$

Law-8753:

If both (**q**= [C-P]/**X**= Quick or Acid Test Ratio= 1.01 times), (**I**= Interest Expense= 513 millions USD), (**d**= D/A= Dividend Portion or Payout= 30.00%), (**v**= V/S= Variable Portion= 19.00%), (**S**= Sales or Revenues= 51,294 millions USD), (**p**= 360P/V= Procured Inventory Days= 240 Days), (**T**= Tax Paid= 3,385 millions USD), (**f**= F/S= Fixed Portion= 58.00%), (**M**= Margin of Contribution= 41,548 millions USD), (**U**= Utilized or Starting Capital= 64,720 millions USD), (**l** = L/E= Leverage or Gearing Ratio= 99.00%), (**c**= C/X= Current Ratio= 1.20 times), and (**Q**= Quoted Longterm Liabilities= 35,351 millions USD), then it's (**A**= After Tax Income planned), is:

$$A = [U+M-Sf-I-T-(Q+Svp/\{360[c-q]\})/l\,]/d$$
$$= [64,720+41,548-51,294*0.5800$$
$$-513-3,385-(35,351+51,294$$
$$*0.1900*240/\{360[1.2000$$
$$-1.0100]\})/0.9900]/0.3000$$
$$= 7,899 \text{ millions USD}$$

Law-8754:

If both (**q**= [C-P]/X= Quick or Acid Test Ratio= 1.01 times), (**I**= Interest Expense= 513 millions USD), (**A**= After Tax Income= 7,899 millions USD), (**v**= V/S= Variable Portion= 19.00%), (**S**= Sales or Revenues= 51,294 millions USD), (**p**= 360P/V= Procured Inventory Days= 240 Days), (**T**= Tax Paid= 3,385 millions USD), (**f**= F/S= Fixed Portion= 58.00%), (**M**= Margin of Contribution= 41,548 millions USD), (**U**= Utilized or Starting Capital= 64,720 millions USD), (**l** = L/E= Leverage or Gearing Ratio= 99.00%), (**c**= C/X= Current Ratio= 1.20 times), and (**Q**= Quoted Longterm Liabilities= 35,351 millions USD), then it's (**d**= Dividend Portion or Payout planned), is:

$$d = [U+M-Sf-I-T-(Q+Svp/\{360[c-q]\})/l\,]/A$$
$$= [64,720+41,548-51,294*0.5800$$
$$-513-3,385-(35,351+51,294$$
$$*0.1900*240/\{360[1.2000$$
$$-1.0100]\})/0.9900]/7,899$$
$$= 30.00\%$$

Law-8755:

If both (**q**= [C-P]/X= Quick or Acid Test Ratio= 1.01 times), (**I**= Interest Expense= 513 millions USD), (**A**= After Tax Income= 7,899 millions USD), (**d**= D/A= Dividend Portion or Payout= 30.00%), (**S**= Sales or Revenues= 51,294 millions USD), (**p**= 360P/V= Procured Inventory Days= 240 Days), (**T**= Tax Paid= 3,385 millions USD), (**f**= F/S= Fixed Portion= 58.00%), (**M**= Margin of Contribution= 41,548 millions USD), (**U**= Utilized or Starting Capital= 64,720 millions USD), (**l** = L/E= Leverage or Gearing Ratio= 99.00%), (**c**= C/X= Current Ratio= 1.20 times), and (**Q**= Quoted Longterm Liabilities= 35,351 millions USD), then it's (**v**= Variable Portion planned), is:

$$v= 360[c-q]\{l\ [U+M-Sf-I-T-Ad]-Q\}/[Sp]$$
$$= 360[1.2000-1.0100]\{0.9900$$
$$[64,720+41,548-51,294$$
$$*0.5800-513-3,385-7,899$$
$$*0.3000]-35,351\}$$
$$/[51,294*240]$$
$$= \underline{19.00\%}$$

Law-8756:

If both (**q**= [C-P]/X= Quick or Acid Test Ratio= 1.01 times), (**I**= Interest Expense= 513 millions USD), (**A**= After Tax Income= 7,899 millions USD), (**d**= D/A= Dividend Portion or Payout= 30.00%), (**S**= Sales or Revenues= 51,294 millions USD), (**v**= V/S= Variable Portion= 19.00%), (**T**= Tax Paid= 3,385 millions USD), (**f**= F/S= Fixed Portion= 58.00%), (**M**= Margin of Contribution= 41,548 millions USD), (**U**= Utilized or Starting Capital= 64,720 millions USD), (**l** = L/E= Leverage or Gearing Ratio= 99.00%), (**c**= C/X= Current Ratio= 1.20 times), and (**Q**= Quoted Longterm Liabilities= 35,351 millions USD), then it's (**p**= Procured Inventories Days planned), is:

$$
\begin{aligned}
\mathbf{p} &= 360[c-q]\{l\ [U+M-Sf-I-T-Ad]-Q\}/[Sv] \\
&= 360[1.2000-1.0100]\{0.9900 \\
&\qquad [64{,}720+41{,}548-51{,}294 \\
&\qquad *0.5800-513-3{,}385-7{,}899 \\
&\qquad *0.3000]-35{,}351\} \\
&\qquad /[51{,}294*0.1900] \\
&= \underline{240}\ \text{days}
\end{aligned}
$$

Law-8757:

If both ($q = [C-P]/X$ = Quick or Acid Test Ratio = 1.01 times), (I = Interest Expense = 513 millions USD), (A = After Tax Income = 7,899 millions USD), ($d = D/A$ = Dividend Portion or Payout = 30.00%), (S = Sales or Revenues = 51,294 millions USD), ($v = V/S$ = Variable Portion = 19.00%), (T = Tax Paid = 3,385 millions USD), ($f = F/S$ = Fixed Portion = 58.00%), (M = Margin of Contribution = 41,548 millions USD), (U = Utilized or Starting Capital = 64,720 millions USD), ($l = L/E$ = Leverage or Gearing Ratio = 99.00%), ($p = 360P/V$ = Procured Inventory Days = 240 Days), and (Q = Quoted Longterm Liabilities = 35,351 millions USD), then it's (c = Current Ratio planned), is:

$$c = q + Svp/(360\{l\,[U+M-Sf-I-T-Ad]-Q\})$$
$$= 1.0100 + 51{,}294 * 0.1900 * 240 / (360\{0.9900\,[64{,}720 + 41{,}548 - 51{,}294 * 0.5800 - 513 - 3{,}385 - 7{,}899 * 0.3000] - 35{,}351\})$$
$$= 1.20 \text{ times}$$

Law-8758:

If both (c= C/X= Current Ratio= 1.20 times), (I= Interest Expense= 513 millions USD), (A= After Tax Income= 7,899 millions USD), (d= D/A= Dividend Portion or Payout= 30.00%), (S= Sales or Revenues= 51,294 millions USD), (v= V/S= Variable Portion= 19.00%), (T= Tax Paid= 3,385 millions USD), (f= F/S= Fixed Portion= 58.00%), (M= Margin of Contribution= 41,548 millions USD), (U= Utilized or Starting Capital= 64,720 millions USD), (l = L/E= Leverage or Gearing Ratio= 99.00%), (p= 360P/V= Procured Inventory Days= 240 Days), and (Q= Quoted Longterm Liabilities= 35,351 millions USD), then it's (q= Quick or Acid Test Ratio planned), is:

q= c-Svp/(360{l [U+M-Sf-I-T-Ad]-Q})
   = 1.2000-51,294*0.1900*240
     /(360{0.9900 [64,720
     +41,548-51,294*0.5800
     -513-3,385-7,899*0.3000]
     -35,351})
   = 1.01 times

Law-8759:

If both (**c**= C/X= Current Ratio= 1.20 times), (**I**= Interest Expense= 513 millions USD), (**S'**= Sales of Past Year= 48,851 millions USD), (**s**= [S/S']-1= Sales Growth= 5.00%), (**A**= After Tax Income= 7,899 millions USD), (**d**= D/A= Dividend Portion or Payout= 30.00%), (**S**= Sales or Revenues= 51,294 millions USD), (**v**= V/S= Variable Portion= 19.00%), (**T**= Tax Paid= 3,385 millions USD), (**f**= F/S= Fixed Portion= 58.00%), (**M**= Margin of Contribution= 41,548 millions USD), (**U**= Utilized or Starting Capital= 64,720 millions USD), (**l** = L/E= Leverage or Gearing Ratio= 99.00%), (**p**= 360P/V= Procured Inventory Days= 240 Days), and (**q**= [C-P]/X= Quick or Acid Test Ratio= 1.01 times), then it's (**Q**= Quoted Longterm Liabilities planned), is:

$$Q = l[U+M-Sf-I-T-Ad]$$
$$-S'vp[1+s]/\{360\{c-q\}\}$$
$$= 0.9900[64,720+41,548-51,294$$
$$*0.5800-513-3,385-7,899$$
$$*0.3000]-48,851*0.1900$$
$$*240[1+0.0500]$$
$$/\{360[1.2000-1.0100]\}$$
$$= 35,351 \text{ millions USD}$$

Law-8760:

If both (**c**= C/X= Current Ratio= 1.20 times), (**I**= Interest Expense= 513 millions USD), (**S'**= Sales of Past Year= 48,851 millions USD), (**s**= [S/S']-1= Sales Growth= 5.00%), (**A**= After Tax Income= 7,899 millions USD), (**d**= D/A= Dividend Portion or Payout= 30.00%), (**S**= Sales or Revenues= 51,294 millions USD), (**v**= V/S= Variable Portion= 19.00%), (**T**= Tax Paid= 3,385 millions USD), (**f**= F/S= Fixed Portion= 58.00%), (**M**= Margin of Contribution= 41,548 millions USD), (**U**= Utilized or Starting Capital= 64,720 millions USD), (**Q**= Quoted Longterm Liabilities= 35,351 millions USD), (**p**= 360P/V= Procured Inventory Days= 240 Days), and (**q**= [C-P]/X= Quick or Acid Test Ratio= 1.01 times), then it's (**l** = Leverage or Gearing Ratio planned), is:

$$l = (Q+S'vp[1+s]/\{360[c-q]\})/[U+M-Sf-I-T-Ad]$$
$$= (35,351+48,851*0.1900*240[1+0.0500]/\{360[1.2000-1.0100]\})/[64,720+41,548-51,294*0.5800-513-3,385-7,899*0.3000]$$
$$= 99.00\%$$

Law-8761:

If both (**c**= C/X= Current Ratio= 1.20 times), (**I**= Interest Expense= 513 millions USD), (**S'**= Sales of Past Year= 48,851 millions USD), (**s**= [S/S']-1= Sales Growth= 5.00%), (**A**= After Tax Income= 7,899 millions USD), (**d**= D/A= Dividend Portion or Payout= 30.00%), (**S**= Sales or Revenues= 51,294 millions USD), (**v**= V/S= Variable Portion= 19.00%), (**T**= Tax Paid= 3,385 millions USD), (**f**= F/S= Fixed Portion= 58.00%), (**M**= Margin of Contribution= 41,548 millions USD), (**l** = L/E= Leverage or Gearing Ratio= 99.00%), (**Q**= Quoted Longterm Liabilities= 35,351 millions USD), (**p**= 360P/V= Procured Inventory Days= 240 Days), and (**q**= [C-P]/X= Quick or Acid Test Ratio= 1.01 times), then it's (**U**= Utilized or Starting Capital planned), is:

$$U = Sf+I+T+Ad+(Q+S'vp[1+s]/\{360\{c-q\}\})/l - M$$
$$= 51{,}294*0.5800+513+3{,}385+7{,}899$$
$$*0.3000+(35{,}351+48{,}851$$
$$*0.1900*240[1+0.0500]$$
$$/\{360[1.2000-1.0100]\})$$
$$/0.9900-41{,}548$$
$$= 64{,}720 \text{ millions USD}$$

Law-8762:

If both (**c**= C/X= Current Ratio= 1.20 times), (**I**= Interest Expense= 513 millions USD), (**S'**= Sales of Past Year= 48,851 millions USD), (**s**= [S/S']-1= Sales Growth= 5.00%), (**A**= After Tax Income= 7,899 millions USD), (**d**= D/A= Dividend Portion or Payout= 30.00%), (**S**= Sales or Revenues= 51,294 millions USD), (**v**= V/S= Variable Portion= 19.00%), (**T**= Tax Paid= 3,385 millions USD), (**f**= F/S= Fixed Portion= 58.00%), (**U**= Utilized or Starting Capital= 64,720 millions USD), (**l** = L/E= Leverage or Gearing Ratio= 99.00%), (**Q**= Quoted Longterm Liabilities= 35,351 millions USD), (**p**= 360P/V= Procured Inventory Days= 240 Days), and (**q**= [C-P]/X= Quick or Acid Test Ratio= 1.01 times), then it's (**M**= Margin of Contribution planned), is:

$$M = Sf+I+T+Ad+(Q+S'vp[1+s]/\{360\{c-q\}\})/l - U$$

$= 51,294*0.5800+513+3,385+7,899$
$*0.3000+(35,351+48,851$
$*0.1900*240[1+0.0500]$
$/\{360[1.2000-1.0100]\})$
$/0.9900-64,720$

= 41,548 millions USD

Law-8763:

If both (**c**= C/X= Current Ratio= 1.20 times), (**I**= Interest Expense= 513 millions USD), (**S'**= Sales of Past Year= 48,851 millions USD), (**s**= [S/S']-1= Sales Growth= 5.00%), (**A**= After Tax Income= 7,899 millions USD), (**d**= D/A= Dividend Portion or Payout= 30.00%), (**M**= Margin of Contribution= 41,548 millions USD), (**v**= V/S= Variable Portion= 19.00%), (**T**= Tax Paid= 3,385 millions USD), (**f**= F/S= Fixed Portion= 58.00%), (**U**= Utilized or Starting Capital= 64,720 millions USD), (**l** = L/E= Leverage or Gearing Ratio= 99.00%), (**Q**= Quoted Longterm Liabilities= 35,351 millions USD), (**p**= 360P/V= Procured Inventory Days= 240 Days), and (**q**= [C-P]/X= Quick or Acid Test Ratio= 1.01 times), then it's (**S**= Sales or Revenues planned), is:

$$S= [U+M-I-T-Ad-(Q+S'vp[1+s]/\{360\{c-q\}\})/l\,]/f$$

$= [64,720+41,548-513-3,385$
$\qquad -7,899*0.3000-(35,351$
$\qquad +48,851*0.1900*240$
$\qquad [1+0.0500]/\{360[1.2000$
$\qquad -1.0100]\})/0.9900]$
$\qquad /0.5800$

$= 51,294$ millions USD

Finance Construction-13, *Tim Asikin, Steve Asikin, Indra Senihardja*

<u>Law-8764</u>:
If both (**c**= C/X= Current Ratio= <u>1.20</u> times), (**I**= Interest Expense= <u>513</u> millions USD), (**S'**= Sales of Past Year= <u>48,851</u> millions USD), (**s**= [S/S']-1= Sales Growth= <u>5.00</u>%), (**A**= After Tax Income= <u>7,899</u> millions USD), (**d**= D/A= Dividend Portion or Payout= 30.00%), (**M**= Margin of Contribution= <u>41,548</u> millions USD), (**v**= V/S= Variable Portion= <u>19.00</u>%), (**T**= Tax Paid= <u>3,385</u> millions USD), (**S**= Sales or Revenues= <u>51,294</u> millions USD), (**U**= Utilized or Starting Capital= <u>64,720</u> millions USD), (***l*** = L/E= Leverage or Gearing Ratio= <u>99.00</u>%), (**Q**= Quoted Longterm Liabilities= <u>35,351</u> millions USD), (**p**= 360P/V= Procured Inventory Days= <u>240</u> Days), and (**q**= [C-P]/X= Quick or Acid Test Ratio= <u>1.01</u> times), then it's (**f**= Fixed Portion planned), is:

$$f = [U+M-I-T-Ad-(Q+S'vp[1+s]/\{360\{c-q\}\})/l\,]/S$$
$$= [64,720+41,548-513-3,385-7,899$$
$$*0.3000-(35,351+48,851$$
$$*0.1900*240[1+0.0500]$$
$$/\{360[1.2000-1.0100]\})$$
$$/0.9900]/51,294$$
$$= \underline{58.00\%}$$

Law-8765:

If both (**c**= C/X= Current Ratio= 1.20 times), (**f**= F/S= Fixed Portion= 58.00%), (**S'**= Sales of Past Year= 48,851 millions USD), (**s**= [S/S']-1= Sales Growth= 5.00%), (**A**= After Tax Income= 7,899 millions USD), (**d**= D/A= Dividend Portion or Payout= 30.00%), (**M**= Margin of Contribution= 41,548 millions USD), (**v**= V/S= Variable Portion= 19.00%), (**T**= Tax Paid= 3,385 millions USD), (**S**= Sales or Revenues= 51,294 millions USD), (**U**= Utilized or Starting Capital= 64,720 millions USD), (**l** = L/E= Leverage or Gearing Ratio= 99.00%), (**Q**= Quoted Longterm Liabilities= 35,351 millions USD), (**p**= 360P/V= Procured Inventory Days= 240 Days), and (**q**= [C-P]/X= Quick or Acid Test Ratio= 1.01 times), then it's (**I**= Interest Expense planned), is:

$$I= U+M-Sf-T-Ad-(Q+S'vp[1+s]/\{360\{c-q\}\})/l$$
$$= 64,720+41,548-51,294*0.5800$$
$$-3,385-7,899*0.3000$$
$$-(35,351+48,851*0.1900$$
$$*240[1+0.0500]/\{360$$
$$[1.2000-1.0100]\})/0.9900$$
$$= 513 \text{ millions USD}$$

Law-8766:

If both (**c**= C/X= Current Ratio= 1.20 times), (**f**= F/S= Fixed Portion= 58.00%), (**S'**= Sales of Past Year= 48,851 millions USD), (**s**= [S/S']-1= Sales Growth= 5.00%), (**A**= After Tax Income= 7,899 millions USD), (**d**= D/A= Dividend Portion or Payout= 30.00%), (**M**= Margin of Contribution= 41,548 millions USD), (**v**= V/S= Variable Portion= 19.00%), (**I**= Interest Expense= 513 millions USD), (**S**= Sales or Revenues= 51,294 millions USD), (**U**= Utilized or Starting Capital= 64,720 millions USD), (**l** = L/E= Leverage or Gearing Ratio= 99.00%), (**Q**= Quoted Longterm Liabilities= 35,351 millions USD), (**p**= 360P/V= Procured Inventory Days= 240 Days), and (**q**= [C-P]/X= Quick or Acid Test Ratio= 1.01 times), then it's (**T**= Tax Paid planned), is:

$$T = U+M-Sf-I-Ad-(Q+S'vp[1+s]/\{360[c-q]\})/l$$
$$= 64{,}720+41{,}548-51{,}294*0.5800$$
$$-513-7{,}899*0.3000-(35{,}351$$
$$+48{,}851*0.1900*240$$
$$[1+0.0500]/\{360[1.2000$$
$$-1.0100]\})/0.9900$$
$$= 3{,}385 \text{ millions USD}$$

Law-8767:

If both (**c**= C/X= Current Ratio= 1.20 times), (**f**= F/S= Fixed Portion= 58.00%), (**S'**= Sales of Past Year= 48,851 millions USD), (**s**= [S/S']-1= Sales Growth= 5.00%), (**T**= Tax Paid= 3,385 millions USD), (**d**= D/A= Dividend Portion or Payout= 30.00%), (**M**= Margin of Contribution= 41,548 millions USD), (**v**= V/S= Variable Portion= 19.00%), (**I**= Interest Expense= 513 millions USD), (**S**= Sales or Revenues= 51,294 millions USD), (**U**= Utilized or Starting Capital= 64,720 millions USD), (**l** = L/E= Leverage or Gearing Ratio= 99.00%), (**Q**= Quoted Longterm Liabilities= 35,351 millions USD), (**p**= 360P/V= Procured Inventory Days= 240 Days), and (**q**= [C-P]/X= Quick or Acid Test Ratio= 1.01 times), then it's (**A**= After Tax Income planned), is:

$$A = [U+M-Sf-I-T-(Q+S'vp[1+s]/\{360\{c-q\}\})/l\,]/d$$

$= [64,720+41,548-51,294*0.5800$
$\quad -513-3,385-(35,351+48,851$
$\quad *0.1900*240[1+0.0500]$
$\quad /\{360[1.2000-1.0100]\})$
$\quad /0.9900]/0.3000$

$= 7,899$ millions USD

Law-8768:

If both (**c**= C/X= Current Ratio= 1.20 times), (**f**= F/S= Fixed Portion= 58.00%), (**S'**= Sales of Past Year= 48,851 millions USD), (**s**= [S/S']-1= Sales Growth= 5.00%), (**T**= Tax Paid= 3,385 millions USD), (**A**= After Tax Income= 7,899 millions USD), (**M**= Margin of Contribution= 41,548 millions USD), (**v**= V/S= Variable Portion= 19.00%), (**I**= Interest Expense= 513 millions USD), (**S**= Sales or Revenues= 51,294 millions USD), (**U**= Utilized or Starting Capital= 64,720 millions USD), (**l** = L/E= Leverage or Gearing Ratio= 99.00%), (**Q**= Quoted Longterm Liabilities= 35,351 millions USD), (**p**= 360P/V= Procured Inventory Days= 240 Days), and (**q**= [C-P]/X= Quick or Acid Test Ratio= 1.01 times), then it's (**d**= Dividend Portion or Payout planned), is:

$$d = [U+M-Sf-I-T-(Q+S'vp[1+s]/\{360\{c-q\}\})/l\ ]/A$$

$$= [64,720+41,548-51,294*0.5800$$
$$-513-3,385-(35,351+48,851$$
$$*0.1900*240[1+0.0500]/\{360$$
$$[1.2000-1.0100]\})/0.9900]$$
$$/7,899$$

$$= 30.00\%$$

Law-8769:

If both (**c**= C/X= Current Ratio= 1.20 times), (**f**= F/S= Fixed Portion= 58.00%), (**d**= D/A= Dividend Portion or Payout= 30.00%), (**s**= [S/S']-1= Sales Growth= 5.00%), (**T**= Tax Paid= 3,385 millions USD), (**A**= After Tax Income= 7,899 millions USD), (**M**= Margin of Contribution= 41,548 millions USD), (**v**= V/S= Variable Portion= 19.00%), (**I**= Interest Expense= 513 millions USD), (**S**= Sales or Revenues= 51,294 millions USD), (**U**= Utilized or Starting Capital= 64,720 millions USD), (**l** = L/E= Leverage or Gearing Ratio= 99.00%), (**Q**= Quoted Longterm Liabilities= 35,351 millions USD), (**p**= 360P/V= Procured Inventory Days= 240 Days), and (**q**= [C-P]/X= Quick or Acid Test Ratio= 1.01 times), then it's (**S'**= Sales Past), must be:

$$S' = 360\{c-q\}\{l\ [U+M-Sf-I-T-Ad]-Q\}/\{vp[1+s]\}$$
$$= 360[1.2000-1.0100]\{0.9900$$
$$[64,720+41,548-51,294$$
$$*0.5800-513-3,385-7,899$$
$$*0.3000]-35,351\}/\{0.1900$$
$$*240[1+0.0500]\}$$
$$= 48,851 \text{ millions USD}$$

Law-8770:

If both (c= C/X= Current Ratio= 1.20 times), (f= F/S= Fixed Portion= 58.00%), (d= D/A=Dividend Portion or Payout= 30.00%), (s= [S/S']-1= Sales Growth= 5.00%), (T= Tax Paid= 3,385 millions USD), (A= After Tax Income= 7,899 millions USD), (M= Margin of Contribution= 41,548 millions USD), (S'= Sales of Past Year= 48,851 millions USD), (I= Interest Expense= 513 millions USD), (S= Sales or Revenues= 51,294 millions USD), (U= Utilized or Starting Capital= 64,720 millions USD), (l = L/E= Leverage or Gearing Ratio= 99.00%), (Q= Quoted Longterm Liabilities= 35,351 millions USD), (p= 360P/V= Procured Inventory Days= 240 Days), and (q= [C-P]/X= Quick or Acid Test Ratio= 1.01 times), then it's (v= Variable Portion planned), is:

$$v = 360\{c-q\}\{l\,[U+M-Sf-I-T-Ad]-Q\}/\{S'p[1+s]\}$$

$= 360[1.2000-1.0100]\{0.9900\,[64,720$
$\quad +41,548-51,294*0.5800-513$
$\quad -3,385-7,899*0.3000]-35,351\}$
$\quad /\{48,851*240[1+0.0500]\}$

$= 19.00\%$

Law-8771:

If both (**c**= C/X= Current Ratio= 1.20 times), (**f**= F/S= Fixed Portion= 58.00%), (**d**= D/A= Dividend Portion or Payout= 30.00%), (**s**= [S/S']-1= Sales Growth= 5.00%), (**T**= Tax Paid= 3,385 millions USD), (**A**= After Tax Income= 7,899 millions USD), (**M**= Margin of Contribution= 41,548 millions USD), (**S'**= Sales of Past Year= 48,851 millions USD), (**I**= Interest Expense= 513 millions USD), (**S**= Sales or Revenues= 51,294 millions USD), (**U**= Utilized or Starting Capital= 64,720 millions USD), (***l*** = L/E= Leverage or Gearing Ratio= 99.00%), (**Q**= Quoted Longterm Liabilities= 35,351 millions USD), (**v**= V/S= Variable Portion= 19.00%), and (**q**= [C-P]/X= Quick or Acid Test Ratio= 1.01 times), then it's (**v**= Variable Portion planned), is:

$$p = 360\{c-q\}\{l\ [U+M-Sf-I-T-Ad]-Q\}/\{S'v[1+s]\}$$
$$= 360[1.2000-1.0100]\{0.9900\ [64,720+41,548-51,294\ *0.5800-513-3,385-7,899\ *0.3000]-35,351\}/\{48,851\ *0.1900[1+0.0500]\}$$
$$= 240\ \text{days}$$

Law-8772:

If both (c= C/X= Current Ratio= 1.20 times), (f= F/S= Fixed Portion= 58.00%), (d= D/A= Dividend Portion or Payout= 30.00%), (v= V/S= Variable Portion= 19.00%), (T= Tax Paid= 3,385 millions USD), (A= After Tax Income= 7,899 millions USD), (M= Margin of Contribution= 41,548 millions USD), (S'= Sales of Past Year= 48,851 millions USD), (I= Interest Expense= 513 millions USD), (S= Sales or Revenues= 51,294 millions USD), (U= Utilized or Starting Capital= 64,720 millions USD), (l = L/E= Leverage or Gearing Ratio= 99.00%), (Q= Quoted Longterm Liabilities= 35,351 millions USD), (p= 360P/V= Procured Inventory Days= 240 Days), and (q= [C-P]/X= Quick or Acid Test Ratio= 1.01 times), then it's (s= Sales Growth planned), is:

$$s= 360\{c-q\}\{l\,[U+M-Sf-I-T-Ad]-Q\}/[S'vp]-1$$
$$= 360[1.2000-1.0100]\{0.9900$$
$$[64,720+41,548-51,294$$
$$*0.5800-513-3,385-7,899$$
$$*0.3000]-35,351\}/[48,851$$
$$*0.1900*240]-1$$
$$= \underline{5.00\%}$$

Law-8773:

If both (**s**= [S/S']-1= Sales Growth= 5.00%), (**f**= F/S= Fixed Portion= 58.00%), (**d**= D/A= Dividend Portion or Payout= 30.00%), (**v**= V/S= Variable Portion= 19.00%), (**T**= Tax Paid= 3,385 millions USD), (**A**= After Tax Income= 7,899 millions USD), (**M**= Margin of Contribution= 41,548 millions USD), (**S'**= Sales of Past Year= 48,851 millions USD), (**I**= Interest Expense= 513 millions USD), (**S**= Sales or Revenues= 51,294 millions USD), (**U**= Utilized or Starting Capital= 64,720 millions USD), (**l** = L/E= Leverage or Gearing Ratio= 99.00%), (**Q**= Quoted Longterm Liabilities= 35,351 millions USD), (**p**= 360P/V= Procured Inventory Days= 240 Days), and (**q**= [C-P]/X= Quick or Acid Test Ratio= 1.01 times), then it's (**c**= Current Ratio planned), is:

$$c = q + S'vp[1+s]/(360\{l\ [U+M-Sf-I-T-Ad]-Q\})$$
$$= 1.0100 + 48,851*0.1900*240$$
$$[1+0.0500]/(360\{0.9900$$
$$[64,720+41,548-51,294$$
$$*0.5800-513-3,385-7,899$$
$$*0.3000]-35,351\})$$
$$= \underline{1.20}\ \text{times}$$

Law-8774:

If both (**s**= [S/S']-1= Sales Growth= 5.00%), (**f**= F/S= Fixed Portion= 58.00%), (**d**= D/A= Dividend Portion or Payout= 30.00%), (**v**= V/S= Variable Portion= 19.00%), (**T**= Tax Paid= 3,385 millions USD), (**A**= After Tax Income= 7,899 millions USD), (**M**= Margin of Contribution= 41,548 millions USD), (**S'**= Sales of Past Year= 48,851 millions USD), (**I**= Interest Expense= 513 millions USD), (**S**= Sales or Revenues= 51,294 millions USD), (**U**= Utilized or Starting Capital= 64,720 millions USD), (***l*** = L/E= Leverage or Gearing Ratio= 99.00%), (**Q**= Quoted Longterm Liabilities= 35,351 millions USD), (**p**= 360P/V= Procured Inventory Days= 240 Days), and (**c**= C/X= Current Ratio= 1.20 times), then it's (**q**= Quick or Acid Test Ratio planned), is:

$$q = c - S'vp[1+s]/(360\{l\,[U+M-Sf-I-T-Ad]-Q\})$$
$= 1.2000 - 48{,}851*0.1900*240$
  $[1+0.0500]/(360\{0.9900$
  $[64{,}720+41{,}548-51{,}294$
  $*0.5800-513-3{,}385-7{,}899$
  $*0.3000]-35{,}351\})$
$= \underline{1.01}$ times

Law-8775:

If both (**f**= F/S= Fixed Portion= 58.00%), (**t**= T/B= Tax Rate= 30.00%), (**D**= Dividend Paid= 2,370 millions USD), (**M**= Margin of Contribution= 41,548 millions USD), (**I**= Interest Expense= 513 millions USD), (**S**= Sales or Revenues= 51,294 millions USD), (**U**= Utilized or Starting Capital= 64,720 millions USD), (**l** = L/E= Leverage or Gearing Ratio= 99.00%), and (**X**= Xpress or Current Debt= 34,196 millions USD), then it's (**Q**= Quoted Longterm Liabilities planned), is:

$$\begin{aligned}
Q &= l \{U+[M-Sf-I][1-t]-D\}-X \\
&= 0.9900\{64,720+[41,548-51,294 \\
&\quad *0.5800-513][1-0.3000] \\
&\quad -2,370\}-34,196 \\
&= 35,351 \text{ millions USD}
\end{aligned}$$

Law-8776:

If both (**f**= F/S= Fixed Portion= 58.00%), (**t**= T/B= Tax Rate= 30.00%), (**D**= Dividend Paid= 2,370 millions USD), (**M**= Margin of Contribution= 41,548 millions USD), (**I**= Interest Expense= 513 millions USD), (**S**= Sales or Revenues= 51,294 millions USD), (**U**= Utilized or Starting Capital= 64,720 millions USD), (**Q**= Quoted Longterm Liabilities= 35,351 millions USD), and (**X**= Xpress or Current Debt= 34,196 millions USD), then it's (**l** = Leverage or Gearing Ratio planned), is:

$$l = [Q+X]/\{U+[M-Sf-I][1-t]-D\}$$
$$= [35,351+34,196]/\{64,720+[41,548 -51,294*0.5800-513] [1-0.3000]-2,370\}$$
$$= 99.00\%$$

Law-8777:

If both (**f**= F/S= Fixed Portion= 58.00%), (**t**= T/B= Tax Rate= 30.00%), (**D**= Dividend Paid= 2,370 millions USD), (**M**= Margin of Contribution= 41,548 millions USD), (**I**= Interest Expense= 513 millions USD), (**S**= Sales or Revenues= 51,294 millions USD), (***l*** = L/E= Leverage or Gearing Ratio= 99.00%), (**Q**= Quoted Longterm Liabilities= 35,351 millions USD), and (**X**= Xpress or Current Debt= 34,196 millions USD), then it's (**U**= Utilized or Starting Capital planned), is:

$$U = D+[Q+X]/l - [M-Sf-I][1-t]$$
$$= 2,370+[35,351+34,196]/0.9900$$
$$-[41,548-51,294*0.5800$$
$$-513][1-0.3000]$$
$$= \underline{64,720} \text{ millions USD}$$

Law-8778:

If both (**f**= F/S= Fixed Portion= 58.00%), (**t**= T/B= Tax Rate= 30.00%), (**D**= Dividend Paid= 2,370 millions USD), (**U**= Utilized or Starting Capital= 64,720 millions USD), (**I**= Interest Expense= 513 millions USD), (**S**= Sales or Revenues= 51,294 millions USD), (***l*** = L/E= Leverage or Gearing Ratio= 99.00%), (**Q**= Quoted Longterm Liabilities= 35,351 millions USD), and (**X**= Xpress or Current Debt= 34,196 millions USD), then it's (**M**= Margin of Contribution planned), is:

$$M = Sf + I + \{D + [Q+X]/l - U\}/[1-t]$$
$$= 51,294*0.5800 + 513 + \{2,370$$
$$+ [35,351 + 34,196]/0.9900$$
$$- 64,720\}/[1-0.3000]$$
$$= \underline{41,548} \text{ millions USD}$$

Law-8779:

If both (**f**= F/S= Fixed Portion= 58.00%), (**t**= T/B= Tax Rate= 30.00%), (**D**= Dividend Paid= 2,370 millions USD), (**U**= Utilized or Starting Capital= 64,720 millions USD), (**I**= Interest Expense= 513 millions USD), (**M**= Margin of Contribution= 41,548 millions USD), (***l*** = L/E= Leverage or Gearing Ratio= 99.00%), (**Q**= Quoted Longterm Liabilities= 35,351 millions USD), and (**X**= Xpress or Current Debt= 34,196 millions USD), then it's (**S**= Sales or Revenues planned), is:

$$S = (U+M-I-\{D+[Q+X]/l-U\}/[1-t])/f$$
$$= (41{,}548-513-\{2{,}370+[35{,}351+34{,}196]/0.9900-64{,}720\}/[1-0.3000])/0.5800$$
$$= \underline{51{,}294} \text{ millions USD}$$

Law-8780:

If both (**S**= Sales or Revenues= 51,294 millions USD), (**D**= Dividend Paid= 2,370 millions USD), (**t**= T/B= Tax Rate= 30.00%), (**U**= Utilized or Starting Capital= 64,720 millions USD), (**I**= Interest Expense= 513 millions USD), (**M**= Margin of Contribution= 41,548 millions USD), (***l*** = L/E= Leverage or Gearing Ratio= 99.00%), (**Q**= Quoted Longterm Liabilities= 35,351 millions USD), and (**X**= Xpress or Current Debt= 34,196 millions USD), then it's (**f**= Fixed Portion planned), is:

$$f = (U+M-I-\{D+[Q+X]/l - U\}/[1-t])/S$$
$$= (41,548-513-\{2,370+[35,351+34,196]/0.9900-64,720\}/[1-0.3000])/51,294$$
$$= 58.00\%$$

Law-8781:

If both (**S**= Sales or Revenues= 51,294 millions USD), (**D**= Dividend Paid= 2,370 millions USD), (**t**= T/B= Tax Rate= 30.00%), (**U**= Utilized or Starting Capital= 64,720 millions USD), (**f**= F/S= Fixed Portion= 58.00%), (**M**= Margin of Contribution= 41,548 millions USD), (***l*** = L/E= Leverage or Gearing Ratio= 99.00%), (**Q**= Quoted Longterm Liabilities= 35,351 millions USD), and (**X**= Xpress or Current Debt= 34,196 millions USD), then it's (**I**= Interest Expense planned), is:

$$I= M-Sf-\{D+[Q+X]/l -U\}/[1-t]$$
$$= 41{,}548-51{,}294*0.5800-\{2{,}370$$
$$+[35{,}351+34{,}196]/0.9900$$
$$-64{,}720\}/[1-0.3000]$$
$$= \underline{513} \text{ millions USD}$$

Law-8782:

If both (**S**= Sales or Revenues= 51,294 millions USD), (**D**= Dividend Paid= 2,370 millions USD), (**U**= Utilized or Starting Capital= 64,720 millions USD), (**f**= F/S= Fixed Portion= 58.00%), (**I**= Interest Expense= 513 millions USD), (**M**= Margin of Contribution= 41,548 millions USD), (**I** = L/E= Leverage or Gearing Ratio= 99.00%), (**Q**= Quoted Longterm Liabilities= 35,351 millions USD), and (**X**= Xpress or Current Debt= 34,196 millions USD), then it's (**t**= Tax Rate planned), is:

$$t = 1 - \{D+[Q+X]/I - U\}/[M-Sf-I]$$
$$= 1 - \{2,370+[35,351+34,196]/0.9900 - 64,720\}/[41,548-51,294 *0.5800-513]$$
$$= 30.00\%$$

Law-8783:

If both (**S**= Sales or Revenues= 51,294 millions USD), (**t**= T/B= Tax Rate= 30.00%), (**U**= Utilized or Starting Capital= 64,720 millions USD), (**f**= F/S= Fixed Portion= 58.00%), (**I**= Interest Expense= 513 millions USD), (**M**= Margin of Contribution= 41,548 millions USD), (***l*** = L/E= Leverage or Gearing Ratio= 99.00%), (**Q**= Quoted Longterm Liabilities= 35,351 millions USD), and (**X**= Xpress or Current Debt= 34,196 millions USD), then it's (**D**= Dividend Paid planned), is:

$$D = U - [Q+X]/l + [M-Sf-I][1-t]$$
$$= 64,720 - [35,351 + 34,196]/0.9900$$
$$-64,720 + [41,548 - 51,294$$
$$*0.5800 - 513][1 - 0.3000]$$
$$= 2,370 \text{ millions USD}$$

Law-8784:

If both (**S**= Sales or Revenues= 51,294 millions USD), (**t**= T/B= Tax Rate= 30.00%), (**U**= Utilized or Starting Capital= 64,720 millions USD), (**f**= F/S= Fixed Portion= 58.00%), (**I**= Interest Expense= 513 millions USD), (**M**= Margin of Contribution= 41,548 millions USD), (**/** = L/E= Leverage or Gearing Ratio= 99.00%), (**Q**= Quoted Longterm Liabilities= 35,351 millions USD),and (**D**= Dividend Paid= 2,370 millions USD), then it's (**X**= Xpress or Current Debt planned), is:

$$X = l\{U+[M-Sf-I][1-t]-D\}-Q$$
$$= 0.9900\{64,720+[41,548-51,294*0.5800-513][1-0.3000]-2,370\}-35,351$$
$$= \underline{34,196} \text{ millions USD}$$

Law-8785:

If both (**S**= Sales or Revenues= 51,294 millions USD), (**t**= T/B= Tax Rate= 30.00%), (**U**= Utilized or Starting Capital= 64,720 millions USD), (**f**= F/S= Fixed Portion= 58.00%), (**I**= Interest Expense= 513 millions USD), (**M**= Margin of Contribution= 41,548 millions USD), (***l*** = L/E= Leverage or Gearing Ratio= 99.00%), (**q**= [C-P]/X= Quick or Acid Test Ratio= 1.01 times), (**c**= C/X= Current Ratio= 1.20 times), (**P**= Procured Inventories= 6,497 millions USD), and (**D**= Dividend Paid= 2,370 millions USD), then it's (**Q**= Quoted Longterm Liabilities planned), is:

$$Q = l\{U+[M-Sf-I][1-t]-D\}-P/[c-q]$$
$$= 0.9900\{64,720+[41,548-51,294$$
$$*0.5800-513][1-0.3000]$$
$$-2,370\}-6,497$$
$$/[1.2000-1.0100]$$
$$= 35,351 \text{ millions USD}$$

Law-8786:

If both (**S**= Sales or Revenues= 51,294 millions USD), (**t**= T/B= Tax Rate= 30.00%), (**U**= Utilized or Starting Capital= 64,720 millions USD), (**f**= F/S= Fixed Portion= 58.00%), (**I**= Interest Expense= 513 millions USD), (**M**= Margin of Contribution= 41,548 millions USD), (**Q**= Quoted Longterm Liabilities= 35,351 millions USD), (**q**= [C-P]/X= Quick or Acid Test Ratio= 1.01 times), (**c**= C/X= Current Ratio= 1.20 times), (**P**= Procured Inventories= 6,497 millions USD), and (**D**= Dividend Paid= 2,370 millions USD), then it's (**l** = Leverage or Gearing Ratio planned), is:

$$
\begin{aligned}
l &= \{Q+P/[c-q]\}/\{U+[M-Sf-I][1-t]-D\} \\
&= \{35,351+6,497/[1.2000-1.0100]\} \\
&\quad /\{64,720+[41,548-51,294 \\
&\quad *0.5800-513][1-0.3000] \\
&\quad -2,370\} \\
&= \underline{99.00\%}
\end{aligned}
$$

Law-8787:

If both (**S**= Sales or Revenues= 51,294 millions USD), (**t**= T/B= Tax Rate= 30.00%), (**l** = L/E= Leverage or Gearing Ratio= 99.00%), (**f**= F/S= Fixed Portion= 58.00%), (**I**= Interest Expense= 513 millions USD), (**M**= Margin of Contribution= 41,548 millions USD), (**Q**= Quoted Longterm Liabilities= 35,351 millions USD), (**q**= [C-P]/X= Quick or Acid Test Ratio= 1.01 times), (**c**= C/X= Current Ratio= 1.20 times), (**P**= Procured Inventories= 6,497 millions USD), and (**D**= Dividend Paid= 2,370 millions USD), then it's (**U**= Utilized or Starting Capital planned), is:

$$U= D+\{Q+P/[c-q]\}/l -[M-Sf-I][1-t]$$
$$= 2,370+\{35,351+6,497/[1.2000$$
$$-1.0100]\}/0.9900-[41,548$$
$$-51,294*0.5800-513]$$
$$[1-0.3000]$$
$$= 64,720 \text{ millions USD}$$

Law-8788:

If both (**S**= Sales or Revenues= 51,294 millions USD), (**t**= T/B= Tax Rate= 30.00%), (**l** = L/E= Leverage or Gearing Ratio= 99.00%), (**f**= F/S= Fixed Portion= 58.00%), (**I**= Interest Expense= 513 millions USD), (**U**= Utilized or Starting Capital= 64,720 millions USD), (**Q**= Quoted Longterm Liabilities= 35,351 millions USD), (**q**= [C-P]/X= Quick or Acid Test Ratio= 1.01 times), (**c**= C/X= Current Ratio= 1.20 times), (**P**= Procured Inventories= 6,497 millions USD), and (**D**= Dividend Paid= 2,370 millions USD), then it's (**M**= Margin of Contribution planned), is:

$$M = Sf+I+(D+\{Q+P/[c-q]\})/l - U/[1-t]$$
$$= 51,294*0.5800+513+(2,370$$
$$+\{35,351+6,497/[1.2000$$
$$-1.0100]\}/0.9900-64,720)$$
$$/[1-0.3000]$$
$$= 41,548 \text{ millions USD}$$

Law-8789:

If both (**M**= Margin of Contribution= 41,548 millions USD), (**t**= T/B= Tax Rate= 30.00%), (**l** = L/E= Leverage or Gearing Ratio= 99.00%), (**f**= F/S= Fixed Portion= 58.00%), (**I**= Interest Expense= 513 millions USD), (**U**= Utilized or Starting Capital= 64,720 millions USD), (**Q**= Quoted Longterm Liabilities= 35,351 millions USD), (**q**= [C-P]/X= Quick or Acid Test Ratio= 1.01 times), (**c**= C/X= Current Ratio= 1.20 times), (**P**= Procured Inventories= 6,497 millions USD), and (**D**= Dividend Paid= 2,370 millions USD), then it's (**S**= Sales or Revenues planned), is:

$$S = [M-I-(D+\{Q+P/[c-q]\})/l - U/[1-t]]/f$$
$$= [41,548-513-(2,370+\{35,351$$
$$+6,497/[1.2000-1.0100]\}$$
$$/0.9900-64,720)$$
$$/[1-0.3000]]/0.5800$$
$$= 51,294 \text{ millions USD}$$

Law-8790:

If both (**M**= Margin of Contribution= 41,548 millions USD), (**t**= T/B= Tax Rate= 30.00%), (**l** = L/E= Leverage or Gearing Ratio= 99.00%), (**S**= Sales or Revenues= 51,294 millions USD), (**I**= Interest Expense= 513 millions USD), (**U**= Utilized or Starting Capital= 64,720 millions USD), (**Q**= Quoted Longterm Liabilities= 35,351 millions USD), (**q**= [C-P]/X= Quick or Acid Test Ratio= 1.01 times), (**c**= C/X= Current Ratio= 1.20 times), (**P**= Procured Inventories= 6,497 millions USD), and (**D**= Dividend Paid= 2,370 millions USD), then it's (**f**= Fixed Portion planned), is:

$$f = [M-I-(D+\{Q+P/[c-q]\})/l - U/[1-t]]/S$$
$$= [41,548-513-(2,370+\{35,351 +6,497/[1.2000-1.0100]\} /0.9900-64,720)/[1-0.3000]] /51,294$$
$$= 58.00\%$$

Law-8791:

If both (**M**= Margin of Contribution= 41,548 millions USD), (**t**= T/B= Tax Rate= 30.00%), (***l*** = L/E= Leverage or Gearing Ratio= 99.00%), (**S**= Sales or Revenues= 51,294 millions USD), (**f**= F/S= Fixed Portion= 58.00%), (**U**= Utilized or Starting Capital= 64,720 millions USD), (**Q**= Quoted Longterm Liabilities= 35,351 millions USD), (**q**= [C-P]/X= Quick or Acid Test Ratio= 1.01 times), (**c**= C/X= Current Ratio= 1.20 times), (**P**= Procured Inventories= 6,497 millions USD), and (**D**= Dividend Paid= 2,370 millions USD), then it's (**I**= Interest Expense planned), is:

$$I = M-Sf-(D+\{Q+P/[c-q]\})/l - U/[1-t]$$
$$= 41{,}548-51{,}294*0.5800-(2{,}370$$
$$+\{35{,}351+6{,}497/[1.2000$$
$$-1.0100]\}/0.9900-64{,}720)$$
$$/[1-0.3000]$$
$$= \underline{513} \text{ millions USD}$$

Law-8792:

If both (**M**= Margin of Contribution= 41,548 millions USD), (**I**= Interest Expense= 513 millions USD), (***l*** = L/E= Leverage or Gearing Ratio= 99.00%), (**S**= Sales or Revenues= 51,294 millions USD), (**f**= F/S= Fixed Portion= 58.00%), (**U**= Utilized or Starting Capital= 64,720 millions USD), (**Q**= Quoted Longterm Liabilities= 35,351 millions USD), (**q**= [C-P]/X= Quick or Acid Test Ratio= 1.01 times), (**c**= C/X= Current Ratio= 1.20 times), (**P**= Procured Inventories= 6,497 millions USD), and (**D**= Dividend Paid= 2,370 millions USD), then it's (**t**= Tax Rate planned), is:

$$t = 1-(D+\{Q+P/[c-q]\})/l - U/[M-Sf-I]$$
$$= 1-(2,370+\{35,351+6,497/[1.2000-1.0100]\}/0.9900-64,720)/[41,548-51,294*0.5800-513]$$
$$= \underline{30.00\%}$$

Law-8793:

If both (**M**= Margin of Contribution= 41,548 millions USD), (**t**= T/B= Tax Rate= 30.00%), (***l*** = L/E= Leverage or Gearing Ratio= 99.00%), (**S**= Sales or Revenues= 51,294 millions USD), (**f**= F/S= Fixed Portion= 58.00%), (**U**= Utilized or Starting Capital= 64,720 millions USD), (**Q**= Quoted Longterm Liabilities= 35,351 millions USD), (**q**= [C-P]/X= Quick or Acid Test Ratio= 1.01 times), (**c**= C/X= Current Ratio= 1.20 times), (**P**= Procured Inventories= 6,497 millions USD), and (**I**= Interest Expense= 513 millions USD), then it's (**D**= Dividend Paid planned), is:

$$\begin{aligned}
\mathbf{D} &= U-\{Q+P/[c-q]\})/l + [M-Sf-I][1-t] \\
&= 64{,}720-\{35{,}351+6{,}497/[1.2000 \\
&\quad -1.0100]\}/0.9900+[41{,}548 \\
&\quad -51{,}294*0.5800-513] \\
&\quad [1-0.3000] \\
&= \underline{2{,}370} \text{ millions USD}
\end{aligned}$$

Law-8794:

If both (**M**= Margin of Contribution= 41,548 millions USD), (**t**= T/B= Tax Rate= 30.00%), (**l** = L/E= Leverage or Gearing Ratio= 99.00%), (**S**= Sales or Revenues= 51,294 millions USD), (**f**= F/S= Fixed Portion= 58.00%), (**U**= Utilized or Starting Capital= 64,720 millions USD), (**Q**= Quoted Longterm Liabilities= 35,351 millions USD), (**q**= [C-P]/X= Quick or Acid Test Ratio= 1.01 times), (**c**= C/X= Current Ratio= 1.20 times), (**D**= Dividend Paid= 2,370 millions USD), and (**I**= Interest Expense= 513 millions USD), then it's (**P**= Procured Inventories planned), is:

$$P = [c-q]\}(l \{[U+[M-Sf-I][1-t]-D\}-Q)$$
$$= [1.2000-1.0100](0.9900\{64,720$$
$$+[41,548-51,294*0.5800$$
$$-513][1-0.3000]-2,370\}$$
$$-35,351)$$
$$= \underline{6,497} \text{ millions USD}$$

Law-8795:

If both (**M**= Margin of Contribution= 41,548 millions USD), (**t**= T/B= Tax Rate= 30.00%), (***l*** = L/E= Leverage or Gearing Ratio= 99.00%), (**S**= Sales or Revenues= 51,294 millions USD), (**f**= F/S= Fixed Portion= 58.00%), (**U**= Utilized or Starting Capital= 64,720 millions USD), (**Q**= Quoted Longterm Liabilities= 35,351 millions USD), (**q**= [C-P]/X= Quick or Acid Test Ratio= 1.01 times), (**P**= Procured Inventories= 6,497 millions USD), (**D**= Dividend Paid= 2,370 millions USD), and (**I**= Interest Expense= 513 millions USD), then it's (**c**= Current Ratio planned), is:

$$c = q + P/(l\{[U+[M-Sf-I][1-t]-D\}-Q)$$
$$= 1.0100 + 6{,}497/(0.9900\{64{,}720$$
$$+[41{,}548-51{,}294*0.5800$$
$$-513][1-0.3000]-2{,}370\}$$
$$-35{,}351)$$
$$= \underline{1.20} \text{ times}$$

Law-8796:

If both (**M**= Margin of Contribution= 41,548 millions USD), (**t**= T/B= Tax Rate= 30.00%), (**l** = L/E= Leverage or Gearing Ratio= 99.00%), (**S**= Sales or Revenues= 51,294 millions USD), (**f**= F/S= Fixed Portion= 58.00%), (**U**= Utilized or Starting Capital= 64,720 millions USD), (**Q**= Quoted Longterm Liabilities= 35,351 millions USD), (**c**= C/X= Current Ratio= 1.20 times), (**P**= Procured Inventories= 6,497 millions USD), (**D**= Dividend Paid= 2,370 millions USD), and (**I**= Interest Expense= 513 millions USD), then it's (**q**= Quick or Acid Test Ratio planned), is:

$$q = c - P/(l\{[U+[M-Sf-I][1-t]-D\}-Q)$$
$$= 1.2000 - 6,497/(0.9900\{64,720$$
$$+[41,548-51,294*0.5800$$
$$-513][1-0.3000]-2,370\}$$
$$-35,351)$$
$$= \underline{1.01} \text{ times}$$

Law-8797:

If both (**M**= Margin of Contribution= 41,548 millions USD), (**t**= T/B= Tax Rate= 30.00%), (**l** = L/E= Leverage or Gearing Ratio= 99.00%), (**S**= Sales or Revenues= 51,294 millions USD), (**f**= F/S= Fixed Portion= 58.00%), (**U**= Utilized or Starting Capital= 64,720 millions USD), (**q**= [C-P]/X= Quick or Acid Test Ratio= 1.01 times), (**c**= C/X= Current Ratio= 1.20 times), (**p**= 360P/V= Procured Inventory Days= 240 Days), (**V**= Variable Cost= 9,746 millions USD), (**D**= Dividend Paid= 2,370 millions USD), and (**I**= Interest Expense= 513 millions USD), then it's (**Q**= Quoted Longterm Liabilities planned), is:

$$Q = l\{U+[M-Sf-I][1-t]-D\}-Vp/\{360[c-q]\}$$
$$= 0.9900\{64,720+[41,548-51,294$$
$$*0.5800-513][1-0.3000]$$
$$-2,370\}-9,746*240/\{360$$
$$[1.2000-1.0100]\}$$
$$= 35,351 \text{ millions USD}$$

Law-8798:

If both (**M**= Margin of Contribution= 41,548 millions USD), (**t**= T/B= Tax Rate= 30.00%), (**Q**= Quoted Longterm Liabilities= 35,351 millions USD), (**S**= Sales or Revenues= 51,294 millions USD), (**f**= F/S= Fixed Portion= 58.00%), (**U**= Utilized or Starting Capital= 64,720 millions USD), (**q**= [C-P]/X= Quick or Acid Test Ratio= 1.01 times), (**c**= C/X= Current Ratio= 1.20 times), (**p**= 360P/V= Procured Inventory Days= 240 Days), (**V**= Variable Cost= 9,746 millions USD), (**D**= Dividend Paid= 2,370 millions USD), and (**I**= Interest Expense= 513 millions USD), then it's (***l*** = Quoted Longterm Liabilities planned), is:

$$l = (Q+Vp/\{360[c-q]\})/\{U+[M-Sf-I][1-t]-D\} \; Vp/\{360[c-q]\}$$
$$= (35,351+9,746*240/\{360[1.2000-1.0100]\})/\{64,720+[41,548-51,294*0.5800-513][1-0.3000]-2,370\}$$
$$= 99.00\%$$

Law-8799:

If both (**M**= Margin of Contribution= 41,548 millions USD), (**t**= T/B= Tax Rate= 30.00%), (**Q**= Quoted Longterm Liabilities= 35,351 millions USD), (**S**= Sales or Revenues= 51,294 millions USD), (**f**= F/S= Fixed Portion= 58.00%), (***l*** = L/E= Leverage or Gearing Ratio= 99.00%), (**q**= [C-P]/X= Quick or Acid Test Ratio= 1.01 times), (**c**= C/X= Current Ratio= 1.20 times), (**p**= 360P/V= Procured Inventory Days= 240 Days), (**V**= Variable Cost= 9,746 millions USD), (**D**= Dividend Paid= 2,370 millions USD), and (**I**= Interest Expense= 513 millions USD), then it's (**U**= Utilized or Starting Capital planned), is:

$$U = D+(Q+Vp/\{360[c-q]\})/l - [M-Sf-I][1-t]$$
$$= 2,370+(35,351+9,746*240$$
$$/\{360[1.2000-1.0100]\})$$
$$/0.9900-[41,548-51,294$$
$$*0.5800-513][1-0.3000]$$
$$= 64,720 \text{ millions USD}$$

Law-8800:

If both (**U**= Utilized or Starting Capital= 64,720 millions USD), (**t**= T/B= Tax Rate= 30.00%), (Q= Quoted Longterm Liabilities= 35,351 millions USD), (**S**= Sales or Revenues= 51,294 millions USD), (**f**= F/S= Fixed Portion= 58.00%), (**l** = L/E= Leverage or Gearing Ratio= 99.00%), (**q**= [C-P]/X= Quick or Acid Test Ratio= 1.01 times), (**c**= C/X= Current Ratio= 1.20 times), (**p**= 360P/V= Procured Inventory Days= 240 Days), (**V**= Variable Cost= 9,746 millions USD), (**D**= Dividend Paid= 2,370 millions USD), and (**I**= Interest Expense= 513 millions USD), then it's (**M**= Margin of Contribution planned), is:

$$M = Sf + I + [D + (Q + Vp/\{360[c-q]\})/l - U]/[1-t]$$
$$= 51{,}294 * 0.5800 + 513 + [2{,}370$$
$$+ (35{,}351 + 9{,}746 * 240/\{360[1.2000 - 1.0100]\})/0.9900$$
$$- 64{,}720]/[1 - 0.3000]$$
$$= \underline{41{,}548} \text{ millions USD}$$

Law-8801:

If both (**U**= Utilized or Starting Capital= 64,720 millions USD), (**t**= T/B= Tax Rate= 30.00%), (Q= Quoted Longterm Liabilities= 35,351 millions USD), (**M**= Margin of Contribution= 41,548 millions USD), (**f**= F/S= Fixed Portion= 58.00%), (**l** = L/E= Leverage or Gearing Ratio= 99.00%), (**q**= [C-P]/X= Quick or Acid Test Ratio= 1.01 times), (**c**= C/X= Current Ratio= 1.20 times), (**p**= 360P/V= Procured Inventory Days= 240 Days), (**V**= Variable Cost= 9,746 millions USD), (**D**= Dividend Paid= 2,370 millions USD), and (**I**= Interest Expense= 513 millions USD), then it's (**S**= Sales or Revenues planned), is:

$$S = \{M-I-[D+(Q+Vp/\{360[c-q]\})/l -U]/[1-t]\}/f$$
$$= \{41,548-513-[2,370+(35,351 +9,746*240/\{360[1.2000 -1.0100]\})/0.9900-64,720] /[1-0.3000]\}/0.5800$$
$$= 51,294 \text{ millions USD}$$

Law-8802:

If both (**U**= Utilized or Starting Capital= 64,720 millions USD), (**t**= T/B= Tax Rate= 30.00%), (**Q**= Quoted Longterm Liabilities= 35,351 millions USD), (**M**= Margin of Contribution= 41,548 millions USD), (**S**= Sales or Revenues= 51,294 millions USD), (**l** = L/E= Leverage or Gearing Ratio= 99.00%), (**q**= [C-P]/X= Quick or Acid Test Ratio= 1.01 times), (**c**= C/X= Current Ratio= 1.20 times), (**p**= 360P/V= Procured Inventory Days= 240 Days), (**V**= Variable Cost= 9,746 millions USD), (**D**= Dividend Paid= 2,370 millions USD), and (**I**= Interest Expense= 513 millions USD), then it's (**f**= Fixed Portion planned), is:

$$f = \{M-I-[D+(Q+Vp/\{360[c-q]\})/l -U]/[1-t]\}/S$$
$$= \{41,548-513-[2,370+(35,351 +9,746*240/\{360[1.2000 -1.0100]\})/0.9900-64,720] /[1-0.3000]\}/51,294$$
$$= 58.00\%$$

Finance Construction-13, *Tim Asikin, Steve Asikin, Indra Senihardja*

Law-8803:

If both (**U**= Utilized or Starting Capital= 64,720 millions USD), (**t**= T/B= Tax Rate= 30.00%), (**Q**= Quoted Longterm Liabilities= 35,351 millions USD), (**M**= Margin of Contribution= 41,548 millions USD), (**S**= Sales or Revenues= 51,294 millions USD), (**l**= L/E= Leverage or Gearing Ratio= 99.00%), (**q**= [C-P]/X= Quick or Acid Test Ratio= 1.01 times), (**c**= C/X= Current Ratio= 1.20 times), (**p**= 360P/V= Procured Inventory Days= 240 Days), (**V**= Variable Cost= 9,746 millions USD), (**D**= Dividend Paid= 2,370 millions USD), and (**f**= F/S= Fixed Portion= 58.00%), then it's (**I**= Interest Expense planned), is:

$$I = M - Sf - [D + (Q + Vp/\{360[c-q]\})/l - U]/[1-t]$$
$$= 41{,}548 - 51{,}294 * 0.5800 - [2{,}370$$
$$ + (35{,}351 + 9{,}746 * 240 / \{360$$
$$ [1.2000 - 1.0100]\}) / 0.9900$$
$$ - 64{,}720] / [1 - 0.3000]$$
$$= \underline{513} \text{ millions USD}$$

Law-8804:

If both (**U**= Utilized or Starting Capital= 64,720 millions USD, (**I**= Interest Expense= 513 millions USD), (**Q**= Quoted Longterm Liabilities= 35,351 millions USD), (**M**= Margin of Contribution= 41,548 millions USD), (**S**= Sales or Revenues= 51,294 millions USD), (**l** = L/E= Leverage or Gearing Ratio= 99.00%), (**q**= [C-P]/X= Quick or Acid Test Ratio= 1.01 times), (**c**= C/X= Current Ratio= 1.20 times), (**p**= 360P/V= Procured Inventory Days= 240 Days), (**V**= Variable Cost= 9,746 millions USD), (**D**= Dividend Paid= 2,370 millions USD), and (**f**= F/S= Fixed Portion= 58.00%), then it's (**t**= Tax Rate planned), is:

$$t = 1-[D+(Q+Vp/\{360[c-q]\})/l - U]/[M-Sf-I]$$
$$= 1-[2,370+(35,351+9,746*240/\{360[1.2000-1.0100]\})/0.9900-64,720]/[41,548-51,294*0.5800-513]$$
$$= 30.00\%$$

Law-8805:

If both (**U**= Utilized or Starting Capital= 64,720 millions USD), (**t**= T/B= Tax Rate= 30.00%), (Q= Quoted Longterm Liabilities= 35,351 millions USD), (**M**= Margin of Contribution= 41,548 millions USD), (**S**= Sales or Revenues= 51,294 millions USD), (**l** = L/E= Leverage or Gearing Ratio= 99.00%), (**q**= [C-P]/X= Quick or Acid Test Ratio= 1.01 times), (**c**= C/X= Current Ratio= 1.20 times), (**p**= 360P/V= Procured Inventory Days= 240 Days), (**V**= Variable Cost= 9,746 millions USD), (**I**= Interest Expense= 513 millions USD), and (**f**= F/S= Fixed Portion= 58.00%), then it's (**D**= Dividend Paid planned), is:

$$D = U - (Q+Vp/\{360[c-q]\})/l + [M-Sf-I][1-t]$$
$$= 64,720 - (35,351 + 9,746*240$$
$$/\{360[1.2000 - 1.0100]\})$$
$$/0.9900 + [41,548 - 51,294$$
$$*0.5800 - 513][1 - 0.3000]$$
$$= \underline{2,370} \text{ millions USD}$$

Law-8806:

If both (**U**= Utilized or Starting Capital= 64,720 millions USD), (**t**= T/B= Tax Rate= 30.00%), (**Q**= Quoted Longterm Liabilities= 35,351 millions USD), (**M**= Margin of Contribution= 41,548 millions USD), (**S**= Sales or Revenues= 51,294 millions USD), (**l** = L/E= Leverage or Gearing Ratio= 99.00%), (**q**= [C-P]/X= Quick or Acid Test Ratio= 1.01 times), (**c**= C/X= Current Ratio= 1.20 times), (**p**= 360P/V= Procured Inventory Days= 240 Days), (**D**= Dividend Paid= 2,370 millions USD), (**I**= Interest Expense= 513 millions USD), and (**f**= F/S= Fixed Portion= 58.00%), then it's (**V**= Variable Cost planned), is:

$$V= 360[c-q](l\{U+[M-Sf-I][1-t]-D\}-Q)/p$$
$$= 360[1.2000-1.0100](0.9900$$
$$\{64,720+[41,548-51,294$$
$$*0.5800-513][1-0.3000]$$
$$-2,370\}-35,351)/240$$
$$= 9,746 \text{ millions USD}$$

Law-8807:

If both (**U**= Utilized or Starting Capital= 64,720 millions USD), (**t**= T/B= Tax Rate= 30.00%), (**Q**= Quoted Longterm Liabilities= 35,351 millions USD), (**M**= Margin of Contribution= 41,548 millions USD), (**S**= Sales or Revenues= 51,294 millions USD), (***l*** = L/E= Leverage or Gearing Ratio= 99.00%), (**q**= [C-P]/X= Quick or Acid Test Ratio= 1.01 times), (**c**= C/X= Current Ratio= 1.20 times), (**V**= Variable Cost= 9,746 millions USD), (**D**= Dividend Paid= 2,370 millions USD), (**I**= Interest Expense= 513 millions USD), and (**f**= F/S= Fixed Portion= 58.00%), then it's (**p**= Procured Inventory Days planned), is:

$$p = 360[c-q](l\ \{U+[M-Sf-I][1-t]-D\}-Q)/p$$
$$= 360[1.2000-1.0100](0.9900$$
$$\{64,720+[41,548-51,294$$
$$*0.5800-513][1-0.3000]$$
$$-2,370\}-35,351)/9,746$$
$$= \underline{240}\ \text{days}$$

Law-8808:

If both (**U**= Utilized or Starting Capital= 64,720 millions USD), (**t**= T/B= Tax Rate= 30.00%), (**Q**= Quoted Longterm Liabilities= 35,351 millions USD), (**M**= Margin of Contribution= 41,548 millions USD), (**S**= Sales or Revenues= 51,294 millions USD), (**l** = L/E= Leverage or Gearing Ratio= 99.00%), (**q**= [C-P]/X= Quick or Acid Test Ratio= 1.01 times), (**p**= 360P/V= Procured Inventory Days= 240 Days), (**V**= Variable Cost= 9,746 millions USD), (**D**= Dividend Paid= 2,370 millions USD), (**I**= Interest Expense= 513 millions USD), and (**f**= F/S= Fixed Portion= 58.00%), then it's (**c**= Current Ratio planned), is:

$$c = q + Vp/[360(l\{U+[M-Sf-I][1-t]-D\}-Q)]$$
$$= 1.0100 + 9,746*240/[360$$
$$(0.9900\{64,720+[41,548$$
$$-51,294*0.5800-513]$$
$$[1-0.3000]-2,370\}$$
$$-35,351)]$$
$$= \underline{1.20} \text{ times}$$

Law-8809:

If both (**U**= Utilized or Starting Capital= 64,720 millions USD), (**t**= T/B= Tax Rate= 30.00%), (**Q**= Quoted Longterm Liabilities= 35,351 millions USD), (**M**= Margin of Contribution= 41,548 millions USD), (**S**= Sales or Revenues= 51,294 millions USD), (***l*** = L/E= Leverage or Gearing Ratio= 99.00%), (**c**= C/X= Current Ratio= 1.20 times), (**p**= 360P/V= Procured Inventory Days= 240 Days), (**V**= Variable Cost= 9,746 millions USD), (**D**= Dividend Paid= 2,370 millions USD), (**I**= Interest Expense= 513 millions USD), and (**f**= F/S= Fixed Portion= 58.00%), then it's (**q**= Quick or Acid Test Ratio planned), is:

$$q = c - Vp/[360(l\{U+[M-Sf-I][1-t]-D\}-Q)]$$
$$= 1.2000 - 9{,}746 * 240/[360(0.9900\{64{,}720+[41{,}548-51{,}294*0.5800-513][1-0.3000]-2{,}370\}-35{,}351)]$$
$$= 1.01 \text{ times}$$

Law-8810:

If both (**U**= Utilized or Starting Capital= 64,720 millions USD), (**t**= T/B= Tax Rate= 30.00%), (**q**= [C-P]/X= Quick or Acid Test Ratio= 1.01 times), (**M**= Margin of Contribution= 41,548 millions USD), (**S**= Sales or Revenues= 51,294 millions USD), (**l** = L/E= Leverage or Gearing Ratio= 99.00%), (**c**= C/X= Current Ratio= 1.20 times), (**p**= 360P/V= Procured Inventory Days= 240 Days), (**v**= V/S= Variable Portion= 19.00%), (**D**= Dividend Paid= 2,370 millions USD), (**I**= Interest Expense= 513 millions USD), and (**f**= F/S= Fixed Portion= 58.00%), then it's (**Q**= Quoted Longterm Liabilities planned), is:

$$Q = l\{U+[M-Sf-I][1-t]-D\}-Svp/\{360[c-q]\}$$
$$= 0.9900\{64,720+[41,548-51,294$$
$$*0.5800-513][1-0.3000]$$
$$-2,370\}-51,294*0.1900$$
$$*240/\{360[1.2000-1.0100]\}$$
$$= 35,351 \text{ millions USD}$$

Law-8811:

If both (**U**= Utilized or Starting Capital= 64,720 millions USD), (**t**= T/B= Tax Rate= 30.00%), (**q**= [C-P]/X= Quick or Acid Test Ratio= 1.01 times), (**M**= Margin of Contribution= 41,548 millions USD), (**S**= Sales or Revenues= 51,294 millions USD), (**Q**= Quoted Longterm Liabilities= 35,351 millions USD), (**c**= C/X= Current Ratio= 1.20 times), (**p**= 360P/V= Procured Inventory Days= 240 Days), (**v**= V/S= Variable Portion= 19.00%), (**D**= Dividend Paid= 2,370 millions USD), (**I**= Interest Expense= 513 millions USD), and (**f**= F/S= Fixed Portion= 58.00%), then it's (**l** = Leverage or Gearing Ratio planned), is:

$$l = (Q+Svp/\{360[c-q]\})/\{U+[M-Sf-I][1-t]-D\}$$
$$= (35,351+51,294*0.1900*240$$
$$/\{360[1.2000-1.0100]\})$$
$$/\{64,720+[41,548-51,294$$
$$*0.5800-513][1-0.3000]$$
$$-2,370\}$$
$$= 99.00\%$$

Law-8812:

If both (I = L/E= Leverage or Gearing Ratio= 99.00%), (t= T/B= Tax Rate= 30.00%), (q= [C-P]/X= Quick or Acid Test Ratio= 1.01 times), (M= Margin of Contribution= 41,548 millions USD), (S= Sales or Revenues= 51,294 millions USD), (Q= Quoted Longterm Liabilities= 35,351 millions USD), (c= C/X= Current Ratio= 1.20 times), (p= 360P/V= Procured Inventory Days= 240 Days), (v= V/S= Variable Portion= 19.00%), (D= Dividend Paid= 2,370 millions USD), (I= Interest Expense= 513 millions USD), and (f= F/S= Fixed Portion= 58.00%), then it's (U= Utilized or Starting Capital planned), is:

$$U = D+(Q+Svp/\{360[c-q]\})/I - [M-Sf-I][1-t]$$
$$= 2,370+(35,351+51,294*0.1900$$
$$*240/\{360[1.2000$$
$$-1.0100]\})/0.9900-[41,548$$
$$-51,294*0.5800-513]$$
$$[1-0.3000]$$
$$= \underline{64,720} \text{ millions USD}$$

Law-8813:

If both (l = L/E= Leverage or Gearing Ratio= 99.00%), (**t**= T/B= Tax Rate= 30.00%), (**q**= [C-P]/X= Quick or Acid Test Ratio= 1.01 times), (**U**= Utilized or Starting Capital= 64,720 millions USD), (**S**= Sales or Revenues= 51,294 millions USD), (**Q**= Quoted Longterm Liabilities= 35,351 millions USD), (**c**= C/X= Current Ratio= 1.20 times), (**p**= 360P/V= Procured Inventory Days= 240 Days), (**v**= V/S= Variable Portion= 19.00%), (**D**= Dividend Paid= 2,370 millions USD), (**I**= Interest Expense= 513 millions USD), and (**f**= F/S= Fixed Portion= 58.00%), then it's (**M**= Margin of Contribution planned), is:

$$M = Sf + I + [D + (Q + Svp/\{360[c-q]\})/l - U]//[1-t]$$
$$= 51{,}294 * 0.5800 + 513 + [2{,}370$$
$$+ (35{,}351 + 51{,}294 * 0.1900$$
$$* 240/\{360[1.2000 - 1.0100]\})$$
$$/0.9900 - 64{,}720]/[1 - 0.3000]$$
$$= 41{,}548 \text{ millions USD}$$

Law-8814:

If both (**l** = L/E= Leverage or Gearing Ratio= 99.00%), (**t**= T/B= Tax Rate= 30.00%), (**q**= [C-P]/X= Quick or Acid Test Ratio= 1.01 times), (**U**= Utilized or Starting Capital= 64,720 millions USD), (**M**= Margin of Contribution= 41,548 millions USD), (**Q**= Quoted Longterm Liabilities= 35,351 millions USD), (**c**= C/X= Current Ratio= 1.20 times), (**p**= 360P/V= Procured Inventory Days= 240 Days), (**v**= V/S= Variable Portion= 19.00%), (**D**= Dividend Paid= 2,370 millions USD), (**I**= Interest Expense= 513 millions USD), and (**f**= F/S= Fixed Portion= 58.00%), then it's (**S**= Sales or Revenues planned), is:

$$S = \{M - I - [D + (Q + Svp/\{360[c-q]\})/l - U]/[1-t]\}/f$$

$$= \{41,548 - 513 - [2,370 + (35,351 \\ + 51,294*0.1900*240/\{360 \\ [1.2000-1.0100]\})/0.9900 \\ - 64,720]/[1-0.3000]\} \\ /0.5800$$

$$= \underline{51,294} \text{ millions USD}$$

Law-8815:

If both (l = L/E= Leverage or Gearing Ratio= 99.00%), (**t**= T/B= Tax Rate= 30.00%), (**q**= [C-P]/X= Quick or Acid Test Ratio= 1.01 times), (**U**= Utilized or Starting Capital= 64,720 millions USD), (**M**= Margin of Contribution= 41,548 millions USD), (**Q**= Quoted Longterm Liabilities= 35,351 millions USD), (**c**= C/X= Current Ratio= 1.20 times), (**p**= 360P/V= Procured Inventory Days= 240 Days), (**v**= V/S= Variable Portion= 19.00%), (**D**= Dividend Paid= 2,370 millions USD), (**I**= Interest Expense= 513 millions USD), and (**S**= Sales or Revenues= 51,294 millions USD), then it's (**f**= Fixed Portion planned), is:

$$f = \{M-I-[D+(Q+Svp/\{360[c-q]\})/l - U]/[1-t]\}/S$$

$$= \{41,548-513-[2,370+(35,351$$
$$+51,294*0.1900*240/\{360$$
$$[1.2000-1.0100]\})/0.9900$$
$$-64,720]/[1-0.3000]\}$$
$$/51,294$$
$$= 58.00\%$$

Law-8816:

If both (I = L/E= Leverage or Gearing Ratio= 99.00%), (t= T/B= Tax Rate= 30.00%), (q= [C-P]/X= Quick or Acid Test Ratio= 1.01 times), (U= Utilized or Starting Capital= 64,720 millions USD), (M= Margin of Contribution= 41,548 millions USD), (Q= Quoted Longterm Liabilities= 35,351 millions USD), (c= C/X= Current Ratio= 1.20 times), (p= 360P/V= Procured Inventory Days= 240 Days), (v= V/S= Variable Portion= 19.00%), (D= Dividend Paid= 2,370 millions USD), (f= F/S= Fixed Portion= 58.00%), and (S= Sales or Revenues= 51,294 millions USD), then it's (I= Interest Expense planned), is:

I = M-Sf-[D+(Q+Svp/{360[c-q]})/I -U]/[1-t]
  = 41,548-51,294*0.5800-[2,370
      +(35,351+51,294*0.1900
      *240/{360[1.2000-1.0100]})
      /0.9900-64,720]/[1-0.3000]
  = 513 millions USD

Law-8817:

If both (**l** = L/E= Leverage or Gearing Ratio= 99.00%), (**I**= Interest Expense= 513 millions USD), (**q**= [C-P]/X= Quick or Acid Test Ratio= 1.01 times), (**U**= Utilized or Starting Capital= 64,720 millions USD), (**M**= Margin of Contribution= 41,548 millions USD), (**Q**= Quoted Longterm Liabilities= 35,351 millions USD), (**c**= C/X= Current Ratio= 1.20 times), (**p**= 360P/V= Procured Inventory Days= 240 Days), (**v**= V/S= Variable Portion= 19.00%), (**D**= Dividend Paid= 2,370 millions USD), (**f**= F/S= Fixed Portion= 58.00%), and (**S**= Sales or Revenues= 51,294 millions USD), then it's (**t**= Tax Rate planned), is:

$$t = 1-[D+(Q+Svp/\{360[c-q]\})/l - U]/[M-Sf-I]$$
$$= 1-[2,370+(35,351+51,294*0.1900$$
$$*240/\{360[1.2000$$
$$-1.0100]\})/0.9900-64,720]$$
$$/[41,548-51,294*0.5800$$
$$-513]$$
$$= \underline{30.00\%}$$

Law-8818:

If both (**l** = L/E= Leverage or Gearing Ratio= 99.00%), (**I**= Interest Expense= 513 millions USD), (**q**= [C-P]/X= Quick or Acid Test Ratio= 1.01 times), (**U**= Utilized or Starting Capital= 64,720 millions USD), (**M**= Margin of Contribution= 41,548 millions USD), (**Q**= Quoted Longterm Liabilities= 35,351 millions USD), (**c**= C/X= Current Ratio= 1.20 times), (**p**= 360P/V= Procured Inventory Days= 240 Days), (**v**= V/S= Variable Portion= 19.00%), (**t**= T/B= Tax Rate= 30.00%), (f= F/S=Fixed Portion= 58.00%), and (**S**= Sales or Revenues= 51,294 millions USD), then it's (**D**= Dividend Paid planned), is:

$$D = U-(Q+Svp/\{360[c-q]\})/l + [M-Sf-I][1-t]$$
$$= 64{,}720-(35{,}351+51{,}294*0.1900$$
$$*240/\{360[1.2000$$
$$-1.0100]\})/0.9900+[41{,}548$$
$$-51{,}294*0.5800-513]$$
$$[1-0.3000]$$
$$= 2{,}370 \text{ millions USD}$$

Law-8819:

If both (I = L/E= Leverage or Gearing Ratio= 99.00%), (I= Interest Expense= 513 millions USD), (q= [C-P]/X= Quick or Acid Test Ratio= 1.01 times), (U= Utilized or Starting Capital= 64,720 millions USD), (M= Margin of Contribution= 41,548 millions USD), (Q= Quoted Longterm Liabilities= 35,351 millions USD), (c= C/X= Current Ratio= 1.20 times), (p= 360P/V= Procured Inventory Days= 240 Days), (D= Dividend Paid= 2,370 millions USD), (t= T/B= Tax Rate= 30.00%), (f= F/S= Fixed Portion= 58.00%), and (S= Sales or Revenues= 51,294 millions USD), then it's (v= Variable Portion planned), is:

$$v= 360[c-q](I \{U+[M-Sf-I][1-t]-D\}-Q)/[Sp]$$
$$= 360[1.2000-1.0100](0.9900$$
$$\{64,720+[41,548-51,294$$
$$*0.5800-513][1-0.3000]$$
$$-2,370\}-35,351)/[51,294$$
$$*240]$$
$$= 19.00\%$$

Law-8820:

If both (l = L/E= Leverage or Gearing Ratio= 99.00%), (I= Interest Expense= 513 millions USD), (q= [C-P]/X= Quick or Acid Test Ratio= 1.01 times), (U= Utilized or Starting Capital= 64,720 millions USD), (M= Margin of Contribution= 41,548 millions USD), (Q= Quoted Longterm Liabilities= 35,351 millions USD), (c= C/X= Current Ratio= 1.20 times), (v= V/S= Variable Portion= 19.00%), (D= Dividend Paid= 2,370 millions USD), (t= T/B= Tax Rate= 30.00%), (f= F/S= Fixed Portion= 58.00%), and (S= Sales or Revenues= 51,294 millions USD), then it's (p= Procured Inventory Days planned), is:

$$p = 360[c-q](l\{U+[M-Sf-I][1-t]-D\}-Q)/[Sv]$$
$$= 360[1.2000-1.0100](0.9900\{64,720$$
$$+[41,548-51,294*0.5800$$
$$-513][1-0.3000]-2,370\}$$
$$-35,351)/[51,294*0.1900]$$
$$= \underline{240} \text{ days}$$

Law-8821:

If both (l = L/E= Leverage or Gearing Ratio= 99.00%), (I= Interest Expense= 513 millions USD), (q= [C-P]/X= Quick or Acid Test Ratio= 1.01 times), (U= Utilized or Starting Capital= 64,720 millions USD), (M= Margin of Contribution= 41,548 millions USD), (Q= Quoted Longterm Liabilities= 35,351 millions USD), (p= 360P/V= Procured Inventory Days= 240 Days), (v= V/S= Variable Portion= 19.00%), (D= Dividend Paid= 2,370 millions USD), (t= T/B= Tax Rate= 30.00%), (f= F/S= Fixed Portion= 58.00%), and (S= Sales or Revenues= 51,294 millions USD), then it's (c= Current Ratio planned), is:

$$c = q+Svp/[360(l\{U+[M-Sf-I][1-t]-D\}-Q)]$$
$$= 1.0100+51,294*0.1900*240/[360$$
$$(0.9900\{64,720+[41,548$$
$$-51,294*0.5800-513]$$
$$[1-0.3000]-2,370\}$$
$$-35,351)]$$
$$= 1.20 \text{ times}$$

Law-8822:

If both (l = L/E= Leverage or Gearing Ratio= 99.00%), (**I**= Interest Expense= 513 millions USD), (**c**= C/X= Current Ratio= 1.20 times), (**U**= Utilized or Starting Capital= 64,720 millions USD), (**M**= Margin of Contribution= 41,548 millions USD), (**Q**= Quoted Longterm Liabilities= 35,351 millions USD), (**p**= 360P/V= Procured Inventory Days= 240 Days), (**v**= V/S= Variable Portion= 19.00%), (**D**= Dividend Paid= 2,370 millions USD), (**t**= T/B= Tax Rate= 30.00%), (**f**= F/S= Fixed Portion= 58.00%), and (**S**= Sales or Revenues= 51,294 millions USD), then it's (**q**= Quick or Acid Test Ratio planned), is:

$$q = c - Svp/[360(l\{U+[M-Sf-I][1-t]-D\}-Q)]$$
$$= 1.2000 - 51,294*0.1900*240/[360$$
$$(0.9900\{64,720+[41,548$$
$$-51,294*0.5800-513]$$
$$[1-0.3000]-2,370\}$$
$$-35,351)]$$
$$= 1.01 \text{ times}$$

Finance Construction-13, *Tim Asikin, Steve Asikin, Indra Senihardja*

Law-8823:

If both (I = L/E= Leverage or Gearing Ratio= 99.00%), (I= Interest Expense= 513 millions USD), (c= C/X= Current Ratio= 1.20 times), (S'= Sales of Past Year= 48,851 millions USD), (s= [S/S']-1= Sales Growth= 5.00%), (U= Utilized or Starting Capital= 64,720 millions USD), (M= Margin of Contribution= 41,548 millions USD), (q= [C-P]/X= Quick or Acid Test Ratio= 1.01 times), (p= 360P/V= Procured Inventory Days= 240 Days), (v= V/S= Variable Portion= 19.00%), (D= Dividend Paid= 2,370 millions USD), (t= T/B= Tax Rate= 30.00%), (f= F/S= Fixed Portion= 58.00%), and (S= Sales or Revenues= 51,294 millions USD), then it's (Q= Quoted Longterm Liabilities planned), is:

$$= I \{U+[M-Sf-I][1-t]-D\}$$
$$-S'vp[1+s]/\{360[c-q]\}$$
$$= 0.9900\{64,720+[41,548-51,294*0.5800-513][1-0.3000]-2,370\}-48,851*0.1900*240[1+0.0500]/\{360[1.2000-1.0100]\}$$
$$= 35,351 \text{ millions USD}$$

Law-8824:

If both (**Q**= Quoted Longterm Liabilities= 35,351 millions USD), (**I**= Interest Expense= 513 millions USD), (**c**= C/X= Current Ratio= 1.20 times), (**S'**= Sales of Past Year= 48,851 millions USD), (**s**= [S/S']-1= Sales Growth= 5.00%), (**U**= Utilized or Starting Capital= 64,720 millions USD), (**M**= Margin of Contribution= 41,548 millions USD), (**q**= [C-P]/X= Quick or Acid Test Ratio= 1.01 times), (**p**= 360P/V= Procured Inventory Days= 240 Days), (**v**= V/S= Variable Portion= 19.00%), (**D**= Dividend Paid= 2,370 millions USD), (**t**= T/B= Tax Rate= 30.00%), (**f**= F/S= Fixed Portion= 58.00%), and (**S**= Sales or Revenues= 51,294 millions USD), then it's (*I* = Leverage or Gearing Ratio planned), is:

$$I = (Q+S'vp[1+s]/\{360[c-q]\})/\{U+[M-Sf-I][1-t]-D\}$$
$$= (35,351+48,851*0.1900*240$$
$$[1+0.0500]/\{360[1.2000$$
$$-1.0100]\})/\{64,720+[41,548$$
$$-51,294*0.5800-513]$$
$$[1-0.3000]-2,370\}$$
$$= 99.00\%$$

Law-8825:

If both (**Q**= Quoted Longterm Liabilities= 35,351 millions USD), (**I**= Interest Expense= 513 millions USD), (**c**= C/X= Current Ratio= 1.20 times), (**S'**= Sales of Past Year= 48,851 millions USD), (**s**= [S/S']-1= Sales Growth= 5.00%), (**l** = L/E= Leverage or Gearing Ratio= 99.00%), (**M**= Margin of Contribution= 41,548 millions USD), (**q**= [C-P]/X= Quick or Acid Test Ratio= 1.01 times), (**p**= 360P/V= Procured Inventory Days= 240 Days), (**v**= V/S= Variable Portion= 19.00%), (**D**= Dividend Paid= 2,370 millions USD), (**t**= T/B= Tax Rate= 30.00%), (**f**= F/S= Fixed Portion= 58.00%), and (**S**= Sales or Revenues= 51,294 millions USD), then it's (**U**= Utilized or Starting Capital planned), is:

$$U = D+(Q+S'vp[1+s]/\{360[c-q]\})/l$$
$$-[M-Sf-I][1-t]$$
$$= 2,370 +(35,351+48,851*0.1900$$
$$*240[1+0.0500]/\{360$$
$$[1.2000-1.0100]\})/0.9900$$
$$-[41,548-51,294*0.5800$$
$$-513][1-0.3000]$$
$$= 64,720 \text{ millions USD}$$

Law-8826:

If both (**Q**= Quoted Longterm Liabilities= 35,351 millions USD), (**I**= Interest Expense= 513 millions USD), (**c**= C/X= Current Ratio= 1.20 times), (**S'**= Sales of Past Year= 48,851 millions USD), (**s**= [S/S']-1= Sales Growth= 5.00%), (**l** = L/E= Leverage or Gearing Ratio= 99.00%), (**U**= Utilized or Starting Capital= 64,720 millions USD), (**q**= [C-P]/X= Quick or Acid Test Ratio= 1.01 times), (**p**= 360P/V= Procured Inventory Days= 240 Days), (**v**= V/S= Variable Portion= 19.00%), (**D**= Dividend Paid= 2,370 millions USD), (**t**= T/B= Tax Rate= 30.00%), (**f**= F/S= Fixed Portion= 58.00%), and (**S**= Sales or Revenues= 51,294 millions USD), then it's (**M**= Margin of Contribution planned), is:

$$M = Sf + I + [D + (Q + S'vp[1+s]/\{360[c-q]\})/l - U]/[1-t]$$
$$= 51{,}294 * 0.5800 + 513 + [2{,}370$$
$$+ (35{,}351 + 48{,}851 * 0.1900$$
$$* 240[1+0.0500]/\{360[1.2000$$
$$-1.0100]\})/0.9900 - 64{,}720]$$
$$/[1-0.3000]$$
$$= \underline{41{,}548} \text{ millions USD}$$

Law-8827:

If both (**Q**= Quoted Longterm Liabilities= 35,351 millions USD), (**I**= Interest Expense= 513 millions USD), (**c**= C/X= Current Ratio= 1.20 times), (**S'**= Sales of Past Year= 48,851 millions USD), (**s**= [S/S']-1= Sales Growth= 5.00%), (**l** = L/E= Leverage or Gearing Ratio= 99.00%), (**U**= Utilized or Starting Capital= 64,720 millions USD), (**q**= [C-P]/X= Quick or Acid Test Ratio= 1.01 times), (**p**= 360P/V= Procured Inventory Days= 240 Days), (**v**= V/S= Variable Portion= 19.00%), (**D**= Dividend Paid= 2,370 millions USD), (**t**= T/B= Tax Rate= 30.00%), (**f**= F/S= Fixed Portion= 58.00%), and (**M**= Margin of Contribution= 41,548 millions USD), then it's (**S**= Sales or Revenues planned), is:

$$S = \{M-I-[D+(Q+S'vp[1+s]/\{360[c-q]\})/l - U]/[1-t]\}/f$$
$$= \{41,548-513-[2,370-(35,351+48,851*0.1900*240[1+0.0500]/\{360[1.2000-1.0100]\})/0.9900-64,720]/[1-0.3000]\}/0.5800$$
$$= 51,294 \text{ millions USD}$$

Law-8828:

If both (**Q**= Quoted Longterm Liabilities= 35,351 millions USD), (**I**= Interest Expense= 513 millions USD), (**c**= C/X= Current Ratio= 1.20 times), (**S'**= Sales of Past Year= 48,851 millions USD), (**s**= [S/S']-1= Sales Growth= 5.00%), (***l*** = L/E= Leverage or Gearing Ratio= 99.00%), (**U**= Utilized or Starting Capital= 64,720 millions USD), (**q**= [C-P]/X= Quick or Acid Test Ratio= 1.01 times), (**p**= 360P/V= Procured Inventory Days= 240 Days), (**v**= V/S= Variable Portion= 19.00%), (**D**= Dividend Paid= 2,370 millions USD), (**t**= T/B= Tax Rate= 30.00%), (**S**= Sales or Revenues= 51,294 millions USD), and (**M**= Margin of Contribution= 41,548 millions USD), then it's (**f**= Fixed Portion planned), is:

$$f = \{M-I-[D+(Q+S'vp[1+s]/\{360[c-q]\})/l - U]/[1-t]\}/S$$
$$= \{41,548-513-[2,370-(35,351+48,851 *0.1900*240[1+0.0500]/\{360 [1.2000-1.0100]\})/0.9900 -64,720]/[1-0.3000]\}/51,294$$
$$= 58.00\%$$

Law-8829:

If both (**Q**= Quoted Longterm Liabilities= 35,351 millions USD), (**f**= F/S= Fixed Portion= 58.00%), (**c**= C/X= Current Ratio= 1.20 times), (**S'**= Sales of Past Year= 48,851 millions USD), (**s**= [S/S']-1= Sales Growth= 5.00%), (**l** = L/E= Leverage or Gearing Ratio= 99.00%), (**U**= Utilized or Starting Capital= 64,720 millions USD), (**q**= [C-P]/X= Quick or Acid Test Ratio= 1.01 times), (**p**= 360P/V= Procured Inventory Days= 240 Days), (**v**= V/S= Variable Portion= 19.00%), (**D**= Dividend Paid= 2,370 millions USD), (**t**= T/B= Tax Rate= 30.00%), (**S**= Sales or Revenues= 51,294 millions USD), and (**M**= Margin of Contribution= 41,548 millions USD), then it's (**I**= Interest Expense planned), is:

$$I = M-Sf-[D+(Q+S'vp[1+s]/\{360[c-q]\})/l\ -U]/[1-t]$$
$$= 41,548-51,294*0.5800-[2,370$$
$$-(35,351+48,851*0.1900*240$$
$$[1+0.0500]/\{360[1.2000$$
$$-1.0100]\})/0.9900-64,720]$$
$$/[1-0.3000]$$
$$= 513 \text{ millions USD}$$

Law-8830:

If both (**Q**= Quoted Longterm Liabilities= 35,351 millions USD), (**f**= F/S= Fixed Portion= 58.00%), (**c**= C/X= Current Ratio= 1.20 times), (**S'**= Sales of Past Year= 48,851 millions USD), (**s**= [S/S']-1= Sales Growth= 5.00%), (**l** = L/E= Leverage or Gearing Ratio= 99.00%), (**U**= Utilized or Starting Capital= 64,720 millions USD), (**q**= [C-P]/X= Quick or Acid Test Ratio= 1.01 times), (**p**= 360P/V= Procured Inventory Days= 240 Days), (**v**= V/S= Variable Portion= 19.00%), (**D**= Dividend Paid= 2,370 millions USD), (**I**= Interest Expense= 513 millions USD), (**S**= Sales or Revenues= 51,294 millions USD), and (**M**= Margin of Contribution= 41,548 millions USD), then it's (**t**= Tax Rate planned), is:

$$t = 1-[D+(Q+S'vp[1+s]/\{360[c-q]\})/l - U]/[M-Sf-I]$$

$= 1-[2,370-(35,351+48,851*0.1900$
$*240[1+0.0500]/\{360$
$[1.2000-1.0100]\})/0.9900$
$-64,720]/[41,548-51,294$
$*0.5800-513]$

$= \underline{30.00\%}$

Law-8831:

If both (**Q**= Quoted Longterm Liabilities= 35,351 millions USD), (**f**= F/S= Fixed Portion= 58.00%), (**c**= C/X= Current Ratio= 1.20 times), (**S'**= Sales of Past Year= 48,851 millions USD), (**s**= [S/S']-1= Sales Growth= 5.00%), (**l** = L/E= Leverage or Gearing Ratio= 99.00%), (**U**= Utilized or Starting Capital= 64,720 millions USD), (**q**= [C-P]/X= Quick or Acid Test Ratio= 1.01 times), (**p**= 360P/V= Procured Inventory Days= 240 Days), (**v**= V/S= Variable Portion= 19.00%), (**t**= T/B= Tax Rate= 30.00%), (**I**= Interest Expense= 513 millions USD), (**S**= Sales or Revenues= 51,294 millions USD), and (**M**= Margin of Contribution= 41,548 millions USD), then it's (**D**= Dividend Paid planned), is:

$$\begin{aligned}
\mathbf{D} &= U-(Q+S'vp[1+s]/\{360[c-q]\})/l \\
&\quad +[M-Sf-I][1-t] \\
&= 64{,}720-(35{,}351+48{,}851*0.1900 \\
&\quad *240[1+0.0500]/\{360 \\
&\quad [1.2000-1.0100]\})/0.9900 \\
&\quad +[41{,}548-51{,}294*0.5800 \\
&\quad -513][1-0.3000] \\
&= 2{,}370 \text{ millions USD}
\end{aligned}$$

Law-8832:

If both (**Q**= Quoted Longterm Liabilities= 35,351 millions USD), (**f**= F/S= Fixed Portion= 58.00%), (**c**= C/X= Current Ratio= 1.20 times), (**D**= Dividend Paid= 2,370 millions USD), (**s**= [S/S']-1= Sales Growth= 5.00%), (***l*** = L/E= Leverage or Gearing Ratio= 99.00%), (**U**= Utilized or Starting Capital= 64,720 millions USD), (**q**= [C-P]/X= Quick or Acid Test Ratio= 1.01 times), (**p**= 360P/V= Procured Inventory Days= 240 Days), (**v**= V/S= Variable Portion= 19.00%), (**t**= T/B= Tax Rate= 30.00%), (**I**= Interest Expense= 513 millions USD), (**S**= Sales or Revenues= 51,294 millions USD), and (**M**= Margin of Contribution= 41,548 millions USD), then it's (**S'**= Sales Paid), must be:

$$S' = 360[c-q](l\{U+[M-Sf-I][1-t]-D\}-Q)/\{vp[1+s]\}$$
$$= 360[1.2000-1.0100](0.9900\{64,720+[41,548-51,294*0.5800-513][1-0.3000]-2,370\}-35,351)/\{0.1900*240[1+0.0500]\}$$
$$= 48,851 \text{ millions USD}$$

Law-8833:

If both (**Q**= Quoted Longterm Liabilities= 35,351 millions USD), (**f**= F/S= Fixed Portion= 58.00%), (**c**= C/X= Current Ratio= 1.20 times), (**D**= Dividend Paid= 2,370 millions USD), (**s**= [S/S']-1= Sales Growth= 5.00%), (**l** = L/E= Leverage or Gearing Ratio= 99.00%), (**U**= Utilized or Starting Capital= 64,720 millions USD), (**q**= [C-P]/X= Quick or Acid Test Ratio= 1.01 times), (**p**= 360P/V= Procured Inventory Days= 240 Days), (**S'**= Sales of Past Year= 48,851 millions USD), (**t**= T/B= Tax Rate= 30.00%), (**I**= Interest Expense= 513 millions USD), (**S**= Sales or Revenues= 51,294 millions USD), and (**M**= Margin of Contribution= 41,548 millions USD), then it's (**v**= Variable Portion planned), is:

$$v= 360[c-q](l\{U+[M-Sf-I][1-t]-D\}-Q)/\{S'p[1+s]\}$$
$$= 360[1.2000-1.0100](0.9900$$
$$\{64,720 +[41,548-51,294$$
$$*0.5800-513][1-0.3000]$$
$$-2,370\}-35,351)/\{48,851$$
$$*240[1+0.0500]\}$$
$$= 19.00\%$$

Law-8834:

If both (**Q**= Quoted Longterm Liabilities= 35,351 millions USD), (**f**= F/S= Fixed Portion= 58.00%), (**c**= C/X= Current Ratio= 1.20 times), (**D**= Dividend Paid= 2,370 millions USD), (**s**= [S/S']-1= Sales Growth= 5.00%), (***l*** = L/E= Leverage or Gearing Ratio= 99.00%), (**U**= Utilized or Starting Capital= 64,720 millions USD), (**q**= [C-P]/X= Quick or Acid Test Ratio= 1.01 times), (**v**= V/S= Variable Portion= 19.00%), (**S'**= Sales of Past Year= 48,851 millions USD), (**t**= T/B= Tax Rate= 30.00%), (**I**= Interest Expense= 513 millions USD), (**S**= Sales or Revenues= 51,294 millions USD), and (**M**= Margin of Contribution= 41,548 millions USD), then it's (**p**= Procured Inventory Days planned), is:

$$p = 360[c-q](l \{U+[M-Sf-I][1-t]-D\}-Q)/\{S'v[1+s]\}$$

$$= 360[1.2000-1.0100](0.9900\{64,720 +[41,548-51,294*0.5800-513][1-0.3000]-2,370\}-35,351)/\{48,851*0.1900[1+0.0500]\}$$

$$= \underline{240} \text{ days}$$

Law-8835:

If both (**Q**= Quoted Longterm Liabilities= 35,351 millions USD), (**f**= F/S= Fixed Portion= 58.00%), (**c**= C/X= Current Ratio= 1.20 times), (**D**= Dividend Paid= 2,370 millions USD), (**p**= 360P/V= Procured Inventory Days= 240 Days), (**l** = L/E= Leverage or Gearing Ratio= 99.00%), (**U**= Utilized or Starting Capital= 64,720 millions USD), (**q**= [C-P]/X= Quick or Acid Test Ratio= 1.01 times), (**v**= V/S= Variable Portion= 19.00%), (**S'**= Sales of Past Year= 48,851 millions USD), (**t**= T/B= Tax Rate= 30.00%), (**I**= Interest Expense= 513 millions USD), (**S**= Sales or Revenues= 51,294 millions USD), and (**M**= Margin of Contribution= 41,548 millions USD), then it's (**s**= Sales Growth planned), is:

$$s = 360[c-q](l\{U+[M-Sf-I][1-t]-D\}-Q)/[S'vp]-1$$

$= 360[1.2000-1.0100](0.9900$
$\{64,720 +[41,548-51,294$
$*0.5800-513][1-0.3000]$
$-2,370\}-35,351)/[48,851$
$*0.1900*240]-1$

$= 5.00\%$

Law-8836:

If both (**Q**= Quoted Longterm Liabilities= 35,351 millions USD), (**f**= F/S= Fixed Portion= 58.00%), (**s**= [S/S']-1= Sales Growth= 5.00%), (**D**= Dividend Paid= 2,370 millions USD), (**p**= 360P/V= Procured Inventory Days= 240 Days), (***l*** = L/E= Leverage or Gearing Ratio= 99.00%), (**U**= Utilized or Starting Capital= 64,720 millions USD), (**q**= [C-P]/X= Quick or Acid Test Ratio= 1.01 times), (**v**= V/S= Variable Portion= 19.00%), (**S'**= Sales of Past Year= 48,851 millions USD), (**t**= T/B= Tax Rate= 30.00%), (**I**= Interest Expense= 513 millions USD), (**S**= Sales or Revenues= 51,294 millions USD), and (**M**= Margin of Contribution= 41,548 millions USD), then it's (**c**= Current Ratio planned), is:

$$c = q + S'vp[1+s]/[360(l \{U+[M-Sf-I][1-t]-D\}-Q)]$$

$= 1.0100 + 48,851*0.1900*240$
$[1+0.0500] / [360(0.9900$
$\{64,720+[41,548-51,294$
$*0.5800-513][1-0.3000]$
$-2,370\}-35,351)]$

$= 1.20$ times

Law-8837:

If both (**Q**= Quoted Longterm Liabilities= 35,351 millions USD), (**f**= F/S= Fixed Portion= 58.00%), (**s**= [S/S']-1= Sales Growth= 5.00%), (**D**= Dividend Paid= 2,370 millions USD), (**p**= 360P/V= Procured Inventory Days= 240 Days), (**l** = L/E= Leverage or Gearing Ratio= 99.00%), (**U**= Utilized or Starting Capital= 64,720 millions USD), (**c**= C/X= Current Ratio= 1.20 times), (**v**= V/S= Variable Portion= 19.00%), (**S'**= Sales of Past Year= 48,851 millions USD), (**t**= T/B= Tax Rate= 30.00%), (**I**= Interest Expense= 513 millions USD), (**S**= Sales or Revenues= 51,294 millions USD), and (**M**= Margin of Contribution= 41,548 millions USD), then it's (**q**= Quick or Acid Test Ratio planned), is:

$$q = c - S'vp[1+s]/[360(l\{U+[M-Sf-I][1-t]-D\}-Q)]$$

$= 1.2000 - 48,851 * 0.1900 * 240$
$\quad [1+0.0500] / [360(0.9900$
$\quad \{64,720 + [41,548 - 51,294$
$\quad * 0.5800 - 513][1 - 0.3000]$
$\quad -2,370\} - 35,351)]$

$= 1.01$ times

Law-8838:

If both (**X**= Xpress or Current Debt= 34,196 millions USD), (**f**= F/S= Fixed Portion= 58.00%), (**A**= After Tax Income= 7,899 millions USD), (**d**= D/A= Dividend Portion or Payout= 30.00%), (**l** = L/E= Leverage or Gearing Ratio= 99.00%), (**U**= Utilized or Starting Capital= 64,720 millions USD), (**t**= T/B= Tax Rate= 30.00%), (I= Interest Expense= 513 millions USD), (**S**= Sales or Revenues= 51,294 millions USD), and (**M**= Margin of Contribution= 41,548 millions USD), then it's (**Q**= Quoted Longterm Liabilities planned), is:

$$Q = l\{U+[M-Sf-I][1-t]-Ad\}-X$$
$$= 0.9900\{64,720+[41,548-51,294$$
$$*0.5800-513][1-0.3000]$$
$$-7,899*0.3000\}-34,196$$
$$= \underline{35,351} \text{ millions USD}$$

Law-8839:

If both (**X**= Xpress or Current Debt= 34,196 millions USD), (**f**= F/S= Fixed Portion= 58.00%), (**A**= After Tax Income= 7,899 millions USD), (**d**= D/A= Dividend Portion or Payout= 30.00%), (**Q**= Quoted Longterm Liabilities= 35,351 millions USD), (**U**= Utilized or Starting Capital= 64,720 millions USD), (**t**= T/B= Tax Rate= 30.00%), (**I**= Interest Expense= 513 millions USD), (**S**= Sales or Revenues= 51,294 millions USD), and (**M**= Margin of Contribution= 41,548 millions USD), then it's (**l** = Leverage or Gearing Ratio planned), is:

$$l = [Q+X]/\{U+[M-Sf-I][1-t]-Ad\}$$
$$= [35,351+34,196]/\{64,720+[41,548 -51,294*0.5800-513][1-0.3000]-7,899*0.3000\}$$
$$= 99.00\%$$

Law-8840:

If both (**X**= Xpress or Current Debt= 34,196 millions USD), (**f**= F/S= Fixed Portion= 58.00%), (**A**= After Tax Income= 7,899 millions USD), (**d**= D/A= Dividend Portion or Payout= 30.00%), (**Q**= Quoted Longterm Liabilities= 35,351 millions USD), (**l** = L/E= Leverage or Gearing Ratio= 99.00%), (**t**= T/B= Tax Rate= 30.00%), (**I**= Interest Expense= 513 millions USD), (**S**= Sales or Revenues= 51,294 millions USD), and (**M**= Margin of Contribution= 41,548 millions USD), then it's (**U**= Utilized or Starting Capital planned), is:

$$U = Ad + [Q+X]/l - [M - Sf - I][1-t]$$
$$= 7,899*0.3000 + [35,351 + 34,196]$$
$$/0.9900 - [41,548 - 51,294$$
$$*0.5800 - 513][1 - 0.3000]$$
$$= \underline{64,720} \text{ millions USD}$$

Law-8841:

If both (**X**= Xpress or Current Debt= 34,196 millions USD), (**f**= F/S= Fixed Portion= 58.00%), (**A**= After Tax Income= 7,899 millions USD), (**d**= D/A= Dividend Portion or Payout= 30.00%), (**Q**= Quoted Longterm Liabilities= 35,351 millions USD), (**l** = L/E= Leverage or Gearing Ratio= 99.00%), (**t**= T/B= Tax Rate= 30.00%), (**I**= Interest Expense= 513 millions USD), (**S**= Sales or Revenues= 51,294 millions USD), and (**U**= Utilized or Starting Capital= 64,720 millions USD), then it's (**M**= Margin of Contribution planned), is:

$$M = Sf+I+\{Ad+[Q+X]/l -U\}/[1-t]$$
$$= 51,294*0.5800+513+\{7,899$$
$$*0.3000+[35,351+34,196]$$
$$/0.9900-64,720\}$$
$$/[1-0.3000]$$
$$= \underline{41,548} \text{ millions USD}$$

Finance Construction-13, *Tim Asikin, Steve Asikin, Indra Senihardja*

<u>Law-8842</u>:

If both (**X**= Xpress or Current Debt= <u>34,196</u> millions USD), (**f**= F/S= Fixed Portion= <u>58.00</u>%), (**A**= After Tax Income= <u>7,899</u> millions USD), (**d**= D/A= Dividend Portion or Payout= 30.00%), (**Q**= Quoted Longterm Liabilities= <u>35,351</u> millions USD), (**l** = L/E= Leverage or Gearing Ratio= <u>99.00</u>%), (**t**= T/B= Tax Rate= <u>30.00</u>%), (**I**= Interest Expense= <u>513</u> millions USD), (**M**= Margin of Contribution= <u>41,548</u> millions USD), and (**U**= Utilized or Starting Capital= <u>64,720</u> millions USD), then it's (**S**= Sales or Revenues planned), is:

$$S = (M - I - \{Ad + [Q+X]/l - U\}/[1-t])/f$$
$$= (41,548 - 513 - \{7,899 * 0.3000 + [35,351 + 34,196]/0.9900 - 64,720\}/[1-0.3000])/0.5800$$
$$= \underline{51,294} \text{ millions USD}$$

Law-8843:

If both (**X**= Xpress or Current Debt= 34,196 millions USD), (**S**= Sales or Revenues= 51,294 millions USD), (**A**= After Tax Income= 7,899 millions USD), (**d**= D/A= Dividend Portion or Payout= 30.00%), (**Q**= Quoted Longterm Liabilities= 35,351 millions USD), (**l** = L/E= Leverage or Gearing Ratio= 99.00%), (**t**= T/B= Tax Rate= 30.00%), (**I**= Interest Expense= 513 millions USD), (**M**= Margin of Contribution= 41,548 millions USD), and (**U**= Utilized or Starting Capital= 64,720 millions USD), then it's (**f**= Fixed Portion planned), is:

$$f = (M-I-\{Ad+[Q+X]/l - U\}/[1-t])/S$$
$$= (41,548-513-\{7,899*0.3000$$
$$+[35,351+34,196]/0.9900$$
$$-64,720\}/[1-0.3000])$$
$$/51,294$$
$$= \underline{58.00}\%$$

Law-8844:

If both (**X**= Xpress or Current Debt= 34,196 millions USD), (**S**= Sales or Revenues= 51,294 millions USD), (**A**= After Tax Income= 7,899 millions USD), (**d**= D/A= Dividend Portion or Payout= 30.00%), (**Q**= Quoted Longterm Liabilities= 35,351 millions USD), (*l* = L/E= Leverage or Gearing Ratio= 99.00%), (**t**= T/B= Tax Rate= 30.00%), (**f**= F/S= Fixed Portion= 58.00%), (**M**= Margin of Contribution= 41,548 millions USD), and (**U**= Utilized or Starting Capital= 64,720 millions USD), then it's (**I**= Interest Expense planned), is:

$$I = M - Sf - \{Ad + [Q+X]/l - U\}/[1-t]$$
$$= 41,548 - 51,294 * 0.5800 - \{7,899 * 0.3000 + [35,351 + 34,196] / 0.9900 - 64,720\} / [1 - 0.3000]$$
$$= \underline{513} \text{ millions USD}$$

Law-8845:

If both (**X**= Xpress or Current Debt= 34,196 millions USD), (**S**= Sales or Revenues= 51,294 millions USD), (**A**= After Tax Income= 7,899 millions USD), (**f**= F/S= Fixed Portion= 58.00%), (**d**= D/A= Dividend Portion or Payout= 30.00%), (**Q**= Quoted Longterm Liabilities= 35,351 millions USD), (**l** = L/E= Leverage or Gearing Ratio= 99.00%), (**I**= Interest Expense= 513 millions USD), (**M**= Margin of Contribution= 41,548 millions USD), and (**U**= Utilized or Starting Capital= 64,720 millions USD), then it's (**t**= Tax Rate planned), is:

$$t= 1-\{Ad+[Q+X]/l -U\}/[M-Sf-I]$$
$$= 1-\{7,899*0.3000+[35,351$$
$$+34,196]/0.9900-64,720\}$$
$$/[41,548-51,294*0.5800$$
$$-513]$$
$$= 30.00\%$$

Law-8845:

If both (**X**= Xpress or Current Debt= 34,196 millions USD), (**S**= Sales or Revenues= 51,294 millions USD), (**A**= After Tax Income= 7,899 millions USD), (**f**= F/S= Fixed Portion= 58.00%), (**d**= D/A= Dividend Portion or Payout= 30.00%), (**Q**= Quoted Longterm Liabilities= 35,351 millions USD), (**l** = L/E= Leverage or Gearing Ratio= 99.00%), (**I**= Interest Expense= 513 millions USD), (**M**= Margin of Contribution= 41,548 millions USD), and (**U**= Utilized or Starting Capital= 64,720 millions USD), then it's (**t**= Tax Rate planned), is:

$$t = 1 - \{Ad + [Q+X]/l - U\}/[M - Sf - I]$$
$$= 1 - \{7,899*0.3000 + [35,351 + 34,196]/0.9900 - 64,720\}/[41,548 - 51,294*0.5800 - 513]$$
$$= 30.00\%$$

Law-8846:

If both (**X**= Xpress or Current Debt= 34,196 millions USD), (**S**= Sales or Revenues= 51,294 millions USD), (**t**= T/B= Tax Rate= 30.00%), (**f**= F/S= Fixed Portion= 58.00%), (**d**= D/A= Dividend Portion or Payout= 30.00%), (**Q**= Quoted Longterm Liabilities= 35,351 millions USD), (**/** = L/E= Leverage or Gearing Ratio= 99.00%), (**I**= Interest Expense= 513 millions USD), (**M**= Margin of Contribution= 41,548 millions USD), and (**U**= Utilized or Starting Capital= 64,720 millions USD), then it's (**A**= After Tax Income planned), is:

$$A = ([M-Sf-I]][1-t]-\{[Q+X]/\mathit{l} -U\})/d$$
$$= ([41,548-51,294*0.5800-513]$$
$$[1-0.3000]-\{[35,351$$
$$+34,196]/0.9900$$
$$-64,720\})/0.3000$$
$$= 7,899 \text{ millions USD}$$

Law-8847:

If both (**X**= Xpress or Current Debt= 34,196 millions USD), (**S**= Sales or Revenues= 51,294 millions USD), (**t**= T/B= Tax Rate= 30.00%), (**f**= F/S= Fixed Portion= 58.00%), (**A**= After Tax Income= 7,899 millions USD), (**Q**= Quoted Longterm Liabilities= 35,351 millions USD), (**I** = L/E= Leverage or Gearing Ratio= 99.00%), (**I**= Interest Expense= 513 millions USD), (**M**= Margin of Contribution= 41,548 millions USD), and (**U**= Utilized or Starting Capital= 64,720 millions USD), then it's (**d**= Dividend portion or Payout planned), is:

$$d = ([M-Sf-I]|[1-t]-\{[Q+X]/I -U\})/A$$
$$= ([41,548-51,294*0.5800-513]$$
$$[1-0.3000]-\{[35,351$$
$$+34,196]/0.9900$$
$$-64,720\})/7,899$$
$$= 30.00\%$$

Law-8848:

If both (**d**= **D/A**= Dividend Portion or Payout= 30.00%), (**S**= Sales or Revenues= 51,294 millions USD), (**t**= **T/B**= Tax Rate= 30.00%), (**f**= **F/S**= Fixed Portion= 58.00%), (**A**= After Tax Income= 7,899 millions USD), (**Q**= Quoted Longterm Liabilities= 35,351 millions USD), (**I** = **L/E**= Leverage or Gearing Ratio= 99.00%), (**I**= Interest Expense= 513 millions USD), (**M**= Margin of Contribution= 41,548 millions USD), and (**U**= Utilized or Starting Capital= 64,720 millions USD), then it's (**X**= Xpress or Current Debt planned), is:

$$X = I\{U+[M-Sf-I]][1-t]-Ad\}-Q$$
$$= 0.9900\{64,720+[41,548-51,294$$
$$*0.5800-513][1-0.3000]$$
$$-7,899*0.3000\}-35,351$$
$$= \underline{34,196} \text{ millions USD}$$

Law-8849:

If both (**c**= C/X= Current Ratio= 1.20 times), (**S**= Sales or Revenues= 51,294 millions USD), (**q**= [C-P]/X= Quick or Acid Test Ratio= 1.01 times), (**P**= Procured Inventories= 6,497 millions USD), (**d**= D/A= Dividend Portion or Payout= 30.00%), (**t**= T/B= Tax Rate= 30.00%), (**f**= F/S= Fixed Portion= 58.00%), (**A**= After Tax Income= 7,899 millions USD), (**l** = L/E= Leverage or Gearing Ratio= 99.00%), (**I**= Interest Expense= 513 millions USD), (**M**= Margin of Contribution= 41,548 millions USD), and (**U**= Utilized or Starting Capital= 64,720 millions USD), then it's (**Q**= Quoted Longterm Liabilities planned), is:

$$Q = l\{U+[M-Sf-I]\}[1-t]-Ad\}-P/[c-q]$$
$$= 0.9900\{64,720+[41,548-51,294$$
$$*0.5800-513][1-0.3000]$$
$$-7,899*0.3000\}-6,497$$
$$/[1.2000-1.0100]\}$$
$$= 35,351 \text{ millions USD}$$

Law-8850:

If both (**c**= C/X= Current Ratio= 1.20 times), (**S**= Sales or Revenues= 51,294 millions USD), (**q**= [C-P]/X= Quick or Acid Test Ratio= 1.01 times), (**P**= Procured Inventories= 6,497 millions USD), (**d**= D/A= Dividend Portion or Payout= 30.00%), (**t**= T/B= Tax Rate= 30.00%), (f= F/S=Fixed Portion= 58.00%), (**A**= After Tax Income= 7,899 millions USD), (**Q**= Quoted Longterm Liabilities= 35,351 millions USD), (**I**= Interest Expense= 513 millions USD), (**M**= Margin of Contribution= 41,548 millions USD), and (**U**= Utilized or Starting Capital= 64,720 millions USD), then it's (**l** = Leverage or Gearing Ratio planned), is:

$$l = \{Q+P/[c-q]\}/\{U+[M-Sf-I]][1-t]-Ad\}$$
$$= \{35,351+6,497/[1.2000-1.0100]\}$$
$$/\{64,720+[41,548-51,294$$
$$*0.5800-513][1-0.3000]$$
$$-7,899*0.3000\}$$
$$= 99.00\%$$

Law-8851:

If both (**c**= C/X= Current Ratio= 1.20 times), (**S**= Sales or Revenues= 51,294 millions USD), (**q**= [C-P]/X= Quick or Acid Test Ratio= 1.01 times), (**P**= Procured Inventories= 6,497 millions USD), (**d**= D/A= Dividend Portion or Payout= 30.00%), (**t**= T/B= Tax Rate= 30.00%), (**f**= F/S= Fixed Portion= 58.00%), (**A**= After Tax Income= 7,899 millions USD), (**Q**= Quoted Longterm Liabilities= 35,351 millions USD), (**I**= Interest Expense= 513 millions USD), (**M**= Margin of Contribution= 41,548 millions USD), and (*l* = L/E= Leverage or Gearing Ratio= 99.00%), then it's (**U**= Utilized or Starting Capital planned), is:

$$U = Ad + \{Q+P/[c-q]\}/l - [M-Sf-I][1-t]$$
$$= 7,899*0.3000 + \{35,351+6,497 / [1.2000-1.0100]\}/0.9900 - [41,548-51,294*0.5800 - 513][1-0.3000]$$
$$= \underline{64,720} \text{ millions USD}$$

Law-8852:

If both (**c**= C/X= Current Ratio= 1.20 times), (**S**= Sales or Revenues= 51,294 millions USD), (**q**= [C-P]/X= Quick or Acid Test Ratio= 1.01 times), (**P**= Procured Inventories= 6,497 millions USD), (**d**= D/A= Dividend Portion or Payout= 30.00%), (**t**= T/B= Tax Rate= 30.00%), (**f**= F/S= Fixed Portion= 58.00%), (**A**= After Tax Income= 7,899 millions USD), (**Q**= Quoted Longterm Liabilities= 35,351 millions USD), (**I**= Interest Expense= 513 millions USD), (**U**= Utilized or Starting Capital= 64,720 millions USD), and (**l** = L/E= Leverage or Gearing Ratio= 99.00%), then it's (**M**= Margin of Contribution planned), is:

$$M = Sf + I + (Ad + \{Q + P/[c-q]\}/l - U)/[1-t]$$
$$= 51{,}294 * 0.5800 + 513 + (7{,}899$$
$$* 0.3000 + \{35{,}351 + 6{,}497$$
$$/[1.2000 - 1.0100]\}/0.9900$$
$$- 64{,}720)/[1 - 0.3000]$$
$$= 41{,}548 \text{ millions USD}$$

Law-8853:

If both (**c**= C/X= Current Ratio= 1.20 times), (**M**= Margin of Contribution= 41,548 millions USD), (**q**= [C-P]/X= Quick or Acid Test Ratio= 1.01 times), (**P**= Procured Inventories= 6,497 millions USD), (**d**= D/A= Dividend Portion or Payout= 30.00%), (**t**= T/B= Tax Rate= 30.00%), (**f**= F/S= Fixed Portion= 58.00%), (**A**= After Tax Income= 7,899 millions USD), (**Q**= Quoted Longterm Liabilities= 35,351 millions USD), (**I**= Interest Expense= 513 millions USD), (**U**= Utilized or Starting Capital= 64,720 millions USD), and (***l*** = L/E= Leverage or Gearing Ratio= 99.00%), then it's (**S**= Sales or Revenues planned), is:

$$S = [M-I-(Ad+\{Q+P/[c-q]\}/l - U)/[1-t]]/f$$
$$= [41,548-513-(7,899*0.3000$$
$$+\{35,351+6,497/[1.2000$$
$$-1.0100]\}/0.9900-64,720)$$
$$/[1-0.3000]]/0.5800$$
$$= 51,294 \text{ millions USD}$$

Law-8854:

If both (**c**= C/X= Current Ratio= 1.20 times), (**M**= Margin of Contribution= 41,548 millions USD), (**q**= [C-P]/X= Quick or Acid Test Ratio= 1.01 times), (**P**= Procured Inventories= 6,497 millions USD), (**d**= D/A= Dividend Portion or Payout= 30.00%), (**t**= T/B= Tax Rate= 30.00%), (**S**= Sales or Revenues= 51,294 millions USD), (**A**= After Tax Income= 7,899 millions USD), (**Q**= Quoted Longterm Liabilities= 35,351 millions USD), (**I**= Interest Expense= 513 millions USD), (**U**= Utilized or Starting Capital= 64,720 millions USD), and (**l** = L/E= Leverage or Gearing Ratio= 99.00%), then it's (**f**= Fixed Portion planned), is:

$$f= [M-I-(Ad+\{Q+P/[c-q]\}/l -U)/[1-t]]/S$$
$$= [41,548-513-(7,899*0.3000$$
$$+\{35,351+6,497/[1.2000$$
$$-1.0100]\}/0.9900-64,720)$$
$$/[1-0.3000]]/51,294$$
$$= 58.00\%$$

Law-8855:

If both (**c**= C/X= Current Ratio= 1.20 times), (**M**= Margin of Contribution= 41,548 millions USD), (**q**= [C-P]/X= Quick or Acid Test Ratio= 1.01 times), (**P**= Procured Inventories= 6,497 millions USD), (**d**= D/A= Dividend Portion or Payout= 30.00%), (**t**= T/B= Tax Rate= 30.00%), (**S**= Sales or Revenues= 51,294 millions USD), (**A**= After Tax Income= 7,899 millions USD), (**Q**= Quoted Longterm Liabilities= 35,351 millions USD), (**f**= F/S= Fixed Portion= 58.00%), (**U**= Utilized or Starting Capital= 64,720 millions USD), and (**l** = L/E= Leverage or Gearing Ratio= 99.00%), then it's (**I**= Interest Expense planned), is:

$$I = M - Sf - (Ad + \{Q + P/[c-q]\}/l - U)/[1-t]$$
$$= 41{,}548 - 51{,}294 * 0.5800 - (7{,}899$$
$$* 0.3000 + \{35{,}351 + 6{,}497$$
$$/[1.2000 - 1.0100]\}/0.9900$$
$$- 64{,}720)/[1 - 0.3000]$$
$$= 513 \text{ millions USD}$$

Law-8856:

If both (**c**= C/X= Current Ratio= 1.20 times), (**M**= Margin of Contribution= 41,548 millions USD), (**q**= [C-P]/X= Quick or Acid Test Ratio= 1.01 times), (**P**= Procured Inventories= 6,497 millions USD), (**d**= D/A= Dividend Portion or Payout= 30.00%), (**I**= Interest Expense= 513 millions USD), (**S**= Sales or Revenues= 51,294 millions USD), (**A**= After Tax Income= 7,899 millions USD), (**Q**= Quoted Longterm Liabilities= 35,351 millions USD), (**f**= F/S= Fixed Portion= 58.00%), (**U**= Utilized or Starting Capital= 64,720 millions USD), and (**l** = L/E= Leverage or Gearing Ratio= 99.00%), then it's (**t**= Tax Rate planned), is:

$$
\begin{aligned}
t &= 1-(Ad+\{Q+P/[c-q]\}/l -U)/[M-Sf-I] \\
&= 1-(7,899*0.3000+\{35,351+6,497 \\
&\quad /[1.2000-1.0100]\}/0.9900 \\
&\quad -64,720)/[41,548-51,294 \\
&\quad *0.5800-513] \\
&= 30.00\%
\end{aligned}
$$

Law-8857:

If both (**c**= C/X= Current Ratio= 1.20 times), (**M**= Margin of Contribution= 41,548 millions USD), (**q**= [C-P]/X= Quick or Acid Test Ratio= 1.01 times), (**P**= Procured Inventories= 6,497 millions USD), (**d**= D/A= Dividend Portion or Payout= 30.00%), (**I**= Interest Expense= 513 millions USD), (**S**= Sales or Revenues= 51,294 millions USD), (**t**= T/B= Tax Rate= 30.00%), (**Q**= Quoted Longterm Liabilities= 35,351 millions USD), (**f**= F/S= Fixed Portion= 58.00%), (**U**= Utilized or Starting Capital= 64,720 millions USD), and (***l*** = L/E= Leverage or Gearing Ratio= 99.00%), then it's (**A**= After Tax Income planned), is:

$$A = ([M-Sf-I][1-t]-\{Q+P/[c-q]\}/l - U)/d$$
$$= ([41,548-51,294*0.5800-513]$$
$$[1-0.3000]-\{35,351+6,497$$
$$/[1.2000-1.0100]\}/0.9900$$
$$-64,720)/0.3000$$
$$= 7,899 \text{ millions USD}$$

Law-8858:

If both (**c**= C/X= Current Ratio= 1.20 times), (**M**= Margin of Contribution= 41,548 millions USD), (**q**= [C-P]/X= Quick or Acid Test Ratio= 1.01 times), (**P**= Procured Inventories= 6,497 millions USD), (**A**= After Tax Income= 7,899 millions USD), (**I**= Interest Expense= 513 millions USD), (**S**= Sales or Revenues= 51,294 millions USD), (**t**= T/B= Tax Rate= 30.00%), (**Q**= Quoted Longterm Liabilities= 35,351 millions USD), (**f**= F/S= Fixed Portion= 58.00%), (**U**= Utilized or Starting Capital= 64,720 millions USD), and (**l** = L/E= Leverage or Gearing Ratio= 99.00%), then it's (**d**= Dividend Portion or Payout planned), is:

$$d = ([M-Sf-I][1-t]-\{Q+P/[c-q]\}/l - U)/A$$
$$= ([41,548-51,294*0.5800-513]$$
$$[1-0.3000]-\{35,351+6,497$$
$$/[1.2000-1.0100]\}/0.9900$$
$$-64,720)/7,899$$
$$= 30.00\%$$

Law-8859:

If both (c= C/X= Current Ratio= 1.20 times), (M= Margin of Contribution= 41,548 millions USD), (q= [C-P]/X= Quick or Acid Test Ratio= 1.01 times), (d= D/A= Dividend Portion or Payout= 30.00%), (A= After Tax Income= 7,899 millions USD), (I= Interest Expense= 513 millions USD), (S= Sales or Revenues= 51,294 millions USD), (t= T/B= Tax Rate= 30.00%), (Q= Quoted Longterm Liabilities= 35,351 millions USD), (f= F/S= Fixed Portion= 58.00%), (U= Utilized or Starting Capital= 64,720 millions USD), and (l = L/E= Leverage or Gearing Ratio= 99.00%), then it's (P= Procured Inventories planned), is:

$$P = [c-q](l\ \{U+[M-Sf-I][1-t]-Ad\}-Q)$$
$$= [1.2000-1.0100](0.9900\{64,720$$
$$+[41,548-51,294*0.5800$$
$$-513][1-0.3000]-7,899$$
$$*0.3000\}-35,351)$$
$$= \underline{6,497}\text{ millions USD}$$

Law-8860:

If both (**P**= Procured Inventories= 6,497 millions USD), (**M**= Margin of Contribution= 41,548 millions USD), (**q**= [C-P]/X= Quick or Acid Test Ratio= 1.01 times), (**d**= D/A= Dividend Portion or Payout= 30.00%), (**A**= After Tax Income= 7,899 millions USD), (**I**= Interest Expense= 513 millions USD), (**S**= Sales or Revenues= 51,294 millions USD), (**t**= T/B= Tax Rate= 30.00%), (**Q**= Quoted Longterm Liabilities= 35,351 millions USD), (**f**= F/S= Fixed Portion= 58.00%), (**U**= Utilized or Starting Capital= 64,720 millions USD), and (***l*** = L/E= Leverage or Gearing Ratio= 99.00%), then it's (**c**= Current Ratio planned), is:

$$c= q+P/(l \{U+[M-Sf-I][1-t]-Ad\}-Q)$$
$$= 1.0100+6,497/(0.9900\{64,720$$
$$+[41,548-51,294*0.5800$$
$$-513][1-0.3000]-7,899$$
$$*0.3000\}-35,351)$$
$$= 1.20 \text{ times}$$

Law-8861:

If both (**P**= Procured Inventories= 6,497 millions USD), (**M**= Margin of Contribution= 41,548 millions USD), (**c**= C/X= Current Ratio= 1.20 times), (**d**= D/A= Dividend Portion or Payout= 30.00%), (**A**= After Tax Income= 7,899 millions USD), (**I**= Interest Expense= 513 millions USD), (**S**= Sales or Revenues= 51,294 millions USD), (**t**= T/B= Tax Rate= 30.00%), (**Q**= Quoted Longterm Liabilities= 35,351 millions USD), (**f**= F/S= Fixed Portion= 58.00%), (**U**= Utilized or Starting Capital= 64,720 millions USD), and (**l** = L/E= Leverage or Gearing Ratio= 99.00%), then it's (**q**= Quick or Acid Test Ratio planned), is:

$$q= c-P/(l \{U+[M-Sf-I][1-t]-Ad\}-Q)$$
$$= 1.2000-6,497/(0.9900\{64,720 \\ +[41,548-51,294*0.5800 \\ -513][1-0.3000]-7,899 \\ *0.3000\}-35,351)$$
$$= 1.01 \text{ times}$$

Law-8862:

If both (**p**= 360P/V= Procured Inventory Days= 240 Days), (**V**= Variable Cost= 9,746 millions USD), (**M**= Margin of Contribution= 41,548 millions USD), (**c**= C/X= Current Ratio= 1.20 times), (**d**= D/A= Dividend Portion or Payout= 30.00%), (**A**= After Tax Income= 7,899 millions USD), (**I**= Interest Expense= 513 millions USD), (**S**= Sales or Revenues= 51,294 millions USD), (**t**= T/B= Tax Rate= 30.00%), (**q**= [C-P]/X= Quick or Acid Test Ratio= 1.01 times), (**f**= F/S=Fixed Portion= 58.00%), (**U**= Utilized or Starting Capital= 64,720 millions USD), and (**l** = L/E= Leverage or Gearing Ratio= 99.00%), then it's (**Q**= Quoted Longterm Liabilities planned), is:

$$Q = l\{U+[M-Sf-I][1-t]-Ad\}-Vp/\{360[c-q]\}$$
$$= 0.9900\{64,720+[41,548-51,294$$
$$*0.5800-513][1-0.3000]$$
$$-7,899*0.3000\}-9,746*240$$
$$/\{360[1.2000-1.0100]\}$$
$$= 35,351 \text{ millions USD}$$

Law-8863:

If both (**p**= 360P/V= Procured Inventory Days= 240 Days), (**V**= Variable Cost= 9,746 millions USD), (**M**= Margin of Contribution= 41,548 millions USD), (**c**= C/X= Current Ratio= 1.20 times), (**d**= D/A= Dividend Portion or Payout= 30.00%), (**A**= After Tax Income= 7,899 millions USD), (**I**= Interest Expense= 513 millions USD), (**S**= Sales or Revenues= 51,294 millions USD), (**t**= T/B= Tax Rate= 30.00%), (**q**= [C-P]/X= Quick or Acid Test Ratio= 1.01 times), (**f**= F/S= Fixed Portion= 58.00%), (**U**= Utilized or Starting Capital= 64,720 millions USD), and (**Q**= Quoted Longterm Liabilities= 35,351 millions USD), then it's (**l** = Leverage or Gearing Ratio planned), is:

$$\begin{aligned}
l &= (Q+Vp/\{360[c-q]\}) \\
&\quad /\{U+[M-Sf-I][1-t]-Ad\} \\
&= (35{,}351+9{,}746*240/\{360[1.2000 \\
&\quad -1.0100]\})/\{64{,}720+[41{,}548 \\
&\quad -51{,}294*0.5800-513] \\
&\quad [1-0.3000]-7{,}899*0.3000\} \\
&= \underline{99.00\%}
\end{aligned}$$

Law-8864:

If both (**p**= 360P/V= Procured Inventory Days= 240 Days), (**V**= Variable Cost= 9,746 millions USD), (**M**= Margin of Contribution= 41,548 millions USD), (**c**= C/X= Current Ratio= 1.20 times), (**d**= D/A= Dividend Portion or Payout= 30.00%), (**A**= After Tax Income= 7,899 millions USD), (**I**= Interest Expense= 513 millions USD), (**S**= Sales or Revenues= 51,294 millions USD), (**t**= T/B= Tax Rate= 30.00%), (**q**= [C-P]/X= Quick or Acid Test Ratio= 1.01 times), (**f**= F/S= Fixed Portion= 58.00%), (**l** = L/E= Leverage or Gearing Ratio= 99.00%), and (**Q**= Quoted Longterm Liabilities= 35,351 millions USD), then it's (**U**= Utilized or Starting Capital planned), is:

$$U = Ad + (Q + Vp/\{360[c-q]\})/l - [M - Sf - I][1 - t]$$

$= 7,899*0.3000 + (35,351 + 9,746$
$*240/\{360[1.2000$
$-1.0100]\})/0.9900 - [41,548$
$-51,294*0.5800 - 513]$
$[1 - 0.3000]$

$= 64,720$ millions USD

Finance Construction-13, *Tim Asikin, Steve Asikin, Indra Senihardja*

<u>Law-8865</u>:

If both (**p**= 360P/V= Procured Inventory Days= <u>240</u> Days), (**V**= Variable Cost= <u>9,746</u> millions USD), (**U**= Utilized or Starting Capital= <u>64,720</u> millions USD), (**c**= C/X= Current Ratio= <u>1.20</u> times), (**d**= D/A= Dividend Portion or Payout= 30.00%), (**A**= After Tax Income= <u>7,899</u> millions USD), (**I**= Interest Expense= <u>513</u> millions USD), (**S**= Sales or Revenues= <u>51,294</u> millions USD), (**t**= T/B= Tax Rate= <u>30.00</u>%), (**q**= [C-P]/X= Quick or Acid Test Ratio= <u>1.01</u> times), (**f**= F/S= Fixed Portion= <u>58.00</u>%), (**l** = L/E= Leverage or Gearing Ratio= <u>99.00</u>%), and (**Q**= Quoted Longterm Liabilities= <u>35,351</u> millions USD), then it's (**M**= Margin of Contribution planned), is:

$$M = Sf + I + [Ad + (Q + Vp/\{360[c-q]\})/l - U]/[1-t]$$
$$= 51{,}294 * 0.5800 + 513 + [7{,}899 * 0.3000 + (35{,}351 + 9{,}746 * 240/\{360[1.2000-1.0100]\})/0.9900 - 64{,}720]/[1-0.3000]$$
$$= \underline{41{,}548} \text{ millions USD}$$

Law-8866:

If both (**p**= 360P/V= Procured Inventory Days= 240 Days), (**V**= Variable Cost= 9,746 millions USD), (**U**= Utilized or Starting Capital= 64,720 millions USD), (**c**= C/X= Current Ratio= 1.20 times), (**d**= D/A= Dividend Portion or Payout= 30.00%), (**A**= After Tax Income= 7,899 millions USD), (**I**= Interest Expense= 513 millions USD), (**M**= Margin of Contribution= 41,548 millions USD), (**t**= T/B= Tax Rate= 30.00%), (**q**= [C-P]/X= Quick or Acid Test Ratio= 1.01 times), (**f**= F/S= Fixed Portion= 58.00%), (**l** = L/E= Leverage or Gearing Ratio= 99.00%), and (**Q**= Quoted Longterm Liabilities= 35,351 millions USD), then it's (**S**= Sales or Revenues planned), is:

$$S = \{M - I - [Ad + (Q + Vp/\{360[c-q]\})/l - U]/[1-t]\}/f$$
$$= \{41{,}548 - 513 - [7{,}899 * 0.3000 + (35{,}351 + 9{,}746 * 240/\{360[1.2000 - 1.0100]\})/0.9900 - 64{,}720]/[1 - 0.3000]\}/0.5800$$
$$= 51{,}294 \text{ millions USD}$$

Law-8867:

If both (**p**= 360P/V= Procured Inventory Days= 240 Days), (**V**= Variable Cost= 9,746 millions USD), (**U**= Utilized or Starting Capital= 64,720 millions USD), (**c**= C/X= Current Ratio= 1.20 times), (**d**= D/A= Dividend Portion or Payout= 30.00%), (**A**= After Tax Income= 7,899 millions USD), (**I**= Interest Expense= 513 millions USD), (**M**= Margin of Contribution= 41,548 millions USD), (**t**= T/B= Tax Rate= 30.00%), (**q**= [C-P]/X= Quick or Acid Test Ratio= 1.01 times), (**S**= Sales or Revenues= 51,294 millions USD), (***l*** = L/E= Leverage or Gearing Ratio= 99.00%), and (**Q**= Quoted Longterm Liabilities= 35,351 millions USD), then it's (**f**= Fixed Portion planned), is:

$$f = [M-I-[Ad+(Q+Vp/\{360[c-q]\})/l - U]/[1-t]]/S$$
$$= [41{,}548-513-[7{,}899*0.3000$$
$$+(35{,}351+9{,}746*240/\{360$$
$$[1.2000-1.0100]\})/0.9900$$
$$-64{,}720]/[1-0.3000]]$$
$$/51{,}294$$
$$= \underline{58.00\%}$$

Law-8868:

If both (**p**= 360P/V= Procured Inventory Days= 240 Days), (**V**= Variable Cost= 9,746 millions USD), (**U**= Utilized or Starting Capital= 64,720 millions USD), (**c**= C/X= Current Ratio= 1.20 times), (**d**= D/A= Dividend Portion or Payout= 30.00%), (**A**= After Tax Income= 7,899 millions USD), (**f**= F/S= Fixed Portion= 58.00%), (**M**= Margin of Contribution= 41,548 millions USD), (**t**= T/B= Tax Rate= 30.00%), (**q**= [C-P]/X= Quick or Acid Test Ratio= 1.01 times), (**S**= Sales or Revenues= 51,294 millions USD), (***l*** = L/E= Leverage or Gearing Ratio= 99.00%), and (**Q**= Quoted Longterm Liabilities= 35,351 millions USD), then it's (**I**= Interest Expense planned), is:

$$I = M - Sf - [Ad + (Q + Vp/\{360[c-q]\})/l - U] / [1-t]$$

$$= 41{,}548 - 51{,}294 * 0.5800 - [7{,}899 * 0.3000 + (35{,}351 + 9{,}746 * 240 / \{360[1.2000 - 1.0100]\}) / 0.9900 - 64{,}720] / [1 - 0.3000]$$

$$= \underline{513} \text{ millions USD}$$

Law-8869:

If both (**p**= 360P/V= Procured Inventory Days= 240 Days), (**V**= Variable Cost= 9,746 millions USD), (**U**= Utilized or Starting Capital= 64,720 millions USD), (**c**= C/X= Current Ratio= 1.20 times), (**d**= D/A= Dividend Portion or Payout= 30.00%), (**A**= After Tax Income= 7,899 millions USD), (**f**= F/S= Fixed Portion= 58.00%), (**M**= Margin of Contribution= 41,548 millions USD), (**I**= Interest Expense= 513 millions USD), (**q**= [C-P]/X= Quick or Acid Test Ratio= 1.01 times), (**S**= Sales or Revenues= 51,294 millions USD), (**l** = L/E= Leverage or Gearing Ratio= 99.00%), and (**Q**= Quoted Longterm Liabilities= 35,351 millions USD), then it's (**t**= Tax Rate planned), is:

$$t = 1-[Ad+(Q+Vp/\{360[c-q]\})/l - U]/[M-Sf-I]$$
$$= 1-[7,899*0.3000+(35,351+9,746*240/\{360[1.2000-1.0100]\})/0.9900-64,720]/[41,548-51,294*0.5800-513]$$
$$= 30.00\%$$

Law-8870:

If both (**p**= 360P/V= Procured Inventory Days= 240 Days), (**V**= Variable Cost= 9,746 millions USD), (**U**= Utilized or Starting Capital= 64,720 millions USD), (**c**= C/X= Current Ratio= 1.20 times), (**d**= D/A= Dividend Portion or Payout= 30.00%), (**t**= T/B= Tax Rate= 30.00%), (**f**= F/S= Fixed Portion= 58.00%), (**M**= Margin of Contribution= 41,548 millions USD), (**I**= Interest Expense= 513 millions USD), (**q**= [C-P]/X= Quick or Acid Test Ratio= 1.01 times), (**S**= Sales or Revenues= 51,294 millions USD), (***l*** = L/E= Leverage or Gearing Ratio= 99.00%), and (**Q**= Quoted Longterm Liabilities= 35,351 millions USD), then it's (**A**= After Tax Income planned), is:

$$A = \{[M-Sf-I][1-t]-[(Q+Vp/\{360[c-q]\})/l-U]\}/d$$

$$= \{[41,548-51,294*0.5800-513]$$
$$[1-0.3000]-[(35,351+9,746$$
$$*240/\{360[1.2000-1.0100]\})$$
$$/0.9900-64,720]\}/0.3000$$

$$= 7,899 \text{ millions USD}$$

Finance Construction-13, *Tim Asikin, Steve Asikin, Indra Senihardja*

<u>Law-8871</u>:

If both (**p**= 360P/V= Procured Inventory Days= <u>240</u> Days), (**V**= Variable Cost= <u>9,746</u> millions USD), (**U**= Utilized or Starting Capital= <u>64,720</u> millions USD), (**c**= C/X= Current Ratio= <u>1.20</u> times), (**A**= After Tax Income= <u>7,899</u> millions USD), (**t**= T/B= Tax Rate= <u>30.00</u>%), (**f**= F/S= Fixed Portion= <u>58.00</u>%), (**M**= Margin of Contribution= <u>41,548</u> millions USD), (**I**= Interest Expense= <u>513</u> millions USD), (**q**= [C-P]/X= Quick or Acid Test Ratio= <u>1.01</u> times), (**S**= Sales or Revenues= <u>51,294</u> millions USD), (***l*** = L/E= Leverage or Gearing Ratio= <u>99.00</u>%), and (**Q**= Quoted Longterm Liabilities= <u>35,351</u> millions USD), then it's (**d**= Dividend portion or Payout planned), is:

$$d = \{[M-Sf-I][1-t]-[(Q+Vp/\{360[c-q]\})/l-U]\}/A$$

$$= \{[41,548-51,294*0.5800-513]$$
$$[1-0.3000]-[(35,351+9,746$$
$$*240/\{360[1.2000-1.0100]\})$$
$$/0.9900-64,720]\}/7,899$$

$$= \underline{30.00\%}$$

Law-8872:

If both (**p**= 360P/V= Procured Inventory Days= 240 Days), (**d**= D/A= Dividend Portion or Payout= 30.00%), (**U**= Utilized or Starting Capital= 64,720 millions USD), (**c**= C/X= Current Ratio= 1.20 times), (**A**= After Tax Income= 7,899 millions USD), (**t**= T/B= Tax Rate= 30.00%), (**f**= F/S= Fixed Portion= 58.00%), (**M**= Margin of Contribution= 41,548 millions USD), (**I**= Interest Expense= 513 millions USD), (**q**= [C-P]/X= Quick or Acid Test Ratio= 1.01 times), (**S**= Sales or Revenues= 51,294 millions USD), (**l** = L/E= Leverage or Gearing Ratio= 99.00%), and (**Q**= Quoted Longterm Liabilities= 35,351 millions USD), then it's (**V**= Variable Cost planned), is:

$$V = 360[c-q](l\{U+[M-Sf-I][1-t]-Ad\}-Q)/p$$
$$= 360[1.2000-1.0100](0.9900\{64,720$$
$$+[41,548-51,294*0.5800$$
$$-513][1-0.3000]-7,899$$
$$*0.3000\}-35,351)/240$$
$$= 9,746 \text{ millions USD}$$

Law-8873:

If both (**V**= Variable Cost= 9,746 millions USD), (**d**= D/A= Dividend Portion or Payout= 30.00%), (**U**= Utilized or Starting Capital= 64,720 millions USD), (**c**= C/X= Current Ratio= 1.20 times), (**A**= After Tax Income= 7,899 millions USD), (**t**= T/B= Tax Rate= 30.00%), (**f**= F/S= Fixed Portion= 58.00%), (**M**= Margin of Contribution= 41,548 millions USD), (**I**= Interest Expense= 513 millions USD), (**q**= [C-P]/X= Quick or Acid Test Ratio= 1.01 times), (**S**= Sales or Revenues= 51,294 millions USD), (**l** = L/E= Leverage or Gearing Ratio= 99.00%), and (**Q**= Quoted Longterm Liabilities= 35,351 millions USD), then it's (**p**= Procured Inventory Days planned), is:

$$p = 360[c-q](l\{U+[M-Sf-I][1-t]-Ad\}-Q)/V$$
$$= 360[1.2000-1.0100](0.9900\{64,720$$
$$+[41,548-51,294*0.5800$$
$$-513][1-0.3000]-7,899$$
$$*0.3000\}-35,351)/9,746$$
$$= \underline{240} \text{ days}$$

Law-8874:

If both (**V**= Variable Cost= 9,746 millions USD), (**d**= D/A= Dividend Portion or Payout= 30.00%), (**U**= Utilized or Starting Capital= 64,720 millions USD), (**p**= 360P/V= Procured Inventory Days= 240 Days), (**A**= After Tax Income= 7,899 millions USD), (**t**= T/B= Tax Rate= 30.00%), (**f**= F/S= Fixed Portion= 58.00%), (**M**= Margin of Contribution= 41,548 millions USD), (**I**= Interest Expense= 513 millions USD), (**q**= [C-P]/X= Quick or Acid Test Ratio= 1.01 times), (**S**= Sales or Revenues= 51,294 millions USD), (***l*** = L/E= Leverage or Gearing Ratio= 99.00%), and (**Q**= Quoted Longterm Liabilities= 35,351 millions USD), then it's (**c**= Current Ratio planned), is:

$$c= q+Vp/[360(l\{U+[M-Sf-I][1-t]-Ad\}-Q)]$$
$$= 1.0100+9,746*240/[360(0.9900$$
$$\{64,720 +[41,548-51,294$$
$$*0.5800-513][1-0.3000]$$
$$- 7,899*0.3000\}-35,351)]$$
$$= 1.20 \text{ times}$$

Law-8875:

If both (**V**= Variable Cost= 9,746 millions USD), (**d**= D/A= Dividend Portion or Payout= 30.00%), (**U**= Utilized or Starting Capital= 64,720 millions USD), (**p**= 360P/V= Procured Inventory Days= 240 Days), (**A**= After Tax Income= 7,899 millions USD), (**t**= T/B= Tax Rate= 30.00%), (**f**= F/S= Fixed Portion= 58.00%), (**M**= Margin of Contribution= 41,548 millions USD), (**I**= Interest Expense= 513 millions USD), (**c**= C/X= Current Ratio= 1.20 times), (**S**= Sales or Revenues= 51,294 millions USD), (***l*** = L/E= Leverage or Gearing Ratio= 99.00%), and (**Q**= Quoted Longterm Liabilities= 35,351 millions USD), then it's (**q**= Quick or Acid Test Ratio planned), is:

$$q = c - Vp/[360(l\{U+[M-Sf-I][1-t]-Ad\}-Q)]$$
$$= 1.2000 - 9{,}746 * 240 / [360(0.9900\{64{,}720 + [41{,}548 - 51{,}294 * 0.5800 - 513][1 - 0.3000] - 7{,}899 * 0.3000\} - 35{,}351)]$$
$$= 1.01 \text{ times}$$

Law-8876:

If both (**v**= V/S= Variable Portion= 19.00%), (**d**= D/A= Dividend Portion or Payout= 30.00%), (**U**= Utilized or Starting Capital= 64,720 millions USD), (**p**= 360P/V= Procured Inventory Days= 240 Days), (**A**= After Tax Income= 7,899 millions USD), (**t**= T/B= Tax Rate= 30.00%), (**f**= F/S= Fixed Portion= 58.00%), (**M**= Margin of Contribution= 41,548 millions USD), (**I**= Interest Expense= 513 millions USD), (**c**= C/X= Current Ratio= 1.20 times), (**S**= Sales or Revenues= 51,294 millions USD), (**l** = L/E= Leverage or Gearing Ratio= 99.00%), and (**q**= [C-P]/X= Quick or Acid Test Ratio= 1.01 times), then it's (**Q**= Quoted Longterm Liabilities planned), is:

$$Q = l\{U+[M-Sf-I][1-t]-Ad\}-Svp/\{360[c-q]\}$$
$$= 0.9900\{64,720+[41,548-51,294$$
$$*0.5800-513][1-0.3000]$$
$$-7,899*0.3000\}-51,294$$
$$*0.1900*240/\{360$$
$$[1.2000-1.0100]\}$$
$$= 35,351 \text{ millions USD}$$

Law-8877:

If both (**v**= V/S= Variable Portion= 19.00%), (**d**= D/A= Dividend Portion or Payout= 30.00%), (**U**= Utilized or Starting Capital= 64,720 millions USD), (**p**= 360P/V= Procured Inventory Days= 240 Days), (**A**= After Tax Income= 7,899 millions USD), (**t**= T/B= Tax Rate= 30.00%), (**f**= F/S= Fixed Portion= 58.00%), (**M**= Margin of Contribution= 41,548 millions USD), (**I**= Interest Expense= 513 millions USD), (**c**= C/X= Current Ratio= 1.20 times), (**S**= Sales or Revenues= 51,294 millions USD), (**Q**= Quoted Longterm Liabilities= 35,351 millions USD), and (**q**= [C-P]/X= Quick or Acid Test Ratio= 1.01 times), then it's (**l** = Quoted Longterm Liabilities planned), is:

$$l = (Q+Svp/\{360[c-q]\})/\{U+[M-Sf-I][1-t] -Ad\}$$
$$= (35{,}351+51{,}294*0.1900*240/\{360[1.2000-1.0100]\})/\{64{,}720+[41{,}548-51{,}294*0.5800-513][1-0.3000]-7{,}899*0.3000\}$$
$$= \underline{99.00\%}$$

Law-8878:

If both (**v**= V/S= Variable Portion= 19.00%), (**d**= D/A= Dividend Portion or Payout= 30.00%), (**l** = L/E= Leverage or Gearing Ratio= 99.00%), (**p**= 360P/V= Procured Inventory Days= 240 Days), (**A**= After Tax Income= 7,899 millions USD), (**t**= T/B= Tax Rate= 30.00%), (f= F/S=Fixed Portion= 58.00%), (**M**= Margin of Contribution= 41,548 millions USD), (**I**= Interest Expense= 513 millions USD), (**c**= C/X= Current Ratio= 1.20 times), (**S**= Sales or Revenues= 51,294 millions USD), (**Q**= Quoted Longterm Liabilities= 35,351 millions USD), and (**q**= [C-P]/X= Quick or Acid Test Ratio= 1.01 times), then it's (**U**= Utilized or Starting Capital planned), is:

$$U = Ad + (Q+Svp/\{360[c-q]\})/l - [M-Sf-I][1-t]$$
$$= 7,899*0.3000 + (35,351+51,294 *0.1900*240/\{360[1.2000 -1.0100]\})/0.9900 - [41,548 -51,294*0.5800-513] [1-0.3000]$$
$$= 64,720 \text{ millions USD}$$

Law-8879:

If both (**v**= V/S= Variable Portion= 19.00%), (**d**= D/A= Dividend Portion or Payout= 30.00%), (**l** = L/E= Leverage or Gearing Ratio= 99.00%), (**p**= 360P/V= Procured Inventory Days= 240 Days), (**A**= After Tax Income= 7,899 millions USD), (**t**= T/B= Tax Rate= 30.00%), (**f**= F/S= Fixed Portion= 58.00%), (**U**= Utilized or Starting Capital= 64,720 millions USD), (**I**= Interest Expense= 513 millions USD), (**c**= C/X= Current Ratio= 1.20 times), (**S**= Sales or Revenues= 51,294 millions USD), (**Q**= Quoted Longterm Liabilities= 35,351 millions USD), and (**q**= [C-P]/X= Quick or Acid Test Ratio= 1.01 times), then it's (**M**= Margin of Contribution planned), is:

$$M = Sf+I+[Ad+(Q+Svp/\{360[c-q]\})/l - U]/[1-t]$$

$= 51,294*0.5800+513+[7,899$
$\quad *0.3000+(35,351+51,294$
$\quad *0.1900*240/\{360[1.2000$
$\quad -1.0100]\})/0.9900-64,720]$
$\quad /[1-0.3000]$

$= 41,548$ millions USD

Law-8880:

If both (**v**= V/S= Variable Portion= 19.00%), (**d**= D/A= Dividend Portion or Payout= 30.00%), (**l** = L/E= Leverage or Gearing Ratio= 99.00%), (**p**= 360P/V= Procured Inventory Days= 240 Days), (**A**= After Tax Income= 7,899 millions USD), (**t**= T/B= Tax Rate= 30.00%), (f= F/S=Fixed Portion= 58.00%), (**U**= Utilized or Starting Capital= 64,720 millions USD), (**I**= Interest Expense= 513 millions USD), (**c**= C/X= Current Ratio= 1.20 times), (**M**= Margin of Contribution= 41,548 millions USD), (**Q**= Quoted Longterm Liabilities= 35,351 millions USD), and (**q**= [C-P]/X= Quick or Acid Test Ratio= 1.01 times), then it's (**S**= Sales or Revenues planned), is:

$$S = \{M-I-[AD+(Q+Svp/\{360[c-q]\})/l - U]/[1-t]\}/f$$

$$= \{41{,}548 - 513 - [7{,}899 * 0.3000 + (35{,}351 + 51{,}294 * 0.1900) * 240/\{360[1.2000 - 1.0100]\})/0.9900 - 64{,}720]/[1-0.3000]\}/0.5800$$

$$= 51{,}294 \text{ millions USD}$$

Law-8881:

If both (**v**= V/S= Variable Portion= 19.00%), (**d**= D/A= Dividend Portion or Payout= 30.00%), (**l** = L/E= Leverage or Gearing Ratio= 99.00%), (**p**= 360P/V= Procured Inventory Days= 240 Days), (**A**= After Tax Income= 7,899 millions USD), (**t**= T/B= Tax Rate= 30.00%), (**S**= Sales or Revenues= 51,294 millions USD), (**U**= Utilized or Starting Capital= 64,720 millions USD), (**I**= Interest Expense= 513 millions USD), (**c**= C/X= Current Ratio= 1.20 times), (**M**= Margin of Contribution= 41,548 millions USD), (**Q**= Quoted Longterm Liabilities= 35,351 millions USD), and (**q**= [C-P]/X= Quick or Acid Test Ratio= 1.01 times), then it's (**f**= Fixed Portion planned), is:

$$f = \{M-I-[Ad+(Q+Svp/\{360[c-q]\})/l - U]/[1-t]\}/S$$

$$= \{41,548-513-[7,899*0.3000 \\ +(35,351+51,294*0.1900 \\ *240/\{360[1.2000 \\ -1.0100]\})/0.9900-64,720] \\ /[1-0.3000]\}/51,294$$

$$= 58.00\%$$

Law-8882:

If both (**v**= V/S= Variable Portion= 19.00%), (**d**= D/A= Dividend Portion or Payout= 30.00%), (**l** = L/E= Leverage or Gearing Ratio= 99.00%), (**p**= 360P/V= Procured Inventory Days= 240 Days), (**A**= After Tax Income= 7,899 millions USD), (**t**= T/B= Tax Rate= 30.00%), (**S**= Sales or Revenues= 51,294 millions USD), (**U**= Utilized or Starting Capital= 64,720 millions USD), (**f**= F/S= Fixed Portion= 58.00%), (**c**= C/X= Current Ratio= 1.20 times), (**M**= Margin of Contribution= 41,548 millions USD), (**Q**= Quoted Longterm Liabilities= 35,351 millions USD), and (**q**= [C-P]/X= Quick or Acid Test Ratio= 1.01 times), then it's (**I**= Interest Expense planned), is:

$$I= M-Sf-[Ad+(Q+Svp/\{360[c-q]\})/l -U]/[1-t]$$
$$= 41,548-51,294*0.5800-[7,899$$
$$*0.3000 +(35,351+51,294$$
$$*0.1900*240/\{360[1.2000$$
$$-1.0100]\})/0.9900-64,720]$$
$$/[1-0.3000]\}$$
$$= \underline{513} \text{ millions USD}$$

Law-8883:

If both (v= V/S= Variable Portion= 19.00%), (d= D/A= Dividend Portion or Payout= 30.00%), (l = L/E= Leverage or Gearing Ratio= 99.00%), (p= 360P/V= Procured Inventory Days= 240 Days), (A= After Tax Income= 7,899 millions USD), (I= Interest Expense= 513 millions USD), (S= Sales or Revenues= 51,294 millions USD), (U= Utilized or Starting Capital= 64,720 millions USD), (f= F/S= Fixed Portion= 58.00%), (c= C/X= Current Ratio= 1.20 times), (M= Margin of Contribution= 41,548 millions USD), (Q= Quoted Longterm Liabilities= 35,351 millions USD), and (q= [C-P]/X= Quick or Acid Test Ratio= 1.01 times), then it's (t= Tax Rate planned), is:

$$t = 1-[Ad+(Q+Svp/\{360[c-q]\})/l -U]/[M-Sf-I]$$
$$= 1-[7,899*0.3000 +(35,351 +51,294*0.1900*240/\{360[1.2000-1.0100]\})/0.9900 -64,720]/[41,548-51,294*0.5800-513]$$
$$= 30.00\%$$

Law-8884:

If both (**v**= V/S= Variable Portion= 19.00%), (**d**= D/A= Dividend Portion or Payout= 30.00%), (**l** = L/E= Leverage or Gearing Ratio= 99.00%), (**p**= 360P/V= Procured Inventory Days= 240 Days), (**t**= T/B= Tax Rate= 30.00%), (**I**= Interest Expense= 513 millions USD), (**S**= Sales or Revenues= 51,294 millions USD), (**U**= Utilized or Starting Capital= 64,720 millions USD), (**f**= F/S= Fixed Portion= 58.00%), (**c**= C/X= Current Ratio= 1.20 times), (**M**= Margin of Contribution= 41,548 millions USD), (**Q**= Quoted Longterm Liabilities= 35,351 millions USD), and (**q**= [C-P]/X= Quick or Acid Test Ratio= 1.01 times), then it's (**A**= After Tax Income planned), is:

$$A = [[M-Sf-I][1-t]+(Q+Svp/\{360[c-q]\})/l-U]/d$$
$$= [[41,548-51,294*0.5800-513][1-0.3000]+(35,351+51,294*0.1900*240/\{360[1.2000-1.0100]\})/0.9900-64,720]/0.3000$$
$$= 7,899 \text{ millions USD}$$

Law-8885:

If both (**v**= V/S= Variable Portion= 19.00%), (**A**= After Tax Income= 7,899 millions USD), (**l** = L/E= Leverage or Gearing Ratio= 99.00%), (**p**= 360P/V= Procured Inventory Days= 240 Days), (**t**= T/B= Tax Rate= 30.00%), (**I**= Interest Expense= 513 millions USD), (**S**= Sales or Revenues= 51,294 millions USD), (**U**= Utilized or Starting Capital= 64,720 millions USD), (**f**= F/S=Fixed Portion= 58.00%), (**c**= C/X= Current Ratio= 1.20 times), (**M**= Margin of Contribution= 41,548 millions USD), (**Q**= Quoted Longterm Liabilities= 35,351 millions USD), and (**q**= [C-P]/X= Quick or Acid Test Ratio= 1.01 times), then it's (**d**= Dividend Portion or Payout planned), is:

$$d= [[M-Sf-I][1-t]+(Q+Svp/\{360[c-q]\})/l-U]/A$$
$$= [[41,548-51,294*0.5800-513][1-0.3000]+(35,351+51,294*0.1900*240/\{360[1.2000-1.0100]\})/0.9900-64,720]/7,899$$
$$= 30.00\%$$

Law-8886:

If both (**d**= D/A= Dividend Portion or Payout= 30.00%), (**A**= After Tax Income= 7,899 millions USD), (**l** = L/E= Leverage or Gearing Ratio= 99.00%), (**p**= 360P/V= Procured Inventory Days= 240 Days), (**t**= T/B= Tax Rate= 30.00%), (**I**= Interest Expense= 513 millions USD), (**S**= Sales or Revenues= 51,294 millions USD), (**U**= Utilized or Starting Capital= 64,720 millions USD), (**f**= F/S=Fixed Portion= 58.00%), (**c**= C/X= Current Ratio= 1.20 times), (**M**= Margin of Contribution= 41,548 millions USD), (**Q**= Quoted Longterm Liabilities= 35,351 millions USD), and (**q**= [C-P]/X= Quick or Acid Test Ratio= 1.01 times), then it's (**v**= Variable Portion planned), is:

$$v = 360[c-q](l \{U+ [M-Sf-I][1-t]-Ad\}-Q)/[Sp]$$
$$= 360[1.2000-1.0100](0.9900$$
$$\{64,720 +[41,548-51,294$$
$$*0.5800-513][1-0.3000]$$
$$-7,899*0.3000-35,351)$$
$$/[51,294*240]$$
$$= \underline{19.00}\%$$

Law-8887:

If both (**d**= D/A= Dividend Portion or Payout= 30.00%), (**A**= After Tax Income= 7,899 millions USD), (**l** = L/E= Leverage or Gearing Ratio= 99.00%), (**v**= V/S= Variable Portion= 19.00%), (**t**= T/B= Tax Rate= 30.00%), (**I**= Interest Expense= 513 millions USD), (**S**= Sales or Revenues= 51,294 millions USD), (**U**= Utilized or Starting Capital= 64,720 millions USD), (**f**= F/S= Fixed Portion= 58.00%), (**c**= C/X= Current Ratio= 1.20 times), (**M**= Margin of Contribution= 41,548 millions USD), (**Q**= Quoted Longterm Liabilities= 35,351 millions USD), and (**q**= [C-P]/X= Quick or Acid Test Ratio= 1.01 times), then it's (**p**= Procured Inventory Days planned), is:

$$p = 360[c-q](l\{U+[M-Sf-I][1-t]-Ad\}-Q)/[Sv]$$
$$= 360[1.2000-1.0100](0.9900\{64,720+[41,548-51,294*0.5800-513][1-0.3000]-7,899*0.3000-35,351)/[51,294*0.1900]$$
$$= \underline{240} \text{ days}$$

Law-8888:

If both (**d**= D/A= Dividend Portion or Payout= 30.00%), (**A**= After Tax Income= 7,899 millions USD), (**l** = L/E= Leverage or Gearing Ratio= 99.00%), (**v**= V/S= Variable Portion= 19.00%), (**t**= T/B= Tax Rate= 30.00%), (**I**= Interest Expense= 513 millions USD), (**S**= Sales or Revenues= 51,294 millions USD), (**U**= Utilized or Starting Capital= 64,720 millions USD), (**f**= F/S= Fixed Portion= 58.00%), (**p**= 360P/V= Procured Inventory Days= 240 Days), (**M**= Margin of Contribution= 41,548 millions USD), (**Q**= Quoted Longterm Liabilities= 35,351 millions USD), and (**q**= [C-P]/X= Quick or Acid Test Ratio= 1.01 times), then it's (**c**= Current Ratio planned), is:

$$c = q + Svp/[360(l\{U+[M-Sf-I][1-t]-Ad\}-Q)]$$

$= 1.0100 + 51{,}294 * 0.1900 * 240$
$/[360(0.9900\{64{,}720$
$+[41{,}548 - 51{,}294 * 0.5800$
$-513][1-0.3000] - 7{,}899$
$*0.3000 - 35{,}351)]$

$= 1.20$ times

Law-8889:

If both (**d**= D/A= Dividend Portion or Payout= 30.00%), (**A**= After Tax Income= 7,899 millions USD), (**l** = L/E= Leverage or Gearing Ratio= 99.00%), (**v**= V/S= Variable Portion= 19.00%), (**t**= T/B= Tax Rate= 30.00%), (**I**= Interest Expense= 513 millions USD), (**S**= Sales or Revenues= 51,294 millions USD), (**U**= Utilized or Starting Capital= 64,720 millions USD), (**f**= F/S= Fixed Portion= 58.00%), (**p**= 360P/V= Procured Inventory Days= 240 Days), (**M**= Margin of Contribution= 41,548 millions USD), (**Q**= Quoted Longterm Liabilities= 35,351 millions USD), and (**c**= C/X= Current Ratio= 1.20 times), then it's (**q**= Quick or Acid Test Ratio planned), is:

$$q = c - Svp/[360(l\{U+[M-Sf-I][1-t]-Ad\} - Q)]$$

$= 1.2000 - 51,294*0.1900*240$
$/[360(0.9900\{64,720$
$+ [41,548 - 51,294*0.5800$
$- 513][1-0.3000] - 7,899$
$*0.3000 - 35,351)]$

$= 1.01$ times

Law-8890:

If both (**d**= D/A= Dividend Portion or Payout= 30.00%), (**S'**= Sales of Past Year= 48,851 millions USD), (**s**= [S/S']-1= Sales Growth= 5.00%), (**A**= After Tax Income= 7,899 millions USD), (**l** = L/E= Leverage or Gearing Ratio= 99.00%), (**v**= V/S= Variable Portion= 19.00%), (**t**= T/B= Tax Rate= 30.00%), (**I**= Interest Expense= 513 millions USD), (**S**= Sales or Revenues= 51,294 millions USD), (**U**= Utilized or Starting Capital= 64,720 millions USD), (**f**= F/S= Fixed Portion= 58.00%), (**p**= 360P/V= Procured Inventory Days= 240 Days), (**M**= Margin of Contribution= 41,548 millions USD), (**q**= [C-P]/X= Quick or Acid Test Ratio= 1.01 times), and (**c**= C/X= Current Ratio= 1.20 times), then it's (**Q**= Quoted Longterm Liabilities planned), is:

$$Q = l\{U+[M-Sf-I][1-t]-Ad\} -S'vp[1+s]/\{360[c-q]\}$$
$$= 0.9900\{64,720+[41,548-51,294 *0.5800-513][1-0.3000] -7,899*0.3000\}-48,851 *0.1900*240[1+0.0500] /\{360[1.2000-1.0100]\}$$
$$= 35,351 \text{ millions USD}$$

Law-8891:

If both (**d**= D/A= Dividend Portion or Payout= 30.00%), (**S'**= Sales of Past Year= 48,851 millions USD), (**s**= [S/S']-1= Sales Growth= 5.00%), (**A**= After Tax Income= 7,899 millions USD), (**Q**= Quoted Longterm Liabilities= 35,351 millions USD), (**v**= V/S= Variable Portion= 19.00%), (**t**= T/B= Tax Rate= 30.00%), (**I**= Interest Expense= 513 millions USD), (**S**= Sales or Revenues= 51,294 millions USD), (**U**= Utilized or Starting Capital= 64,720 millions USD), (**f**= F/S= Fixed Portion= 58.00%), (**p**= 360P/V= Procured Inventory Days= 240 Days), (**M**= Margin of Contribution= 41,548 millions USD), (**q**= [C-P]/X= Quick or Acid Test Ratio= 1.01 times), and (**c**= C/X= Current Ratio= 1.20 times), then it's (**l** = Leverage or Gearing Ratio planned), is:

$$l = (Q+S'vp[1+s]/\{360[c-q]\})/\{U+[M-Sf-I][1-t]-Ad\}$$
$$= (35,351+48,851*0.1900*240[1+0.0500]/\{360[1.2000-1.0100]\})/\{64,720+[41,548-51,294*0.5800-513][1-0.3000]-7,899*0.3000\}$$
$$= \underline{99.00\%}$$

Law-8892:

If both (**d**= D/A= Dividend Portion or Payout= 30.00%), (**S'**= Sales of Past Year= 48,851 millions USD), (**s**= [S/S']-1= Sales Growth= 5.00%), (**A**= After Tax Income= 7,899 millions USD), (**Q**= Quoted Longterm Liabilities= 35,351 millions USD), (**v**= V/S= Variable Portion= 19.00%), (**t**= T/B= Tax Rate= 30.00%), (**I**= Interest Expense= 513 millions USD), (**S**= Sales or Revenues= 51,294 millions USD), (**l** = L/E= Leverage or Gearing Ratio= 99.00%), (**f**= F/S= Fixed Portion= 58.00%), (**p**= 360P/V= Procured Inventory Days= 240 Days), (**M**= Margin of Contribution= 41,548 millions USD), (**q**= [C-P]/X= Quick or Acid Test Ratio= 1.01 times), and (**c**= C/X= Current Ratio= 1.20 times), then it's (**U**= Utilized or Starting Capital planned), is:

$$U= Ad+(Q+S'vp[1+s]/\{360[c-q]\})/l -[M-Sf-I][1-t]$$
$$= 7,899*0.3000+ (35,351+48,851 *0.1900*240[1+0.0500] /\{360[1.2000-1.0100]\}) /0.9900-[41,548-51,294 *0.5800-513][1-0.3000]$$
$$= 64,720 \text{ millions USD}$$

Law-8893:

If both (**d**= D/A= Dividend Portion or Payout= 30.00%), (**S'**= Sales of Past Year= 48,851 millions USD), (**s**= [S/S']-1= Sales Growth= 5.00%), (**A**= After Tax Income= 7,899 millions USD), (**Q**= Quoted Longterm Liabilities= 35,351 millions USD), (**v**= V/S= Variable Portion= 19.00%), (**t**= T/B= Tax Rate= 30.00%), (**I**= Interest Expense= 513 millions USD), (**S**= Sales or Revenues= 51,294 millions USD), (**l**= L/E= Leverage or Gearing Ratio= 99.00%), (**f**= F/S= Fixed Portion= 58.00%), (**p**= 360P/V= Procured Inventory Days= 240 Days), (**U**= Utilized or Starting Capital= 64,720 millions USD), (**q**= [C-P]/X= Quick or Acid Test Ratio= 1.01 times), and (**c**= C/X= Current Ratio= 1.20 times), then it's (**M**= Margin of Contribution planned):

$$M = Sf+I+[Ad+(Q+S'vp[1+s]/\{360[c-q]\})/l-U]/[1-t]$$
$$= 51,294*0.5800+513+[7,899*0.3000 + (35,351+48,851*0.1900 *240[1+0.0500]/\{360[1.2000 -1.0100]\})/0.9900-64,720]/1-0.3000]$$
$$= 41,548 \text{ millions USD}$$

Law-8894:

If both (**d**= D/A= Dividend Portion or Payout= 30.00%), (**S'**= Sales of Past Year= 48,851 millions USD), (**s**= [S/S']-1= Sales Growth= 5.00%), (**A**= After Tax Income= 7,899 millions USD), (**Q**= Quoted Longterm Liabilities= 35,351 millions USD), (**v**= V/S= Variable Portion= 19.00%), (**t**= T/B= Tax Rate= 30.00%), (**I**= Interest Expense= 513 millions USD), (**M**= Margin of Contribution= 41,548 millions USD), (**l** = L/E= Leverage or Gearing Ratio= 99.00%), (**f**= F/S= Fixed Portion= 58.00%), (**p**= 360P/V= Procured Inventory Days= 240 Days), (**U**= Utilized or Starting Capital= 64,720 millions USD), (**q**= [C-P]/X= Quick or Acid Test Ratio= 1.01 times), and (**c**= C/X= Current Ratio= 1.20 times), then it's (**S**= Sales or Revenues planned), is:

$$S = \{M-I-[Ad+(Q+S'vp[1+s]/\{360[c-q]\})/l - U]/[1-t]\}/f$$
$$= \{41,548-513-[7,899*0.3000$$
$$+ (35,351+48,851*0.1900$$
$$*240[1+0.0500]/\{360$$
$$[1.2000-1.0100]\})/0.9900$$
$$-64,720]/1-0.3000]\}$$
$$/0.5800$$
$$= 51,294 \text{ millions USD}$$

Law-8895:

If both (**d**= D/A= Dividend Portion or Payout= 30.00%), (**S'**= Sales of Past Year= 48,851 millions USD), (**s**= [S/S']-1= Sales Growth= 5.00%), (**A**= After Tax Income= 7,899 millions USD), (**Q**= Quoted Longterm Liabilities= 35,351 millions USD), (**v**= V/S= Variable Portion= 19.00%), (**t**= T/B= Tax Rate= 30.00%), (**I**= Interest Expense= 513 millions USD), (**M**= Margin of Contribution= 41,548 millions USD), (*l* = L/E= Leverage or Gearing Ratio= 99.00%), (**S**= Sales or Revenues= 51,294 millions USD), (**p**= 360P/V= Procured Inventory Days= 240 Days), (**U**= Utilized or Starting Capital= 64,720 millions USD), (**q**= [C-P]/X= Quick or Acid Test Ratio= 1.01 times), and (**c**= C/X= Current Ratio= 1.20 times), then it's (**f**= Fixed Portion planned), is:

$$f = \{M - I - [Ad + (Q + S'vp[1+s]/\{360[c-q]\})/l - U]/[1-t]\}/S$$

$$= \{41,548 - 513 - [7,899*0.3000 + (35,351 + 48,851*0.1900 *240[1+0.0500]/\{360[1.2000 -1.0100]\})/0.9900 - 64,720]/1 - 0.3000]\}/51,294$$

$$= 58.00\%$$

Law-8896:

If both (**d**= D/A= Dividend Portion or Payout= 30.00%), (**S'**= Sales of Past Year= 48,851 millions USD), (**s**= [S/S']-1= Sales Growth= 5.00%), (**A**= After Tax Income= 7,899 millions USD), (**Q**= Quoted Longterm Liabilities= 35,351 millions USD), (**v**= V/S= Variable Portion= 19.00%), (**t**= T/B= Tax Rate= 30.00%), (**f**= F/S=Fixed Portion= 58.00%), (**M**= Margin of Contribution= 41,548 millions USD), (**l** = L/E= Leverage or Gearing Ratio= 99.00%), (**S**= Sales or Revenues= 51,294 millions USD), (p= 360P/V= Procured Inventory Days= 240 Days), (**U**= Utilized or Starting Capital= 64,720 millions USD), (**q**= [C-P]/X= Quick or Acid Test Ratio= 1.01 times), and (**c**= C/X= Current Ratio= 1.20 times), then it's (**I**= Interest Expense planned), is:

$$I = M-Sf-[Ad+(Q+S'vp[1+s]$$
$$/\{360[c-q]\})/l\ -U]/[1-t]$$
$$= 41,548-51,294*0.5800-[7,899$$
$$*0.3000+ (35,351+48,851$$
$$*0.1900*240[1+0.0500]$$
$$/\{360[1.2000-1.0100]\})$$
$$/0.9900-64,720]/[1-0.3000]$$
$$= \underline{513}\text{ millions USD}$$

Law-8897:

If both (**d**= D/A= Dividend Portion or Payout= 30.00%), (**S'**= Sales of Past Year= 48,851 millions USD), (**s**= [S/S']-1= Sales Growth= 5.00%), (**A**= After Tax Income= 7,899 millions USD), (**Q**= Quoted Longterm Liabilities= 35,351 millions USD), (**v**= V/S= Variable Portion= 19.00%), (**I**= Interest Expense= 513 millions USD), (f= F/S=Fixed Portion= 58.00%), (**M**= Margin of Contribution= 41,548 millions USD), (*l* = L/E= Leverage or Gearing Ratio= 99.00%), (**S**= Sales or Revenues= 51,294 millions USD), (**p**= 360P/V= Procured Inventory Days= 240 Days), (**U**= Utilized or Starting Capital= 64,720 millions USD), (**q**= [C-P]/X= Quick or Acid Test Ratio= 1.01 times), and (**c**= C/X= Current Ratio= 1.20 times), then it's (**t**= Tax Rate planned), is:

$$t= 1-[Ad+(Q+S'vp[1+s]/\{360[c-q]\})/l -U]/[M-Sf-I]$$

$= 1-[7,899*0.3000+ (35,351+48,851$
$*0.1900*240[1+0.0500]$
$/\{360[1.2000-1.0100]\})$
$/0.9900-64,720]/[41,548$
$-51,294*0.5800-513]$

$= 30.00\%$

Law-8898:

If both (**d**= D/A= Dividend Portion or Payout= 30.00%), (**S'**= Sales of Past Year= 48,851 millions USD), (**s**= [S/S']-1= Sales Growth= 5.00%), (**t**= T/B= Tax Rate= 30.00%), (**Q**= Quoted Longterm Liabilities= 35,351 millions USD), (**v**= V/S= Variable Portion= 19.00%), (**I**= Interest Expense= 513 millions USD), (**f**= F/S= Fixed Portion= 58.00%), (**M**= Margin of Contribution= 41,548 millions USD), (***l*** = L/E= Leverage or Gearing Ratio= 99.00%), (**S**= Sales or Revenues= 51,294 millions USD), (**p**= 360P/V= Procured Inventory Days= 240 Days), (**U**= Utilized or Starting Capital= 64,720 millions USD), (**q**= [C-P]/X= Quick or Acid Test Ratio= 1.01 times), and (**c**= C/X= Current Ratio= 1.20 times), then it's (**A**= After Tax Income planned), is:

$$A = [[M-Sf-I][1-t]+(Q+S'vp[1+s]/\{360[c-q]\})/l - U]/d$$
$$= [[41,548-51,294*0.5800-513]$$
$$[1-0.3000]+ (35,351+48,851$$
$$*0.1900*240[1+0.0500]/\{360$$
$$[1.2000-1.0100]\})/0.9900$$
$$-64,720]/0.3000$$
$$= 7,899 \text{ millions USD}$$

Law-8899:

If both (**A**= After Tax Income= 7,899 millions USD), (**S'**= Sales of Past Year= 48,851 millions USD), (**s**= [S/S']-1= Sales Growth= 5.00%), (**t**= T/B= Tax Rate= 30.00%), (**Q**= Quoted Longterm Liabilities= 35,351 millions USD), (**v**= V/S= Variable Portion= 19.00%), (**I**= Interest Expense= 513 millions USD), (**f**= F/S= Fixed Portion= 58.00%), (**M**= Margin of Contribution= 41,548 millions USD), (***l*** = L/E= Leverage or Gearing Ratio= 99.00%), (**S**= Sales or Revenues= 51,294 millions USD), (**p**= 360P/V= Procured Inventory Days= 240 Days), (**U**= Utilized or Starting Capital= 64,720 millions USD), (**q**= [C-P]/X= Quick or Acid Test Ratio= 1.01 times), and (**c**= C/X= Current Ratio= 1.20 times), then it's (**d**= Dividend Portion or Payout planned), is:

$$d = [[M-Sf-I][1-t]+(Q+S'vp[1+s]/\{360[c-q]\})/l - U]/A$$

$$= [[41,548-51,294*0.5800-513][1-0.3000]+(35,351+48,851*0.1900*240[1+0.0500]/\{360[1.2000-1.0100]\})/0.9900 -64,720]/7,899$$

$$= 30.00\%$$

Finance Construction-13, *Tim Asikin, Steve Asikin, Indra Senihardja*

<u>Law-8900</u>:

If both (**A**= After Tax Income= <u>7,899</u> millions USD), (**d**= D/A= Dividend Portion or Payout= 30.00%), (**s**= [S/S']-1= Sales Growth= <u>5.00</u>%), (**t**= T/B= Tax Rate= <u>30.00</u>%), (**Q**= Quoted Longterm Liabilities= <u>35,351</u> millions USD), (**v**= V/S= Variable Portion= <u>19.00</u>%), (**I**= Interest Expense= <u>513</u> millions USD), (**f**= F/S= Fixed Portion= <u>58.00</u>%), (**M**= Margin of Contribution= <u>41,548</u> millions USD), (***l*** = L/E= Leverage or Gearing Ratio= <u>99.00</u>%), (**S**= Sales or Revenues= <u>51,294</u> millions USD), (**p**= 360P/V= Procured Inventory Days= <u>240</u> Days), (**U**= Utilized or Starting Capital= <u>64,720</u> millions USD), (**q**= [C-P]/X= Quick or Acid Test Ratio= <u>1.01</u> times), and (**c**= C/X= Current Ratio= <u>1.20</u> times), then it's (**S'**= Sales Past), must be:

$$S' = 360[c-q](l\{U+[M-Sf-I][1-t]-Ad\}-Q)/\{vp[1+s]\}$$
$$= 360[1.2000-1.0100](0.9900$$
$$\{64,720 +[41,548$$
$$-51,294*0.5800-513]$$
$$[1-0.3000]- 7,899*0.3000\}$$
$$-35,351)/\{0.1900*240$$
$$[1+0.0500]\}$$
$$= \underline{48,851} \text{ millions USD}$$

Law-8901:

If both (**A**= After Tax Income= 7,899 millions USD), (**d**= D/A= Dividend Portion or Payout= 30.00%), (**s**= [S/S']-1= Sales Growth= 5.00%), (**t**= T/B= Tax Rate= 30.00%), (**Q**= Quoted Longterm Liabilities= 35,351 millions USD), (**S'**= Sales of Past Year= 48,851 millions USD), (**I**= Interest Expense= 513 millions USD), (**f**= F/S= Fixed Portion= 58.00%), (**M**= Margin of Contribution= 41,548 millions USD), (*l* = L/E= Leverage or Gearing Ratio= 99.00%), (**S**= Sales or Revenues= 51,294 millions USD), (**p**= 360P/V= Procured Inventory Days= 240 Days), (**U**= Utilized or Starting Capital= 64,720 millions USD), (**q**= [C-P]/X= Quick or Acid Test Ratio= 1.01 times), and (**c**= C/X= Current Ratio= 1.20 times), then it's (**v**= Variable Portion planned), is:

$$v = 360[c-q](l\{U+[M-Sf-I][1-t]-Ad\}-Q) / \{S'p[1+s]\}$$
$$= 360[1.2000-1.0100](0.9900 \{64,720 +[41,548-51,294 *0.5800-513][1-0.3000] - 7,899*0.3000\}-35,351) / \{48,851*240[1+0.0500]\}$$
$$= 19.00\%$$

Law-8902:

If both (**A**= After Tax Income= 7,899 millions USD), (**d**= D/A= Dividend Portion or Payout= 30.00%), (**s**= [S/S']-1= Sales Growth= 5.00%), (**t**= T/B= Tax Rate= 30.00%), (**Q**= Quoted Longterm Liabilities= 35,351 millions USD), (**S'**= Sales of Past Year= 48,851 millions USD), (**I**= Interest Expense= 513 millions USD), (**f**= F/S= Fixed Portion= 58.00%), (**M**= Margin of Contribution= 41,548 millions USD), (**l** = L/E= Leverage or Gearing Ratio= 99.00%), (**S**= Sales or Revenues= 51,294 millions USD), (**v**= V/S= Variable Portion= 19.00%), (**U**= Utilized or Starting Capital= 64,720 millions USD), (**q**= [C-P]/X= Quick or Acid Test Ratio= 1.01 times), and (**c**= C/X= Current Ratio= 1.20 times), then it's (**p**= Procured Inventory Days planned), is:

$$p = 360[c-q](l\{U+[M-Sf-I][1-t]-Ad\}-Q)/\{S'v[1+s]\}$$
$$= 360[1.2000-1.0100](0.9900\{64,720+[41,548-51,294*0.5800-513][1-0.3000]-7,899*0.3000\}-35,351)/\{48,851*0.1900[1+0.0500]\}$$
$$= \underline{240} \text{ days}$$

Law-8903:

If both (**A**= After Tax Income= 7,899 millions USD), (**d**= D/A= Dividend Portion or Payout= 30.00%), (**p**= 360P/V= Procured Inventory Days= 240 Days), (**t**= T/B= Tax Rate= 30.00%), (**Q**= Quoted Longterm Liabilities= 35,351 millions USD), (**S'**= Sales of Past Year= 48,851 millions USD), (**I**= Interest Expense= 513 millions USD), (**f**= F/S= Fixed Portion= 58.00%), (**M**= Margin of Contribution= 41,548 millions USD), (**l** = L/E= Leverage or Gearing Ratio= 99.00%), (**S**= Sales or Revenues= 51,294 millions USD), (**v**= V/S= Variable Portion= 19.00%), (**U**= Utilized or Starting Capital= 64,720 millions USD), (**q**= [C-P]/X= Quick or Acid Test Ratio= 1.01 times), and (**c**= C/X= Current Ratio= 1.20 times), then it's (**s**= Sales Growth planned), is:

$$s = 360[c-q](l\{U+[M-Sf-I][1-t]-Ad\}-Q)/[S'vp]-1$$
$$= 360[1.2000-1.0100](0.9900\{64,720+[41,548-51,294*0.5800-513][1-0.3000]-7,899*0.3000\}-35,351)/\{48,851*0.1900[1+0.0500]\}$$
$$= 5.00\%$$

Law-8904:

If both (**A**= After Tax Income= 7,899 millions USD), (**d**= D/A= Dividend Portion or Payout= 30.00%), (**p**= 360P/V= Procured Inventory Days= 240 Days), (**t**= T/B= Tax Rate= 30.00%), (**Q**= Quoted Longterm Liabilities= 35,351 millions USD), (**S'**= Sales of Past Year= 48,851 millions USD), (**I**= Interest Expense= 513 millions USD), (**f**= F/S= Fixed Portion= 58.00%), (**M**= Margin of Contribution= 41,548 millions USD), (**l** = L/E= Leverage or Gearing Ratio= 99.00%), (**S**= Sales or Revenues= 51,294 millions USD), (**v**= V/S= Variable Portion= 19.00%), (**U**= Utilized or Starting Capital= 64,720 millions USD), (**q**= [C-P]/X= Quick or Acid Test Ratio= 1.01 times), and (**s**= [S/S']-1= Sales Growth= 5.00%), then it's (**c**= Current Ratio planned), is:

$$c = q + S'vp[1+s]/[360(l\{U+[M-Sf-I][1-t]-Ad\}-Q)]$$
$$= 1.0100 + 48,851*0.1900*240$$
$$[1+0.0500] / [360(0.9900$$
$$\{64,720+[41,548-51,294$$
$$*0.5800-513][1-0.3000]$$
$$-7,899*0.3000\}-35,351)]$$
$$= 1.20 \text{ times}$$

Law-8905:

If both (**A**= After Tax Income= 7,899 millions USD), (**d**= D/A= Dividend Portion or Payout= 30.00%), (**p**= 360P/V= Procured Inventory Days= 240 Days), (**t**= T/B= Tax Rate= 30.00%), (**Q**= Quoted Longterm Liabilities= 35,351 millions USD), (**S'**= Sales of Past Year= 48,851 millions USD), (**I**= Interest Expense= 513 millions USD), (**f**= F/S= Fixed Portion= 58.00%), (**M**= Margin of Contribution= 41,548 millions USD), (**l** = L/E= Leverage or Gearing Ratio= 99.00%), (**S**= Sales or Revenues= 51,294 millions USD), (**v**= V/S= Variable Portion= 19.00%), (**U**= Utilized or Starting Capital= 64,720 millions USD), (**c**= C/X= Current Ratio= 1.20 times), and (**s**= [S/S']-1= Sales Growth= 5.00%), then it's (**q**= Quick or Acid Test Ratio planned), is:

$$q = c - S'vp[1+s]/[360(l\{U+[M-Sf-I][1-t]-Ad\}-Q)]$$
$= 1.2000 - 48,851*0.1900*240$
$[1+0.0500]/[360(0.9900$
$\{64,720+[41,548-51,294$
$*0.5800-513][1-0.3000]$
$-7,899*0.3000\}-35,351)]$
$= \underline{1.01}$ times

Law-8906:

If both (**d**= D/A= Dividend Portion or Payout= 30.00%), (**t**= T/B= Tax Rate= 30.00%), (**I**= Interest Expense= 513 millions USD), (**f**= F/S= Fixed Portion= 58.00%), (**M**= Margin of Contribution= 41,548 millions USD), (**I** = L/E= Leverage or Gearing Ratio= 99.00%), (**S**= Sales or Revenues= 51,294 millions USD), (**U**= Utilized or Starting Capital= 64,720 millions USD), and (**X**= Xpress or Current Debt= 34,196 millions USD), then it's (**Q**= Quoted Longterm Liabilities planned), is:

$$Q = I\{U+[M-Sf-I][1-t][1-d]\}-X$$
$$= 0.9900\{64,720+[41,548-51,294$$
$$*0.5800-513][1-0.3000]$$
$$[1-0.3000]\}-34,196$$
$$= 35,351 \text{ millions USD}$$

Finance Construction-13, *Tim Asikin, Steve Asikin, Indra Senihardja*

Law-8907:

If both (d= D/A= Dividend Portion or Payout= 30.00%), (t= T/B= Tax Rate= 30.00%), (I= Interest Expense= 513 millions USD), (f= F/S= Fixed Portion= 58.00%), (M= Margin of Contribution= 41,548 millions USD), (Q= Quoted Longterm Liabilities= 35,351 millions USD), (S= Sales or Revenues= 51,294 millions USD), (U= Utilized or Starting Capital= 64,720 millions USD), and (X= Xpress or Current Debt= 34,196 millions USD), then it's (l= Leverage or Gearing Ratio planned), is:

$$l = [Q+X]/\{U+[M-Sf-I][1-t][1-d]\}$$
$$= [35{,}351+34{,}196]/\{64{,}720+[41{,}548 - 51{,}294*0.5800-513][1-0.3000][1-0.3000]\}$$
$$= 99.00\%$$

Law-8908:

If both (**d**= **D/A**= Dividend Portion or Payout= 30.00%), (**t**= **T/B**= Tax Rate= 30.00%), (**I**= Interest Expense= 513 millions USD), (**f**= **F/S**= Fixed Portion= 58.00%), (**M**= Margin of Contribution= 41,548 millions USD), (**Q**= Quoted Longterm Liabilities= 35,351 millions USD), (**S**= Sales or Revenues= 51,294 millions USD), (**l** = **L/E**= Leverage or Gearing Ratio= 99.00%), and (**X**= Xpress or Current Debt= 34,196 millions USD), then it's (**U**= Utilized or Starting Capital planned), is:

$$U = [Q+X]/l - [M-Sf-I][1-t][1-d]$$
$$= [35,351+34,196]/0.9900 - [41,548 - 51,294*0.5800 - 513][1-0.3000][1-0.3000]$$
$$= 64,720 \text{ millions USD}$$

Law-8909:

If both (**d**= D/A= Dividend Portion or Payout= 30.00%), (**t**= T/B= Tax Rate= 30.00%), (**I**= Interest Expense= 513 millions USD), (**f**= F/S= Fixed Portion= 58.00%), (**U**= Utilized or Starting Capital= 64,720 millions USD),
(**Q**= Quoted Longterm Liabilities= 35,351 millions USD), (**S**= Sales or Revenues= 51,294 millions USD), (**l** = L/E= Leverage or Gearing Ratio= 99.00%), and (**X**= Xpress or Current Debt= 34,196 millions USD), then it's (**M**= Margin of Contribution planned), is:

$$M = Sf + I + \{[Q+X]/l - U\}/\{[1-t][1-d]\}$$
$$= 51,294*0.5800 + 513 + \{[35,351 + 34,196]/0.9900 - 64,720\} / \{[1-0.3000][1-0.3000]\}$$
$$= \underline{41,548} \text{ millions USD}$$

Law-8910:

If both (**d**= D/A= Dividend Portion or Payout= 30.00%), (**t**= T/B= Tax Rate= 30.00%), (**I**= Interest Expense= 513 millions USD), (**f**= F/S= Fixed Portion= 58.00%), (**U**= Utilized or Starting Capital= 64,720 millions USD), (**Q**= Quoted Longterm Liabilities= 35,351 millions USD), (**M**= Margin of Contribution= 41,548 millions USD), (**l** = L/E= Leverage or Gearing Ratio= 99.00%), and (**X**= Xpress or Current Debt= 34,196 millions USD), then it's (**S**= Sales or Revenues planned), is:

$$S = (M - I - \{[Q+X]/l - U\}/\{[1-t][1-d]\})/f$$
$$= (41{,}548 - 513 - [35{,}351 + 34{,}196]$$
$$/0.9900 - 64{,}720\}/\{[1 - 0.3000]$$
$$[1 - 0.3000]\})/0.5800$$
$$= 51{,}294 \text{ millions USD}$$

Law-8911:

If both (**d**= D/A= Dividend Portion or Payout= 30.00%), (**t**= T/B= Tax Rate= 30.00%), (**I**= Interest Expense= 513 millions USD), (**S**= Sales or Revenues= 51,294 millions USD), (**U**= Utilized or Starting Capital= 64,720 millions USD), (**Q**= Quoted Longterm Liabilities= 35,351 millions USD), (**M**= Margin of Contribution= 41,548 millions USD), (**l** = L/E= Leverage or Gearing Ratio= 99.00%), and (**X**= Xpress or Current Debt= 34,196 millions USD), then it's (**f**= Fixed Portion planned), is:

$$f = (M-I-\{[Q+X]/l - U\}/\{[1-t][1-d]\})/S$$
$$= (41{,}548-513-[35{,}351+34{,}196]/0.9900-64{,}720\}/\{[1-0.3000][1-0.3000]\})/51{,}294$$
$$= 58.00\%$$

Law-8912:

If both (**d**= D/A= Dividend Portion or Payout= 30.00%), (**t**= T/B= Tax Rate= 30.00%), (**f**= F/S= Fixed Portion= 58.00%), (**S**= Sales or Revenues= 51,294 millions USD), (**U**= Utilized or Starting Capital= 64,720 millions USD), (**Q**= Quoted Longterm Liabilities= 35,351 millions USD), (**M**= Margin of Contribution= 41,548 millions USD), (**l** = L/E= Leverage or Gearing Ratio= 99.00%), and (**X**= Xpress or Current Debt= 34,196 millions USD), then it's (**I**= Interest Expense planned), is:

$$I = M - Sf - \{[Q+X]/l - U\}/\{[1-t][1-d]\}$$
$$= 41{,}548 - 51{,}294 * 0.5800 - [35{,}351 + 34{,}196]/0.9900 - 64{,}720\}$$
$$/\{[1-0.3000][1-0.3000]\}$$
$$= \underline{513} \text{ millions USD}$$

Law-8913:

If both (**d**= D/A= Dividend Portion or Payout= 30.00%), (**I**= Interest Expense= 513 millions USD), (**f**= F/S=Fixed Portion= 58.00%), (**S**= Sales or Revenues= 51,294 millions USD), (**U**= Utilized or Starting Capital= 64,720 millions USD), (**Q**= Quoted Longterm Liabilities= 35,351 millions USD), (**M**= Margin of Contribution= 41,548 millions USD), (**l** = L/E= Leverage or Gearing Ratio= 99.00%), and (**X**= Xpress or Current Debt= 34,196 millions USD), then it's (**t**= Tax Rate planned), is:

$$t = 1 - \{[Q+X]/l - U\}/\{[1-d][M-Sf-I]\}$$
$$= 1 - \{[35{,}351 + 34{,}196]/0.9900 - 64{,}720\}/\{[1-0.3000][41{,}548 - 51{,}294 * 0.5800 - 513]\}$$
$$= \underline{30.00\%}$$

Law-8914:

If both (**t**= T/B= Tax Rate= 30.00%), (**I**= Interest Expense= 513 millions USD), (**f**= F/S= Fixed Portion= 58.00%), (**S**= Sales or Revenues= 51,294 millions USD), (**U**= Utilized or Starting Capital= 64,720 millions USD), (**Q**= Quoted Longterm Liabilities= 35,351 millions USD), (**M**= Margin of Contribution= 41,548 millions USD), (***I*** = L/E= Leverage or Gearing Ratio= 99.00%), and (**X**= Xpress or Current Debt= 34,196 millions USD), then it's (**D**= Dividend Portion or Payout planned), is:

$$d = 1 - \{[Q+X]/\mathit{l} - U\}/\{[1-t][M-Sf-I]\}$$
$$= 1-\{[35,351+34,196]/0.9900 -64,720\}/\{[1-0.3000][41,548-51,294*0.5800-513]\}$$
$$= 30.00\%$$

Finance Construction-13, *Tim Asikin, Steve Asikin, Indra Senihardja*

Law-8915:

If both (t= T/B= Tax Rate= 30.00%), (I= Interest Expense= 513 millions USD), (f= F/S= Fixed Portion= 58.00%), (S= Sales or Revenues= 51,294 millions USD), (U= Utilized or Starting Capital= 64,720 millions USD), (Q= Quoted Longterm Liabilities= 35,351 millions USD), (M= Margin of Contribution= 41,548 millions USD), (l = L/E= Leverage or Gearing Ratio= 99.00%), and (d= D/A= Dividend Portion or Payout= 30.00%), then it's (X= Xpress or Current Debt planned), is:

$$X = l\{U+[M-Sf-I][1-t][1-d]\}-Q$$
$$= 0.9900\{64,720+[41,548-51,294$$
$$*0.5800-513][1-0.3000]$$
$$[1-0.3000]\}-35,351$$
$$= \underline{34,196} \text{ millions USD}$$

Law-8916:

If both (**t**= T/B= Tax Rate= 30.00%), (**c**= C/X= Current Ratio= 1.20 times), (**q**= [C-P]/X= Quick or Acid Test Ratio= 1.01 times), (**P**= Procured Inventories= 6,497 millions USD), (**I**= Interest Expense= 513 millions USD), (**f**= F/S= Fixed Portion= 58.00%), (**S**= Sales or Revenues= 51,294 millions USD), (**U**= Utilized or Starting Capital= 64,720 millions USD), (**M**= Margin of Contribution= 41,548 millions USD), (**l** = L/E= Leverage or Gearing Ratio= 99.00%), and (**d**= D/A= Dividend Portion or Payout= 30.00%), then it's (**Q**= Quoted Longterm Liabilities planned), is:

$$Q = l\{U+[M-Sf-I][1-t][1-d]\}-P/[c-q]\}$$
$$= 0.9900\{64,720+[41,548-51,294$$
$$*0.5800-513][1-0.3000]$$
$$[1-0.3000]\}-6,497/[1.2000$$
$$-1.0100]\}$$
$$= \underline{35,351} \text{ millions USD}$$

Law-8917:

If both (**t**= T/B= Tax Rate= 30.00%), (**c**= C/X= Current Ratio= 1.20 times), (**q**= [C-P]/X= Quick or Acid Test Ratio= 1.01 times), (**P**= Procured Inventories= 6,497 millions USD), (**I**= Interest Expense= 513 millions USD), (**f**= F/S= Fixed Portion= 58.00%), (**S**= Sales or Revenues= 51,294 millions USD), (**U**= Utilized or Starting Capital= 64,720 millions USD), (**M**= Margin of Contribution= 41,548 millions USD), (**Q**= Quoted Longterm Liabilities= 35,351 millions USD), and (**d**= D/A= Dividend Portion or Payout= 30.00%), then it's (***l*** = Leverage or Gearing Ratio planned), is:

$$
\begin{aligned}
\mathit{l} &= \{Q+P/[c-q]\}/\{U+[M-Sf-I][1-t][1-d]\} \\
&= \{35{,}351+6{,}497/[1.2000-1.0100]\} \\
&\quad /\{64{,}720+[41{,}548-51{,}294 \\
&\quad *0.5800-513][1-0.3000] \\
&\quad [1-0.3000]\} \\
&= 99.00\%
\end{aligned}
$$

Law-8918:

If both (**t**= T/B= Tax Rate= 30.00%), (**c**= C/X= Current Ratio= 1.20 times), (**q**= [C-P]/X= Quick or Acid Test Ratio= 1.01 times), (**P**= Procured Inventories= 6,497 millions USD), (**I**= Interest Expense= 513 millions USD), (**f**= F/S= Fixed Portion= 58.00%), (**S**= Sales or Revenues= 51,294 millions USD), (**l** = L/E= Leverage or Gearing Ratio= 99.00%), (**M**= Margin of Contribution= 41,548 millions USD), (**Q**= Quoted Longterm Liabilities= 35,351 millions USD), and (**d**= D/A= Dividend Portion or Payout= 30.00%), then it's (**U**= Utilized or Starting Capital planned), is:

$$U = \{Q+P/[c-q]\}/l - [M-Sf-I][1-t][1-d]$$
$$= \{35,351+6,497/[1.2000-1.0100]\}/0.9900-[41,548-51,294*0.5800-513][1-0.3000][1-0.3000]$$
$$= 64,720 \text{ millions USD}$$

Law-8919:

If both (**t**= T/B= Tax Rate= 30.00%), (**c**= C/X= Current Ratio= 1.20 times), (**q**= [C-P]/X= Quick or Acid Test Ratio= 1.01 times), (**P**= Procured Inventories= 6,497 millions USD), (**I**= Interest Expense= 513 millions USD), (**f**= F/S= Fixed Portion= 58.00%), (**S**= Sales or Revenues= 51,294 millions USD), (**l** = L/E= Leverage or Gearing Ratio= 99.00%), (**U**= Utilized or Starting Capital= 64,720 millions USD), (**Q**= Quoted Longterm Liabilities= 35,351 millions USD), and (**d**= D/A= Dividend Portion or Payout= 30.00%), then it's (**M**= Margin of Contribution planned), is :

$$M = Sf+I+(\{Q+P/[c-q]\}/l - U)/\{[1-t][1-d]\}$$
$$= 51,294*0.5800+513+(\{35,351+6,497/[1.2000-1.0100]\}/0.9900-64,720)/\{1-0.3000][1-0.3000]\}$$
$$= 41,548 \text{ millions USD}$$

Law-8920:

If both (**t**= T/B= Tax Rate= 30.00%), (**c**= C/X= Current Ratio= 1.20 times), (**q**= [C-P]/X= Quick or Acid Test Ratio= 1.01 times), (**P**= Procured Inventories= 6,497 millions USD), (**I**= Interest Expense= 513 millions USD), (**f**= F/S= Fixed Portion= 58.00%), (**M**= Margin of Contribution= 41,548 millions USD), (**l** = L/E= Leverage or Gearing Ratio= 99.00%), (**U**= Utilized or Starting Capital= 64,720 millions USD), (**Q**= Quoted Longterm Liabilities= 35,351 millions USD), and (**d**= D/A= Dividend Portion or Payout= 30.00%), then it's (**S**= Sales or Revenues planned), is :

$$S = [M-I-(\{Q+P/[c-q]\}/l - U)/\{[1-t][1-d]\}]/f$$
$$= [41,548-513-(\{35,351+6,497 /[1.2000-1.0100]\}/0.9900 -64,720)/\{1-0.3000\} [1-0.3000]\}]/0.5800$$
$$= 51,294 \text{ millions USD}$$

Law-8921:

If both (**t**= T/B= Tax Rate= 30.00%), (**c**= C/X= Current Ratio= 1.20 times), (**q**= [C-P]/X= Quick or Acid Test Ratio= 1.01 times), (**P**= Procured Inventories= 6,497 millions USD), (**I**= Interest Expense= 513 millions USD), (**S**= Sales or Revenues= 51,294 millions USD), (**M**= Margin of Contribution= 41,548 millions USD), (***l*** = L/E= Leverage or Gearing Ratio= 99.00%), (**U**= Utilized or Starting Capital= 64,720 millions USD), (**Q**= Quoted Longterm Liabilities= 35,351 millions USD), and (**d**= D/A= Dividend Portion or Payout= 30.00%), then it's (**f**= Fixed Portion planned), is:

$$f = [M-I-(\{Q+P/[c-q]\}/l - U)/\{[1-t][1-d]\}]/S$$
$$= [41,548-513-(\{35,351+6,497$$
$$/[1.2000-1.0100]\}/0.9900$$
$$-64,720/\{1-0.3000]$$
$$[1-0.3000]\}]/51,294$$
$$= 58.00\%$$

Law-8922:

If both (**t**= T/B= Tax Rate= 30.00%), (**c**= C/X= Current Ratio= 1.20 times), (**q**= [C-P]/X= Quick or Acid Test Ratio= 1.01 times), (**P**= Procured Inventories= 6,497 millions USD), (**I**= Interest Expense= 513 millions USD), (**S**= Sales or Revenues= 51,294 millions USD), (**M**= Margin of Contribution= 41,548 millions USD), (***l*** = L/E= Leverage or Gearing Ratio= 99.00%), (**U**= Utilized or Starting Capital= 64,720 millions USD), (**Q**= Quoted Longterm Liabilities= 35,351 millions USD), and (**d**= D/A= Dividend Portion or Payout= 30.00%), then it's (**I**= Interest Expense planned), is:

$$I = M-Sf-(\{Q+P/[c-q]\}/l -U)/\{[1-t][1-d]\})/S$$
$$= 41,548-51,294*0.5800-(\{35,351 +6,497/[1.2000-1.0100]\} /0.9900-64,720)/\{1-0.3000] [1-0.3000]\}$$
$$= 513 \text{ millions USD}$$

Law-8923:

If both (**f**= F/S= Fixed Portion= 58.00%), (**c**= C/X= Current Ratio= 1.20 times), (**q**= [C-P]/X= Quick or Acid Test Ratio= 1.01 times), (**P**= Procured Inventories= 6,497 millions USD), (**I**= Interest Expense= 513 millions USD), (**S**= Sales or Revenues= 51,294 millions USD), (**M**= Margin of Contribution= 41,548 millions USD), (**l** = L/E= Leverage or Gearing Ratio= 99.00%), (**U**= Utilized or Starting Capital= 64,720 millions USD), (**Q**= Quoted Longterm Liabilities= 35,351 millions USD), and (**d**= D/A= Dividend Portion or Payout= 30.00%), then it's (**t**= Tax Rate planned), is:

$$t = 1-(\{Q+P/[c-q]\}/l - U)/\{[1-d][M-Sf-I]\}$$
$$= 1-(\{35,351+6,497/[1.2000-1.0100]\}/0.9900-64,720)/\{[1-0.3000][41,548-51,294*0.5800-513]\}$$
$$= 30.00\%$$

Law-8924:

If both (**f**= F/S= Fixed Portion= 58.00%), (**c**= C/X= Current Ratio= 1.20 times), (**q**= [C-P]/X= Quick or Acid Test Ratio= 1.01 times), (**P**= Procured Inventories= 6,497 millions USD), (**I**= Interest Expense= 513 millions USD), (**S**= Sales or Revenues= 51,294 millions USD), (**M**= Margin of Contribution= 41,548 millions USD), (**l** = L/E= Leverage or Gearing Ratio= 99.00%), (**U**= Utilized or Starting Capital= 64,720 millions USD), (**Q**= Quoted Longterm Liabilities= 35,351 millions USD), and (**t**= T/B= Tax Rate= 30.00%), then it's (**d**= Dividend Portion or Payout planned), is:

$$d = 1-(\{Q+P/[c-q]\}/l - U)/\{[1-t][M-Sf-I]\}$$
$$= 1-(\{35,351+6,497/[1.2000 - 1.0100]\}/0.9900 - 64,720) / \{[1-0.3000][41,548 - 51,294*0.5800 - 513]\}$$
$$= 30.00\%$$

Law-8925:

If both (**f**= F/S= Fixed Portion= 58.00%), (**c**= C/X= Current Ratio= 1.20 times), (**q**= [C-P]/X= Quick or Acid Test Ratio= 1.01 times), (**d**= D/A= Dividend Portion or Payout= 30.00%), (**I**= Interest Expense= 513 millions USD), (**S**= Sales or Revenues= 51,294 millions USD), (**M**= Margin of Contribution= 41,548 millions USD), (***l*** = L/E= Leverage or Gearing Ratio= 99.00%), (**U**= Utilized or Starting Capital= 64,720 millions USD), (**Q**= Quoted Longterm Liabilities= 35,351 millions USD), and (**t**= T/B= Tax Rate= 30.00%), then it's (**P**= Procured Inventories planned), is:

$$P = [c-q](l\{U+[M-Sf-I][1-t][1-d]\}-Q)$$
$$= [1.2000-1.0100](0.9900\{64,720$$
$$+[41,548-51,294*0.5800$$
$$-513][1-0.3000][1-0.3000]\}$$
$$-35,351)$$
$$= \underline{6,497} \text{ millions USD}$$

Law-8926:

If both (**f**= F/S= Fixed Portion= 58.00%), (**P**= Procured Inventories= 6,497 millions USD), (**q**= [C-P]/X= Quick or Acid Test Ratio= 1.01 times), (**d**= D/A= Dividend Portion or Payout= 30.00%), (**I**= Interest Expense= 513 millions USD), (**S**= Sales or Revenues= 51,294 millions USD), (**M**= Margin of Contribution= 41,548 millions USD), (**l** = L/E= Leverage or Gearing Ratio= 99.00%), (**U**= Utilized or Starting Capital= 64,720 millions USD), (**Q**= Quoted Longterm Liabilities= 35,351 millions USD), and (**t**= T/B= Tax Rate= 30.00%), then it's (**c**= Current Ratio planned), is:

$$c = q + P/(l\ \{U+[M-Sf-I][1-t][1-d]\}-Q)$$
$$= 1.0100 + 6,497/(0.9900\{64,720$$
$$+[41,548-51,294*0.5800$$
$$-513][1-0.3000][1-0.3000]\}$$
$$-35,351)$$
$$= 1.20 \text{ times}$$

Law-8927:

If both (**f**= F/S= Fixed Portion= 58.00%), (**P**= Procured Inventories= 6,497 millions USD), (**c**= C/X= Current Ratio= 1.20 times), (**d**= D/A= Dividend Portion or Payout= 30.00%), (**I**= Interest Expense= 513 millions USD), (**S**= Sales or Revenues= 51,294 millions USD), (**M**= Margin of Contribution= 41,548 millions USD), (**l** = L/E= Leverage or Gearing Ratio= 99.00%), (**U**= Utilized or Starting Capital= 64,720 millions USD), (**Q**= Quoted Longterm Liabilities= 35,351 millions USD), and (**t**= T/B= Tax Rate= 30.00%), then it's (**q**= Quick or Acid Test Ratio planned), is:

$$
\begin{aligned}
q &= c-P/(l\,\{U+[M-Sf-I][1-t][1-d]\}-Q) \\
&= 1.2000-6{,}497/(0.9900\{64{,}720 \\
&\quad +[41{,}548-51{,}294*0.5800 \\
&\quad -513][1-0.3000][1-0.3000]\} \\
&\quad -35{,}351) \\
&= 1.01 \text{ times}
\end{aligned}
$$

Law-8928:

If both (**f**= F/S= Fixed Portion= 58.00%), (**p**= 360P/V= Procured Inventory Days= 240 Days), (**V**= Variable Cost= 9,746 millions USD), (**c**= C/X= Current Ratio= 1.20 times), (**d**= D/A= Dividend Portion or Payout= 30.00%), (**I**= Interest Expense= 513 millions USD), (**S**= Sales or Revenues= 51,294 millions USD), (**M**= Margin of Contribution= 41,548 millions USD), (**l** = L/E= Leverage or Gearing Ratio= 99.00%), (**U**= Utilized or Starting Capital= 64,720 millions USD), (**q**= [C-P]/X= Quick or Acid Test Ratio= 1.01 times), and (**t**= T/B= Tax Rate= 30.00%), then it's (**Q**= Quoted Longterm Liabilities planned), is:

$$Q = l\{U+[M-Sf-I][1-t][1-d]\} \\ -Vp/\{360[c-q]\}$$
$$= 0.9900\{64,720+[41,548-51,294 \\ *0.5800-513][1-0.3000] \\ [1-0.3000]\}-9,746*240 \\ /\{[1.2000-1.0100]\}$$
$$= 35,351 \text{ millions USD}$$

Law-8929:

If both (**f**= F/S= Fixed Portion= 58.00%), (**p**= 360P/V= Procured Inventory Days= 240 Days), (**V**= Variable Cost= 9,746 millions USD), (**c**= C/X= Current Ratio= 1.20 times), (**d**= D/A= Dividend Portion or Payout= 30.00%), (**I**= Interest Expense= 513 millions USD), (**S**= Sales or Revenues= 51,294 millions USD), (**M**= Margin of Contribution= 41,548 millions USD), (**Q**= Quoted Longterm Liabilities= 35,351 millions USD), (**U**= Utilized or Starting Capital= 64,720 millions USD), (**q**= [C-P]/X= Quick or Acid Test Ratio= 1.01 times), and (**t**= T/B= Tax Rate= 30.00%), then it's (***l*** = Leverage or Gearing Ratio planned), is:

$$l = (Q+Vp/\{360[c-q]\})/\{U+[M-Sf-I][1-t][1-d]\}$$
$$= (35,351+9,746*240/\{[1.2000-1.0100]\})/\{64,720+[41,548-51,294*0.5800-513][1-0.3000][1-0.3000]\}$$
$$= 99.00\%$$

Law-8930:

If both (**f**= F/S= Fixed Portion= 58.00%), (**p**= 360P/V= Procured Inventory Days= 240 Days), (**V**= Variable Cost= 9,746 millions USD), (**c**= C/X= Current Ratio= 1.20 times), (**d**= D/A= Dividend Portion or Payout= 30.00%), (**I**= Interest Expense= 513 millions USD), (**S**= Sales or Revenues= 51,294 millions USD), (**M**= Margin of Contribution= 41,548 millions USD), (**Q**= Quoted Longterm Liabilities= 35,351 millions USD), (**l** = L/E= Leverage or Gearing Ratio= 99.00%), (**q**= [C-P]/X= Quick or Acid Test Ratio= 1.01 times), and (**t**= T/B= Tax Rate= 30.00%), then it's (**U**= Utilized or Starting Capital planned), is:

$$U = (Q+Vp/\{360[c-q]\})/l \\ -[M-Sf-I][1-t][1-d]$$
$$= (35,351+9,746*240/\{[1.2000 \\ -1.0100]\})/0.9900-[41,548 \\ -51,294*0.5800-513] \\ [1-0.3000][1-0.3000]$$
$$= 64,720 \text{ millions USD}$$

Law-8931:

If both (**f**= F/S= Fixed Portion= 58.00%), (**p**= 360P/V= Procured Inventory Days= 240 Days), (**V**= Variable Cost= 9,746 millions USD), (**c**= C/X= Current Ratio= 1.20 times), (**d**= D/A= Dividend Portion or Payout= 30.00%), (**I**= Interest Expense= 513 millions USD), (**S**= Sales or Revenues= 51,294 millions USD), (***l*** = L/E= Leverage or Gearing Ratio= 99.00%), (**Q**= Quoted Longterm Liabilities= 35,351 millions USD), (**U**= Utilized or Starting Capital= 64,720 millions USD), (**q**= [C-P]/X= Quick or Acid Test Ratio= 1.01 times), and (**t**= T/B= Tax Rate= 30.00%), then it's (**M**= Margin of Contribution planned), is:

$$M = Sf+I+[(Q+Vp/\{360[c-q]\})/l - U] / \{[1-t][1-d]\}$$
$$= 51,294*0.5800+513+[(35,351 +9,746*240/\{[1.2000 -1.0100]\})/0.9900-64,720] / \{[1-0.3000][1-0.3000]\}$$
$$= 41,548 \text{ millions USD}$$

Law-8932:

If both (**f**= F/S= Fixed Portion= 58.00%), (**p**= 360P/V= Procured Inventory Days= 240 Days), (**V**= Variable Cost= 9,746 millions USD), (**c**= C/X= Current Ratio= 1.20 times), (**d**= D/A= Dividend Portion or Payout= 30.00%), (**I**= Interest Expense= 513 millions USD), (**M**= Margin of Contribution= 41,548 millions USD), (**U**= Utilized or Starting Capital= 64,720 millions USD), (**Q**= Quoted Longterm Liabilities= 35,351 millions USD), (***l*** = L/E= Leverage or Gearing Ratio= 99.00%),
(**q**= [C-P]/X= Quick or Acid Test Ratio= 1.01 times), and (**t**= T/B= Tax Rate= 30.00%), then it's (**S**= Sales or Revenues planned), is:

$$S = \{M-I-[(Q+Vp/\{360[c-q]\})/l - U]/\{[1-t][1-d]\}\}/f$$
$$= \{41,548-513-[(35,351+9,746*240/\{[1.2000-1.0100]\})/0.9900-64,720]/\{[1-0.3000][1-0.3000]\}\}/0.5800$$
$$= 51,294 \text{ millions USD}$$

Law-8933:

If both (**S**= Sales or Revenues= 51,294 millions USD), (**p**= 360P/V= Procured Inventory Days= 240 Days), (**V**= Variable Cost= 9,746 millions USD), (**c**= C/X= Current Ratio= 1.20 times), (**d**= D/A= Dividend Portion or Payout= 30.00%), (**I**= Interest Expense= 513 millions USD), (**M**= Margin of Contribution= 41,548 millions USD), (**U**= Utilized or Starting Capital= 64,720 millions USD), (**Q**= Quoted Longterm Liabilities= 35,351 millions USD), (**l** = L/E= Leverage or Gearing Ratio= 99.00%), (**q**= [C-P]/X= Quick or Acid Test Ratio= 1.01 times), and (**t**= T/B= Tax Rate= 30.00%), then it's (**f**= Fixed Portion planned), is:

$$f = \{M-I-[(Q+Vp/\{360[c-q]\})/l - U]/\{[1-t][1-d]\}\}/S$$
$$= \{41,548-513-[(35,351+9,746*240/\{[1.2000-1.0100]\})/0.9900-64,720]/\{[1-0.3000][1-0.3000]\}\}/51,294$$
$$= 58.00\%$$

Law-8934:

If both (**S**= Sales or Revenues= 51,294 millions USD), (**p**= 360P/V= Procured Inventory Days= 240 Days), (**V**= Variable Cost= 9,746 millions USD), (**c**= C/X= Current Ratio= 1.20 times), (**d**= D/A= Dividend Portion or Payout= 30.00%), (**f**= F/S= Fixed Portion= 58.00%), (**M**= Margin of Contribution= 41,548 millions USD), (**U**= Utilized or Starting Capital= 64,720 millions USD), (**Q**= Quoted Longterm Liabilities= 35,351 millions USD), (***l*** = L/E= Leverage or Gearing Ratio= 99.00%),
(**q**= [C-P]/X= Quick or Acid Test Ratio= 1.01 times), and (**t**= T/B= Tax Rate= 30.00%), then it's (**I**= Interest Expense planned), is:

$$I = M-Sf-[(Q+Vp/\{360[c-q]\})/l - U] / \{[1-t][1-d]\}$$
$$= 41{,}548 - 51{,}294 * 0.5800 - [(35{,}351 + 9{,}746 * 240 / \{[1.2000 - 1.0100]\}) / 0.9900 - 64{,}720] / \{[1-0.3000][1-0.3000]\}$$
$$= 513 \text{ millions USD}$$

Law-8935:

If both (**S**= Sales or Revenues= 51,294 millions USD), (**p**= 360P/V= Procured Inventory Days= 240 Days), (**V**= Variable Cost= 9,746 millions USD), (**c**= C/X= Current Ratio= 1.20 times), (**d**= D/A= Dividend Portion or Payout= 30.00%), (**f**= F/S= Fixed Portion= 58.00%), (**M**= Margin of Contribution= 41,548 millions USD), (**U**= Utilized or Starting Capital= 64,720 millions USD), (**Q**= Quoted Longterm Liabilities= 35,351 millions USD), (**l** = L/E= Leverage or Gearing Ratio= 99.00%),
(**q**= [C-P]/X= Quick or Acid Test Ratio= 1.01 times), and (**I**= Interest Expense= 513 millions USD), then it's (**t**= Tax Rate planned), is:

$$t = 1 - [(Q+Vp/\{360[c-q]\})/l - U] / \{[1-d][M-Sf-I]\}$$
$$= 1 - [(35{,}351 + 9{,}746*240/\{[1.2000 - 1.0100]\})/0.9900 - 64{,}720] / \{[1-0.3000][41{,}548 - 51{,}294*0.5800 - 513]\}$$
$$= 30.00\%$$

Law-8936:

If both (**S**= Sales or Revenues= 51,294 millions USD), (**p**= 360P/V= Procured Inventory Days= 240 Days), (**V**= Variable Cost= 9,746 millions USD), (**c**= C/X= Current Ratio= 1.20 times), (**t**= T/B= Tax Rate= 30.00%), (**f**= F/S= Fixed Portion= 58.00%), (**M**= Margin of Contribution= 41,548 millions USD), (**U**= Utilized or Starting Capital= 64,720 millions USD), (**Q**= Quoted Longterm Liabilities= 35,351 millions USD), (**l** = L/E= Leverage or Gearing Ratio= 99.00%), (**q**= [C-P]/X= Quick or Acid Test Ratio= 1.01 times), and (**I**= Interest Expense= 513 millions USD), then it's (**d**= Dividend Portion or Payout planned), is:

$$d = 1 - [(Q+Vp/\{360[c-q]\})/l - U] / \{[1-t][M-Sf-I]\}$$
$$= 1 - [(35{,}351 + 9{,}746*240/\{[1.2000 - 1.0100]\})/0.9900 - 64{,}720] / \{[1-0.3000][41{,}548 - 51{,}294*0.5800 - 513]\}$$
$$= 30.00\%$$

Law-8937:

If both (**S**= Sales or Revenues= 51,294 millions USD), (**p**= 360P/V= Procured Inventory Days= 240 Days), (**d**= D/A= Dividend Portion or Payout= 30.00%), (**c**= C/X= Current Ratio= 1.20 times), (**t**= T/B= Tax Rate= 30.00%), (**f**= F/S= Fixed Portion= 58.00%), (**M**= Margin of Contribution= 41,548 millions USD), (**U**= Utilized or Starting Capital= 64,720 millions USD), (**Q**= Quoted Longterm Liabilities= 35,351 millions USD), (**l** = L/E= Leverage or Gearing Ratio= 99.00%), (**q**= [C-P]/X= Quick or Acid Test Ratio= 1.01 times), and (**I**= Interest Expense= 513 millions USD), then it's (**V**= Variable Cost planned), is:

$$V = 360[c-q](l\{U+[M-Sf-I][1-t][1-d]\}-Q)/p$$
$$= 360[1.2000-1.0100](0.9900$$
$$\{64,720+[41,548-51,294$$
$$*0.5800-513][1-0.3000]$$
$$[1-0.3000]\}-35,351)/240$$
$$= 9,746 \text{ millions USD}$$

Law-8938:

If both (**S**= Sales or Revenues= 51,294 millions USD), (**V**= Variable Cost= 9,746 millions USD), (**d**= D/A= Dividend Portion or Payout= 30.00%), (**c**= C/X= Current Ratio= 1.20 times), (**t**= T/B= Tax Rate= 30.00%), (**f**= F/S= Fixed Portion= 58.00%), (**M**= Margin of Contribution= 41,548 millions USD), (**U**= Utilized or Starting Capital= 64,720 millions USD), (**Q**= Quoted Longterm Liabilities= 35,351 millions USD), (**l** = L/E= Leverage or Gearing Ratio= 99.00%), (**q**= [C-P]/X= Quick or Acid Test Ratio= 1.01 times), and (**I**= Interest Expense= 513 millions USD), then it's (**p**= Procured Inventory Days planned), is:

$$p = 360[c-q](l \{U+[M-Sf-I][1-t][1-d]\}-Q)/V$$
$$= 360[1.2000-1.0100](0.9900$$
$$\{64{,}720+[41{,}548-51{,}294$$
$$*0.5800-513][1-0.3000]$$
$$[1-0.3000]\}-35{,}351)/9{,}746$$
$$= \underline{240} \text{ days}$$

Law-8939:

If both (**S**= Sales or Revenues= 51,294 millions USD), (**V**= Variable Cost= 9,746 millions USD), (**d**= D/A= Dividend Portion or Payout= 30.00%), (**p**= 360P/V= Procured Inventory Days= 240 Days), (**t**= T/B= Tax Rate= 30.00%), (**f**= F/S= Fixed Portion= 58.00%), (**M**= Margin of Contribution= 41,548 millions USD), (**U**= Utilized or Starting Capital= 64,720 millions USD), (**Q**= Quoted Longterm Liabilities= 35,351 millions USD), (***l*** = L/E= Leverage or Gearing Ratio= 99.00%), (**q**= [C-P]/X= Quick or Acid Test Ratio= 1.01 times), and (**I**= Interest Expense= 513 millions USD), then it's (**c**= Current Ratio planned), is:

$$c = q + Vp / [360(l\{U+[M-Sf-I][1-t][1-d]\}-Q)]$$
$$= 1.0100 + 9,746*240 / [360(0.9900\{64,720+[41,548-51,294*0.5800-513][1-0.3000][1-0.3000]\}-35,351)]$$
$$= 1.20 \text{ times}$$

Law-8940:

If both (**S**= Sales or Revenues= 51,294 millions USD), (**V**= Variable Cost= 9,746 millions USD), (**d**= D/A= Dividend Portion or Payout= 30.00%), (**p**= 360P/V= Procured Inventory Days= 240 Days), (**t**= T/B= Tax Rate= 30.00%), (**f**= F/S= Fixed Portion= 58.00%), (**M**= Margin of Contribution= 41,548 millions USD), (**U**= Utilized or Starting Capital= 64,720 millions USD), (**Q**= Quoted Longterm Liabilities= 35,351 millions USD), (***l*** = L/E= Leverage or Gearing Ratio= 99.00%), (**c**= C/X= Current Ratio= 1.20 times), and (**I**= Interest Expense= 513 millions USD), then it's (**q**= Quick or Acid Test Ratio Ratio planned), is:

$$q= c-Vp/[360(l \{U+[M-Sf-I][1-t][1-d]\}-Q)]$$
$$= 1.2000-9,746*240/[360(0.9900$$
$$\{64,720+[41,548-51,294$$
$$*0.5800-513][1-0.3000]$$
$$[1-0.3000]\}-35,351)]$$
$$= 1.01 \text{ times}$$

Law-8941:

If both (**S**= Sales or Revenues= 51,294 millions USD), (**v**= V/S= Variable Portion= 19.00%), (**d**= D/A= Dividend Portion or Payout= 30.00%), (**p**= 360P/V= Procured Inventory Days= 240 Days), (**t**= T/B= Tax Rate= 30.00%), (f= F/S=Fixed Portion= 58.00%), (**M**= Margin of Contribution= 41,548 millions USD), (**U**= Utilized or Starting Capital= 64,720 millions USD), (**q**= [C-P]/X= Quick or Acid Test Ratio= 1.01 times), (***l*** = L/E= Leverage or Gearing Ratio= 99.00%), (**c**= C/X= Current Ratio= 1.20 times), and (**I**= Interest Expense= 513 millions USD), then it's (**Q**= Quoted Longterm Liabilities planned), is:

$$Q = l\{U+[M-Sf-I][1-t][1-d]\}-Svp/\{360[c-q]\}$$
$$= 0.9900\{64,720+[41,548-51,294$$
$$*0.5800-513][1-0.3000]$$
$$[1-0.3000]\}-51,294*0.1900$$
$$*240/\{360[1.2000-1.0100]\}$$
$$= 35,351 \text{ millions USD}$$

Law-8942:

If both (**S**= Sales or Revenues= 51,294 millions USD), (**v**= V/S= Variable Portion= 19.00%), (**d**= D/A= Dividend Portion or Payout= 30.00%), (**p**= 360P/V= Procured Inventory Days= 240 Days), (**t**= T/B= Tax Rate= 30.00%), (**f**= F/S= Fixed Portion= 58.00%), (**Q**= Quoted Longterm Liabilities= 35,351 millions USD), (**M**= Margin of Contribution= 41,548 millions USD), (**U**= Utilized or Starting Capital= 64,720 millions USD), (**q**= [C-P]/X= Quick or Acid Test Ratio= 1.01 times), (**c**= C/X= Current Ratio= 1.20 times), and (**I**= Interest Expense= 513 millions USD), then it's (***l*** = Leverage or Gearing Ratio planned), is:

$$l = (Q+Svp/\{360[c-q]\})/\{U+[M-Sf-I][1-t][1-d]\}$$
$$= (35,351+51,294*0.1900*240/\{360[1.2000-1.0100]\})/\{64,720+[41,548-51,294*0.5800-513][1-0.3000][1-0.3000]\}$$
$$= 99.00\%$$

Law-8943:

If both (**S**= Sales or Revenues= 51,294 millions USD), (**v**= V/S= Variable Portion= 19.00%), (**d**= D/A= Dividend Portion or Payout= 30.00%), (**p**= 360P/V= Procured Inventory Days= 240 Days), (**t**= T/B= Tax Rate= 30.00%), (**f**= F/S= Fixed Portion= 58.00%), (**Q**= Quoted Longterm Liabilities= 35,351 millions USD), (**M**= Margin of Contribution= 41,548 millions USD), (***l*** = L/E= Leverage or Gearing Ratio= 99.00%), (**q**= [C-P]/X= Quick or Acid Test Ratio= 1.01 times), (**c**= C/X= Current Ratio= 1.20 times), and (**I**= Interest Expense= 513 millions USD), then it's (**U**= Utilized or Starting Capital planned), is:

$$U = (Q+Svp/\{360[c-q]\})/l - [M-Sf-I][1-t][1-d]$$
$$= (35{,}351 + 51{,}294 * 0.1900 * 240/\{360[1.2000-1.0100]\})/0.9900$$
$$- [41{,}548 - 51{,}294 * 0.5800 - 513][1-0.3000][1-0.3000]\}$$
$$= 64{,}720 \text{ millions USD}$$

Law-8944:

If both (**S**= Sales or Revenues= 51,294 millions USD), (**v**= V/S= Variable Portion= 19.00%), (**d**= D/A= Dividend Portion or Payout= 30.00%), (**p**= 360P/V= Procured Inventory Days= 240 Days), (**t**= T/B= Tax Rate= 30.00%), (f= F/S=Fixed Portion= 58.00%), (**Q**= Quoted Longterm Liabilities= 35,351 millions USD), (**U**= Utilized or Starting Capital= 64,720 millions USD), (***l*** = L/E= Leverage or Gearing Ratio= 99.00%), (**q**= [C-P]/X= Quick or Acid Test Ratio= 1.01 times), (**c**= C/X= Current Ratio= 1.20 times), and (**I**= Interest Expense= 513 millions USD), then it's (**M**= Margin of Contribution planned), is:

$$M= Sf+I+[(Q+Svp/\{360[c-q]\})/l\ -U]$$
$$/\{[1-t][1-d]\}$$
$$= 51{,}294*0.5800+513+[(35{,}351$$
$$+51{,}294*0.1900*240/\{360$$
$$[1.2000-1.0100]\})/0.9900$$
$$-64{,}720]/\{1-0.3000]$$
$$[1-0.3000]\}$$
$$= 41{,}548 \text{ millions USD}$$

Law-8945:

If both (**M**= Margin of Contribution= 41,548 millions USD), (**v**= V/S= Variable Portion= 19.00%), (**d**= D/A= Dividend Portion or Payout= 30.00%), (**p**= 360P/V= Procured Inventory Days= 240 Days), (**t**= T/B= Tax Rate= 30.00%), (**f**= F/S= Fixed Portion= 58.00%), (**Q**= Quoted Longterm Liabilities= 35,351 millions USD), (**U**= Utilized or Starting Capital= 64,720 millions USD), (***l*** = L/E= Leverage or Gearing Ratio= 99.00%), (**q**= [C-P]/X= Quick or Acid Test Ratio= 1.01 times), (**c**= C/X= Current Ratio= 1.20 times), and (**I**= Interest Expense= 513 millions USD), then it's (**S**= Sales or Revenues planned), is:

$$S = \{M-I-[(Q+Svp/\{360[c-q]\})/l - U]/\{[1-t][1-d]\}\}/f$$

$$= \{41,548-513-[(35,351+51,294 *0.1900*240/\{360[1.2000 -1.0100]\})/0.9900-64,720] /\{[1-0.3000][1-0.3000]\}\} /0.5800$$

$$= 51,294 \text{ millions USD}$$

Law-8946:

If both (**M**= Margin of Contribution= 41,548 millions USD), (**v**= V/S= Variable Portion= 19.00%), (**d**= D/A= Dividend Portion or Payout= 30.00%), (**p**= 360P/V= Procured Inventory Days= 240 Days), (**t**= T/B= Tax Rate= 30.00%), (**S**= Sales or Revenues= 51,294 millions USD), (**Q**= Quoted Longterm Liabilities= 35,351 millions USD), (**U**= Utilized or Starting Capital= 64,720 millions USD), (**l** = L/E= Leverage or Gearing Ratio= 99.00%), (**q**= [C-P]/X= Quick or Acid Test Ratio= 1.01 times), (**c**= C/X= Current Ratio= 1.20 times), and (**I**= Interest Expense= 513 millions USD), then it's (**f**= Fixed Portion planned), is:

$$f= \{M-I-[(Q+Svp/\{360[c-q]\})/l -U] /\{[1-t][1-d]\}\}/S$$
$$= \{41,548-513-[(35,351+51,294 *0.1900*240/\{360[1.2000 -1.0100]\})/0.9900-64,720] /\{1-0.3000][1-0.3000]\}\} /51,294$$
$$= 58.00\%$$

Law-8947:

If both (**M**= Margin of Contribution= 41,548 millions USD), (**v**= V/S= Variable Portion= 19.00%), (**d**= D/A= Dividend Portion or Payout= 30.00%), (**p**= 360P/V= Procured Inventory Days= 240 Days), (**t**= T/B= Tax Rate= 30.00%), (**S**= Sales or Revenues= 51,294 millions USD), (**Q**= Quoted Longterm Liabilities= 35,351 millions USD), (**U**= Utilized or Starting Capital= 64,720 millions USD), (**l** = L/E= Leverage or Gearing Ratio= 99.00%), (**q**= [C-P]/X= Quick or Acid Test Ratio= 1.01 times), (**c**= C/X= Current Ratio= 1.20 times), and (**f**= F/S= Fixed Portion= 58.00%), then it's (**I**= Interest Expense planned), is:

$$I = M-Sf-[(Q+Svp/\{360[c-q]\})/l - U] /\{[1-t][1-d]\}$$
$$= 41,548-51,294*0.5800-[(35,351 \\ +51,294*0.1900*240/\{360 \\ [1.2000-1.0100]\})/0.9900 \\ -64,720]/\{[1-0.3000] \\ [1-0.3000]\}$$
$$= 513 \text{ millions USD}$$

Law-8948:

If both (**M**= Margin of Contribution= 41,548 millions USD), (**v**= V/S= Variable Portion= 19.00%), (**d**= D/A= Dividend Portion or Payout= 30.00%), (**p**= 360P/V= Procured Inventory Days= 240 Days), (**I**= Interest Expense= 513 millions USD), (**S**= Sales or Revenues= 51,294 millions USD), (**Q**= Quoted Longterm Liabilities= 35,351 millions USD), (**U**= Utilized or Starting Capital= 64,720 millions USD), (*l* = L/E= Leverage or Gearing Ratio= 99.00%), (**q**= [C-P]/X= Quick or Acid Test Ratio= 1.01 times), (**c**= C/X= Current Ratio= 1.20 times), and (**f**= F/S= Fixed Portion= 58.00%), then it's (**t**= Tax Rate planned), is:

$$t = 1 - [(Q+Svp/\{360[c-q]\})/l - U] / \{[1-d][M-Sf-I]\}$$
$$= 1 - [(35,351+51,294*0.1900*240 / \{360[1.2000-1.0100]\}) / 0.9900 - 64,720] / \{[1-0.3000] [41,548-51,294*0.5800 -513]\}$$
$$= 30.00\%$$

Law-8949:

If both (**M**= Margin of Contribution= 41,548 millions USD), (**v**= V/S= Variable Portion= 19.00%), (**t**= T/B= Tax Rate= 30.00%), (**p**= 360P/V= Procured Inventory Days= 240 Days), (**I**= Interest Expense= 513 millions USD), (**S**= Sales or Revenues= 51,294 millions USD), (**Q**= Quoted Longterm Liabilities= 35,351 millions USD), (**U**= Utilized or Starting Capital= 64,720 millions USD), (**l** = L/E= Leverage or Gearing Ratio= 99.00%), (**q**= [C-P]/X= Quick or Acid Test Ratio= 1.01 times), (**c**= C/X= Current Ratio= 1.20 times), and (**f**= F/S= Fixed Portion= 58.00%), then it's (**d**= Dividend Portion or Payout planned), is:

$$d = 1 - [(Q+Svp/\{360[c-q]\})/l - U] / \{[1-t][M-Sf-I]\}$$

$$= 1 - [(35{,}351 + 51{,}294 * 0.1900 * 240 / \{360[1.2000 - 1.0100]\}) / 0.9900 - 64{,}720]/\{[1-0.3000][41{,}548 - 51{,}294 * 0.5800 - 513]\}$$

$$= 30.00\%$$

Law-8950:

If both (**M**= Margin of Contribution= 41,548 millions USD), (**d**= D/A= Dividend Portion or Payout= 30.00%),
(**t**= T/B= Tax Rate= 30.00%), (**p**= 360P/V= Procured Inventory Days= 240 Days), (**I**= Interest Expense= 513 millions USD), (**S**= Sales or Revenues= 51,294 millions USD), (**Q**= Quoted Longterm Liabilities= 35,351 millions USD), (**U**= Utilized or Starting Capital= 64,720 millions USD), (**l** = L/E= Leverage or Gearing Ratio= 99.00%), (**q**= [C-P]/X= Quick or Acid Test Ratio= 1.01 times), (**c**= C/X= Current Ratio= 1.20 times), and (**f**= F/S= Fixed Portion= 58.00%), then it's (**v**= Variable Portion planned), is:

$$v = 360[c-q](l\{U+[M-Sf-I][1-t][1-d]\}-Q)/[Sp]$$
$$= 360[1.2000-1.0100](0.9900\{64,720+[41,548-51,294*0.5800-513][1-0.3000][1-0.3000]\}-35,351)/[51,294*240]$$
$$= \underline{19.00}\%$$

Law-8951:

If both (**M**= Margin of Contribution= 41,548 millions USD), (**d**= D/A= Dividend Portion or Payout= 30.00%),
(**t**= T/B= Tax Rate= 30.00%), (**v**= V/S= Variable Portion= 19.00%), (**I**= Interest Expense= 513 millions USD), (**S**= Sales or Revenues= 51,294 millions USD), (**Q**= Quoted Longterm Liabilities= 35,351 millions USD), (**U**= Utilized or Starting Capital= 64,720 millions USD), (**l**= L/E= Leverage or Gearing Ratio= 99.00%), (**q**= [C-P]/X= Quick or Acid Test Ratio= 1.01 times), (**c**= C/X= Current Ratio= 1.20 times), and (**f**= F/S= Fixed Portion= 58.00%), then it's (**p**= Procured Inventory Days planned), is:

$$p = 360[c-q](l\{U+[M-Sf-I][1-t][1-d]\}-Q)/[Sv]$$
$$= 360[1.2000-1.0100](0.9900\{64,720+[41,548-51,294*0.5800-513][1-0.3000][1-0.3000]\}-35,351)/[51,294*0.1900]$$
$$= 240 \text{ days}$$

Law-8952:

If both (**M**= Margin of Contribution= 41,548 millions USD), (**d**= D/A= Dividend Portion or Payout= 30.00%),
(**t**= T/B= Tax Rate= 30.00%), (**v**= V/S= Variable Portion= 19.00%), (**I**= Interest Expense= 513 millions USD), (**S**= Sales or Revenues= 51,294 millions USD), (**Q**= Quoted Longterm Liabilities= 35,351 millions USD), (**U**= Utilized or Starting Capital= 64,720 millions USD), (***l*** = L/E= Leverage or Gearing Ratio= 99.00%), (**q**= [C-P]/X= Quick or Acid Test Ratio= 1.01 times), (**p**= 360P/V= Procured Inventory Days= 240 Days), and (**f**= F/S= Fixed Portion= 58.00%), then it's (**p**= Procured Inventory Days planned), is:

c= q+Svp/**[**360(*l* {U+[M-Sf-I][1-t][1-d]}-Q)**]**
  = 1.0100+51,294*0.1900*240/**[**360
    (0.9900{64,720+[41,548
    -51,294*0.5800-513]
    [1-0.3000][1-0.3000]}
    -35,351)**]**
  = 1.20 times

Law-8953:

If both (**M**= Margin of Contribution= 41,548 millions USD), (**d**= D/A= Dividend Portion or Payout= 30.00%),
(**t**= T/B= Tax Rate= 30.00%), (**v**= V/S= Variable Portion= 19.00%), (**I**= Interest Expense= 513 millions USD), (**S**= Sales or Revenues= 51,294 millions USD), (**Q**= Quoted Longterm Liabilities= 35,351 millions USD), (**U**= Utilized or Starting Capital= 64,720 millions USD), (*l* = L/E= Leverage or Gearing Ratio= 99.00%), (**c**= C/X= Current Ratio= 1.20 times), (**p**= 360P/V= Procured Inventory Days= 240 Days), and (**f**= F/S= Fixed Portion= 58.00%), then it's (**q**= Quick or Acid Test Ratio planned), is:

$$q = c - Svp/[360(l\{U+[M-Sf-I][1-t][1-d]\}-Q)]$$
$$= 1.2000 - 51,294*0.1900*240/[360$$
$$(0.9900\{64,720+[41,548$$
$$-51,294*0.5800-513]$$
$$[1-0.3000][1-0.3000]\}$$
$$-35,351)]$$
$$= 1.01 \text{ times}$$

Law-8954:

If both (**M**= Margin of Contribution= 41,548 millions USD), (**S'**= Sales of Past Year= 48,851 millions USD), (**s**= [S/S']-1= Sales Growth= 5.00%), (**d**= D/A= Dividend Portion or Payout= 30.00%), (**t**= T/B= Tax Rate= 30.00%), (**v**= V/S= Variable Portion= 19.00%), (**I**= Interest Expense= 513 millions USD), (**S**= Sales or Revenues= 51,294 millions USD), (**U**= Utilized or Starting Capital= 64,720 millions USD), (**l** = L/E= Leverage or Gearing Ratio= 99.00%), (**c**= C/X= Current Ratio= 1.20 times), (**q**= [C-P]/X= Quick or Acid Test Ratio= 1.01 times), (**p**= 360P/V= Procured Inventory Days= 240 Days), and (**f**= F/S= Fixed Portion= 58.00%), then it's (**Q**= Quoted Longterm Liabilities planned), is:

$$Q = l \{U+[M-Sf-I][1-t][1-d]\}$$
$$\qquad -S'vp[1+s]/\{360[c-q]\}$$
$$= 0.9900\{64,720+[41,548-51,294$$
$$\qquad *0.5800-513][1-0.3000]$$
$$\qquad [1-0.3000]\}-48,851*0.1900$$
$$\qquad *240[1+0.0500]/\{360[1.2000$$
$$\qquad -1.0100]\}$$
$$= 35,351 \text{ millions USD}$$

Law-8955:

If both (**M**= Margin of Contribution= 41,548 millions USD), (**S'**= Sales of Past Year= 48,851 millions USD), (**s**= [S/S']-1= Sales Growth= 5.00%), (**d**= D/A= Dividend Portion or Payout= 30.00%), (**t**= T/B= Tax Rate= 30.00%), (**v**= V/S= Variable Portion= 19.00%), (**I**= Interest Expense= 513 millions USD), (**S**= Sales or Revenues= 51,294 millions USD), (**U**= Utilized or Starting Capital= 64,720 millions USD), (**Q**= Quoted Longterm Liabilities= 35,351 millions USD), (**c**= C/X= Current Ratio= 1.20 times), (**q**= [C-P]/X= Quick or Acid Test Ratio= 1.01 times), (**p**= 360P/V= Procured Inventory Days= 240 Days), and (**f**= F/S= Fixed Portion= 58.00%), then it's (***l*** = Leverage or Gearing Ratio planned), is:

$$l = (Q+S'vp[1+s]/\{360[c-q]\}) / \{U+[M-Sf-I][1-t][1-d]\}$$
$$= (35,351+48,851*0.1900*240 [1+0.0500]/\{360[1.2000 -1.0100]\})/\{64,720+[41,548 -51,294*0.5800-513] [1-0.3000][1-0.3000]\}$$
$$= 99.00\%$$

Law-8956:

If both (**M**= Margin of Contribution= 41,548 millions USD), (**S'**= Sales of Past Year= 48,851 millions USD), (**s**= [S/S']-1= Sales Growth= 5.00%), (**d**= D/A= Dividend Portion or Payout= 30.00%), (**t**= T/B= Tax Rate= 30.00%), (**v**= V/S= Variable Portion= 19.00%), (**I**= Interest Expense= 513 millions USD), (**S**= Sales or Revenues= 51,294 millions USD), (***l*** = L/E= Leverage or Gearing Ratio= 99.00%), (**Q**= Quoted Longterm Liabilities= 35,351 millions USD), (**c**= C/X= Current Ratio= 1.20 times), (**q**= [C-P]/X= Quick or Acid Test Ratio= 1.01 times), (**p**= 360P/V= Procured Inventory Days= 240 Days), and (**f**= F/S= Fixed Portion= 58.00%), then it's (**U**= Utilized or Starting Capital planned), is:

$$\begin{aligned}
\mathbf{U} &= (Q+S'vp[1+s]/\{360[c-q]\})/l \\
&\quad -[M-Sf-I][1-t][1-d] \\
&= (35{,}351+48{,}851*0.1900*240 \\
&\qquad [1+0.0500]/\{360[1.2000 \\
&\qquad -1.0100]\})/0.9900-[41{,}548 \\
&\qquad -51{,}294*0.5800-513] \\
&\qquad [1-0.3000][1-0.3000] \\
&= \underline{64{,}720} \text{ millions USD}
\end{aligned}$$

Law-8957:

If both (**U**= Utilized or Starting Capital= 64,720 millions USD), (**S'**= Sales of Past Year= 48,851 millions USD), (**s**= [S/S']-1= Sales Growth= 5.00%), (**d**= D/A= Dividend Portion or Payout= 30.00%), (**t**= T/B= Tax Rate= 30.00%), (**v**= V/S= Variable Portion= 19.00%), (**I**= Interest Expense= 513 millions USD), (**S**= Sales or Revenues= 51,294 millions USD), (*l* = L/E= Leverage or Gearing Ratio= 99.00%), (**Q**= Quoted Longterm Liabilities= 35,351 millions USD), (**c**= C/X= Current Ratio= 1.20 times), (**q**= [C-P]/X= Quick or Acid Test Ratio= 1.01 times), (**p**= 360P/V= Procured Inventory Days= 240 Days), and (**f**= F/S= Fixed Portion= 58.00%), then it's (**M**= Margin of Contribution planned), is:

M= Sf+I+**[**(Q+S'vp[1+s]/{360[c-q]})/*l* -U**]** /{[1-t][1-d]}

= 51,294*0.5800+513+**[** (35,351 +48,851*0.1900*240 [1+0.0500]/{360[1.2000 -1.0100]})/0.9900-64,720**]** /{[1-0.3000][1-0.3000]}

= 41,548 millions USD

Law-8958:

If both (**U**= Utilized or Starting Capital= 64,720 millions USD), (**S'**= Sales of Past Year= 48,851 millions USD), (**s**= [S/S']-1= Sales Growth= 5.00%), (**d**= D/A= Dividend Portion or Payout= 30.00%), (**t**= T/B= Tax Rate= 30.00%), (**v**= V/S= Variable Portion= 19.00%), (**I**= Interest Expense= 513 millions USD), (**M**= Margin of Contribution= 41,548 millions USD), (*l* = L/E= Leverage or Gearing Ratio= 99.00%), (**Q**= Quoted Longterm Liabilities= 35,351 millions USD), (**c**= C/X= Current Ratio= 1.20 times), (**q**= [C-P]/X= Quick or Acid Test Ratio= 1.01 times), (**p**= 360P/V= Procured Inventory Days= 240 Days), and (**f**= F/S=Fixed Portion= 58.00%), then it's (**S**= Sales or Revenues planned), is:

$$S = \{M - I - [(Q + S'vp[1+s]/\{360[c-q]\})/l - U] / \{[1-t][1-d]\}\}/f$$
$$= \{41,548 - 513 - [(35,351 + 48,851 \\ *0.1900*240[1+0.0500]/\{360 \\ [1.2000-1.0100]\})/0.9900 \\ -64,720]/\{[1-0.3000] \\ [1-0.3000]\}\}/0.5800$$
$$= 51,294 \text{ millions USD}$$

Law-8959:

If both (**U**= Utilized or Starting Capital= 64,720 millions USD), (**S'**= Sales of Past Year= 48,851 millions USD), (**s**= [S/S']-1= Sales Growth= 5.00%), (**d**= D/A= Dividend Portion or Payout= 30.00%), (**t**= T/B= Tax Rate= 30.00%), (**v**= V/S= Variable Portion= 19.00%), (**I**= Interest Expense= 513 millions USD), (**M**= Margin of Contribution= 41,548 millions USD), (***l*** = L/E= Leverage or Gearing Ratio= 99.00%), (**Q**= Quoted Longterm Liabilities= 35,351 millions USD), (**c**= C/X= Current Ratio= 1.20 times), (**q**= [C-P]/X= Quick or Acid Test Ratio= 1.01 times), (**p**= 360P/V= Procured Inventory Days= 240 Days), and (**S**= Sales or Revenues= 51,294 millions USD), then it's (**f**= Fixed Portion planned), is:

$$f = \{M-I-[(Q+S'vp[1+s]/\{360[c-q]\})/l - U]/\{[1-t][1-d]\}\}/S$$

$$= \{41,548-513-[(35,351+48,851 \\ *0.1900*240[1+0.0500]/\{360 \\ [1.2000-1.0100]\})/0.9900 \\ -64,720]/\{[1-0.3000] \\ [1-0.3000]\}\}/51,294$$

$$= 58.00\%$$

Law-8960:

If both (**U**= Utilized or Starting Capital= 64,720 millions USD), (**S'**= Sales of Past Year= 48,851 millions USD), (**s**= [S/S']-1= Sales Growth= 5.00%), (**d**= D/A= Dividend Portion or Payout= 30.00%), (**t**= T/B= Tax Rate= 30.00%), (**v**= V/S= Variable Portion= 19.00%), (**f**= F/S= Fixed Portion= 58.00%), (**M**= Margin of Contribution= 41,548 millions USD), (**l** = L/E= Leverage or Gearing Ratio= 99.00%), (**Q**= Quoted Longterm Liabilities= 35,351 millions USD), (**c**= C/X= Current Ratio= 1.20 times), (**q**= [C-P]/X= Quick or Acid Test Ratio= 1.01 times), (**p**= 360P/V= Procured Inventory Days= 240 Days), and (**S**= Sales or Revenues= 51,294 millions USD), then it's (**I**= Interest Expense planned), is:

$$I = M - Sf - [(Q + S'vp[1+s]/\{360[c-q]\})/l - U] / \{[1-t][1-d]\}$$

$= 41{,}548 - 51{,}294 * 0.5800 - [(35{,}351$
$\quad + 48{,}851 * 0.1900 * 240$
$\quad [1 + 0.0500] / \{360 [1.2000$
$\quad - 1.0100]\}) / 0.9900 - 64{,}720]$
$\quad / \{[1 - 0.3000][1 - 0.3000]\}$

= 513 millions USD

Law-8961:

If both (**U**= Utilized or Starting Capital= 64,720 millions USD), (**S'**= Sales of Past Year= 48,851 millions USD), (**s**= [S/S']-1= Sales Growth= 5.00%), (**d**= D/A= Dividend Portion or Payout= 30.00%), (**I**= Interest Expense= 513 millions USD), (**v**= V/S= Variable Portion= 19.00%), (**f**= F/S= Fixed Portion= 58.00%), (**M**= Margin of Contribution= 41,548 millions USD), (**l** = L/E= Leverage or Gearing Ratio= 99.00%), (**Q**= Quoted Longterm Liabilities= 35,351 millions USD), (**c**= C/X= Current Ratio= 1.20 times), (**q**= [C-P]/X= Quick or Acid Test Ratio= 1.01 times), (**p**= 360P/V= Procured Inventory Days= 240 Days), and (**S**= Sales or Revenues= 51,294 millions USD), then it's (**t**= Tax Rate planned), is:

$$t = 1 - [(Q + S'vp[1+s]/\{360[c-q]\})/l - U] / \{[1-d][M - Sf - I]\}$$

$$= 1 - [(35{,}351 + 48{,}851 * 0.1900 * 240 [1 + 0.0500]/\{360[1.2000 - 1.0100]\})/0.9900 - 64{,}720] / \{[1 - 0.3000][41{,}548 - 51{,}294 * 0.5800 - 513]\}$$

$$= 30.00\%$$

Law-8962:

If both (**U**= Utilized or Starting Capital= 64,720 millions USD), (**S'**= Sales of Past Year= 48,851 millions USD), (**s**= [S/S']-1= Sales Growth= 5.00%), (**t**= T/B= Tax Rate= 30.00%), (**I**= Interest Expense= 513 millions USD), (**v**= V/S= Variable Portion= 19.00%), (**f**= F/S= Fixed Portion= 58.00%), (**M**= Margin of Contribution= 41,548 millions USD), (**l** = L/E= Leverage or Gearing Ratio= 99.00%), (**Q**= Quoted Longterm Liabilities= 35,351 millions USD), (**c**= C/X= Current Ratio= 1.20 times), (**q**= [C-P]/X= Quick or Acid Test Ratio= 1.01 times), (**p**= 360P/V= Procured Inventory Days= 240 Days), and (**S**= Sales or Revenues= 51,294 millions USD), then it's (**d**= Dividend Portion or Payout planned), is:

$$d = 1-[(Q+S'vp[1+s]/\{360[c-q]\})/l - U] / \{[1-d][M-Sf-I]\}$$

$$= 1-[(35,351+48,851*0.1900*240[1+0.0500]/\{360[1.2000-1.0100]\})/0.9900-64,720] / \{[1-0.3000][41,548-51,294*0.5800-513]\}$$

$$= 30.00\%$$

Law-8963:

If both (**U**= Utilized or Starting Capital= 64,720 millions USD), (**d**= D/A= Dividend Portion or Payout= 30.00%), (**s**= [S/S']-1= Sales Growth= 5.00%), (**t**= T/B= Tax Rate= 30.00%), (**I**= Interest Expense= 513 millions USD), (**v**= V/S= Variable Portion= 19.00%), (**f**= F/S= Fixed Portion= 58.00%), (**M**= Margin of Contribution= 41,548 millions USD), (**l** = L/E= Leverage or Gearing Ratio= 99.00%), (**Q**= Quoted Longterm Liabilities= 35,351 millions USD), (**c**= C/X= Current Ratio= 1.20 times), (**q**= [C-P]/X= Quick or Acid Test Ratio= 1.01 times), (**p**= 360P/V= Procured Inventory Days= 240 Days), and (**S**= Sales or Revenues= 51,294 millions USD), then it's (**S'**= Sales Past), must be:

$$S' = 360[c-q](l\{U+[M-Sf-I][1-t][1-d]\}-Q)/\{vp[1+s]\}$$
$$= 360[1.2000-1.0100](0.9900\{64,720+[41,548-51,294*0.5800-513][1-0.3000][1-0.3000]\}-35,351)/\{0.1900*240[1+0.0500]\}$$
$$= 48,851 \text{ millions USD}$$

Law-8964:

If both (**U**= Utilized or Starting Capital= 64,720 millions USD), (**d**= D/A= Dividend Portion or Payout= 30.00%), (**s**= [S/S']-1= Sales Growth= 5.00%), (**t**= T/B= Tax Rate= 30.00%), (**I**= Interest Expense= 513 millions USD), (**S'**= Sales of Past Year= 48,851 millions USD), (**f**= F/S= Fixed Portion= 58.00%), (**M**= Margin of Contribution= 41,548 millions USD), (**l** = L/E= Leverage or Gearing Ratio= 99.00%), (**Q**= Quoted Longterm Liabilities= 35,351 millions USD), (**c**= C/X= Current Ratio= 1.20 times), (**q**= [C-P]/X= Quick or Acid Test Ratio= 1.01 times), (**p**= 360P/V= Procured Inventory Days= 240 Days), and (**S**= Sales or Revenues= 51,294 millions USD), then it's (**v**= Variable Portion planned), is:

$$v = 360[c-q](l\{U+[M-Sf-I][1-t][1-d]\}-Q)/\{S'p[1+s]\}$$
$$= 360[1.2000-1.0100](0.9900$$
$$\{64,720+[41,548-51,294$$
$$*0.5800-513][1-0.3000]$$
$$[1-0.3000]\}-35,351)$$
$$/\{48,851*240[1+0.0500]\}$$
$$= 19.00\%$$

Law-8965:

If both (**U**= Utilized or Starting Capital= 64,720 millions USD), (**d**= D/A=Dividend Portion or Payout= 30.00%), (**s**= [S/S']-1= Sales Growth= 5.00%), (**t**= T/B= Tax Rate= 30.00%), (**I**= Interest Expense= 513 millions USD), (**S'**= Sales of Past Year= 48,851 millions USD), (**f**= F/S= Fixed Portion= 58.00%), (**M**= Margin of Contribution= 41,548 millions USD), (**l** = L/E= Leverage or Gearing Ratio= 99.00%), (**Q**= Quoted Longterm Liabilities= 35,351 millions USD), (**c**= C/X= Current Ratio= 1.20 times), (**q**= [C-P]/X= Quick or Acid Test Ratio= 1.01 times), (**v**= V/S= Variable Portion= 19.00%), and (**S**= Sales or Revenues= 51,294 millions USD), then it's (**v**= Variable Portion planned), is:

$$p = 360[c-q](l\{U+[M-Sf-I][1-t][1-d]\}-Q)/\{S'v[1+s]\}$$
$$= 360[1.2000-1.0100](0.9900\{64,720+[41,548-51,294*0.5800-513][1-0.3000][1-0.3000]\}-35,351)/\{48,851*0.1900[1+0.0500]\}$$
$$= \underline{240} \text{ days}$$

Law-8966:

If both (**U**= Utilized or Starting Capital= 64,720 millions USD), (**d**= D/A= Dividend Portion or Payout= 30.00%), (**p**= 360P/V= Procured Inventory Days= 240 Days), (**t**= T/B= Tax Rate= 30.00%), (**I**= Interest Expense= 513 millions USD), (**S'**= Sales of Past Year= 48,851 millions USD), (**f**= F/S= Fixed Portion= 58.00%), (**M**= Margin of Contribution= 41,548 millions USD), (**l** = L/E= Leverage or Gearing Ratio= 99.00%), (**Q**= Quoted Longterm Liabilities= 35,351 millions USD), (**c**= C/X= Current Ratio= 1.20 times), (**q**= [C-P]/X= Quick or Acid Test Ratio= 1.01 times), (**v**= V/S= Variable Portion= 19.00%), and (**S**= Sales or Revenues= 51,294 millions USD), then it's (**s**= Sales Growth planned), is:

$$s = 360[c-q](l\,\{U+[M-Sf-I][1-t][1-d]-Q\}/[S'vp]-1$$
$$= 360[1.2000-1.0100](0.9900$$
$$\{64,720+[41,548-51,294$$
$$*0.5800-513][1-0.3000]$$
$$[1-0.3000]\}-35,351)$$
$$/[48,851*0.1900*240]-1$$
$$= 5.00\%$$

Law-8967:

If both (**U**= Utilized or Starting Capital= 64,720 millions USD), (**d**= D/A= Dividend Portion or Payout= 30.00%), (**p**= 360P/V= Procured Inventory Days= 240 Days), (**t**= T/B= Tax Rate= 30.00%), (**I**= Interest Expense= 513 millions USD), (**S'**= Sales of Past Year= 48,851 millions USD), (**s**= [S/S']-1= Sales Growth= 5.00%), (**f**= F/S= Fixed Portion= 58.00%), (**M**= Margin of Contribution= 41,548 millions USD), (*l* = L/E= Leverage or Gearing Ratio= 99.00%), (**Q**= Quoted Longterm Liabilities= 35,351 millions USD), (**s**= [S/S']-1= Sales Growth= 5.00%), (**q**= [C-P]/X= Quick or Acid Test Ratio= 1.01 times), (**v**= V/S= Variable Portion= 19.00%), and (**S**= Sales or Revenues= 51,294 millions USD), then it's (**c**= Current Ratio planned), is:

$$c = q+S'vp[1+s]/[360(l \{U+[M-Sf-I][1-t][1-d]\}-Q)]$$
$$= 1.0100+48,851*0.1900*240$$
$$[1+0.0500]/[360(0.9900$$
$$\{64,720+[41,548-51,294$$
$$*0.5800-513][1-0.3000]$$
$$[1-0.3000]\}-35,351)]$$
$$= 1.20 \text{ times}$$

Law-8968:

If both (**U**= Utilized or Starting Capital= 64,720 millions USD), (**d**= D/A= Dividend Portion or Payout= 30.00%), (**p**= 360P/V= Procured Inventory Days= 240 Days), (**t**= T/B= Tax Rate= 30.00%), (**I**= Interest Expense= 513 millions USD), (**S'**= Sales of Past Year= 48,851 millions USD), (**s**= [S/S']-1= Sales Growth= 5.00%), (**f**= F/S=Fixed Portion= 58.00%), (**M**= Margin of Contribution= 41,548 millions USD), (***l*** = L/E= Leverage or Gearing Ratio= 99.00%), (**Q**= Quoted Longterm Liabilities= 35,351 millions USD), (**s**= [S/S']-1= Sales Growth= 5.00%), (**c**= C/X= Current Ratio= 1.20 times), (**v**= V/S= Variable Portion= 19.00%), and (**S**= Sales or Revenues= 51,294 millions USD), then it's (**q**= Quick or Acid Test Ratio planned), is:

$$q = c - S'vp[1+s] / [360(l \{U+[M-Sf-I][1-t][1-d]\} - Q)]$$

= 1.2000-48,851*0.1900*240
  [1+0.0500] /[360(0.9900
  {64,720+[41,548-51,294
  *0.5800-513][1-0.3000]
  [1-0.3000]}-35,351)]

= 1.01 times

Finance Construction-13, *Tim Asikin, Steve Asikin, Indra Senihardja*

Law-8969:

If both (**U**= Utilized or Starting Capital= 64,720 millions USD), (**D**= Dividend Paid= 2,370 millions USD), (**T**= Tax Paid= 3,385 millions USD), (**i**= I/S= Interest Portion= 1.00%), (**f**= F/S= Fixed Portion= 58.00%), (**M**= Margin of Contribution= 41,548 millions USD), (**l** = L/E= Leverage or Gearing Ratio= 99.00%), (**X**= Xpress or Current Debt= 34,196 millions USD), and (**S**= Sales or Revenues= 51,294 millions USD), then it's (**Q**= Quoted Longterm Liabilities planned), is:

$$Q = l\,[U+M-Sf-Si-T-D]-X$$
$$= l\,\{U+[M-S[f+i]-T-D\}-X$$
$$= 0.9900\{64{,}720+[41{,}548-51{,}294[0.5800+0.0100]-3{,}385-2{,}370\}-34{,}196$$
$$= \underline{35{,}351} \text{ millions USD}$$

Law-8970:

If both (**U**= Utilized or Starting Capital= 64,720 millions USD), (**D**= Dividend Paid= 2,370 millions USD), (**T**= Tax Paid= 3,385 millions USD), (**i**= I/S= Interest Portion= 1.00%), (**f**= F/S= Fixed Portion= 58.00%), (**M**= Margin of Contribution= 41,548 millions USD), (**Q**= Quoted Longterm Liabilities= 35,351 millions USD), (**X**= Xpress or Current Debt= 34,196 millions USD), and (**S**= Sales or Revenues= 51,294 millions USD), then it's (***I*** = Quoted Longterm Liabilities planned), is:

$$I = [Q+X]/\{U+[M-S[f+i]-T-D\}$$
$$= [35,351+34,196]/\{64,720 \\ +[41,548-51,294[0.5800 \\ +0.0100]-3,385-2,370\}$$
$$= \underline{99.00\%}$$

Law-8971:

If both (l = L/E= Leverage or Gearing Ratio= 99.00%), (**D**= Dividend Paid= 2,370 millions USD), (**T**= Tax Paid= 3,385 millions USD), (**i**= I/S= Interest Portion= 1.00%), (**f**= F/S= Fixed Portion= 58.00%), (**M**= Margin of Contribution= 41,548 millions USD), (**Q**= Quoted Longterm Liabilities= 35,351 millions USD), (**X**= Xpress or Current Debt= 34,196 millions USD), and (**S**= Sales or Revenues= 51,294 millions USD), then it's (**U**= Utilized or Starting Capital planned), is:

$$U = S[f+i]+T+D+[Q+X]/l - M$$
$$= 51{,}294[0.5800+0.0100]+3{,}385$$
$$+2{,}370+[35{,}351+34{,}196]$$
$$/0.9900 - 41{,}548$$
$$= \underline{64{,}720} \text{ millions USD}$$

Law-8972:

If both (**I** = L/E= Leverage or Gearing Ratio= 99.00%), (**D**= Dividend Paid= 2,370 millions USD), (**T**= Tax Paid= 3,385 millions USD), (**i**= I/S= Interest Portion= 1.00%), (**f**= F/S= Fixed Portion= 58.00%), (**U**= Utilized or Starting Capital= 64,720 millions USD), (**Q**= Quoted Longterm Liabilities= 35,351 millions USD), (**X**= Xpress or Current Debt= 34,196 millions USD), and (**S**= Sales or Revenues= 51,294 millions USD), then it's (**M**= Margin of Contribution planned), is:

$$M= S[f+i]+T+D+[Q+X]/l - U$$
$$= 51{,}294[0.5800+0.0100]+3{,}385$$
$$+2{,}370 +[35{,}351+34{,}196]$$
$$/0.9900-64{,}720$$
$$= 41{,}548 \text{ millions USD}$$

Law-8973:

If both (I = L/E= Leverage or Gearing Ratio= 99.00%), (D= Dividend Paid= 2,370 millions USD), (T= Tax Paid= 3,385 millions USD), (i= I/S= Interest Portion= 1.00%), (f= F/S= Fixed Portion= 58.00%), (U= Utilized or Starting Capital= 64,720 millions USD), (Q= Quoted Longterm Liabilities= 35,351 millions USD), (X= Xpress or Current Debt= 34,196 millions USD), and (M= Margin of Contribution= 41,548 millions USD), then it's (S= Sales or Revenues planned), is:

$$S = \{U+M-T-D-[Q+X]/I\}/[f+i]$$
$$= \{64,720+41,548-3,385-2,370$$
$$\quad -[35,351+34,196]/0.9900\}$$
$$\quad /[0.5800+0.0100]$$
$$= 51,294 \text{ millions USD}$$

Law-8974:

If both (I = L/E= Leverage or Gearing Ratio= 99.00%), (**D**= Dividend Paid= 2,370 millions USD), (**T**= Tax Paid= 3,385 millions USD), (**i**= I/S= Interest Portion= 1.00%), (**S**= Sales or Revenues= 51,294 millions USD), (**U**= Utilized or Starting Capital= 64,720 millions USD), (**Q**= Quoted Longterm Liabilities= 35,351 millions USD), (**X**= Xpress or Current Debt= 34,196 millions USD), and (**M**= Margin of Contribution= 41,548 millions USD), then it's (**f**= Fix Portion planned), is:

$$f = \{U+M-T-D-[Q+X]/I\}/S-i$$
$$= \{64,720+41,548-3,385-2,370$$
$$-[35,351+34,196]/0.9900\}$$
$$/51,294-0.0100$$
$$= 58.00\%$$

Law-8975:

If both (l = L/E= Leverage or Gearing Ratio= 99.00%), (**D**= Dividend Paid= 2,370 millions USD), (**T**= Tax Paid= 3,385 millions USD), (**f**= F/S= Fixed Portion= 58.00%), (**S**= Sales or Revenues= 51,294 millions USD), (**U**= Utilized or Starting Capital= 64,720 millions USD), (**Q**= Quoted Longterm Liabilities= 35,351 millions USD), (**X**= Xpress or Current Debt= 34,196 millions USD), and (**M**= Margin of Contribution= 41,548 millions USD), then it's (**i**= Interest Portion planned), is:

$$i = \{U+M-T-D-[Q+X]/l\}/S-f$$
$$= \{64{,}720+41{,}548-3{,}385-2{,}370 -[35{,}351+34{,}196]/0.9900\}/51{,}294-0.5800$$
$$= 1.00\%$$

Law-8976:

If both (I = L/E= Leverage or Gearing Ratio= 99.00%), (**D**= Dividend Paid= 2,370 millions USD), (**i**= I/S= Interest Portion= 1.00%), (**f**= F/S= Fixed Portion= 58.00%), (**S**= Sales or Revenues= 51,294 millions USD), (**U**= Utilized or Starting Capital= 64,720 millions USD), (**Q**= Quoted Longterm Liabilities= 35,351 millions USD), (**X**= Xpress or Current Debt= 34,196 millions USD), and (**M**= Margin of Contribution= 41,548 millions USD), then it's (**T**= Tax Paid planned), is:

$$T = \{U+M-S[f+i]-D-[Q+X]\}/l$$
$$= \{64{,}720+41{,}548-51{,}294[0{,}5800 -0{,}0100]-2{,}370-[35{,}351 +34{,}196]\}/0{.}9900$$
$$= 3{,}385 \text{ millions USD}$$

Law-8977:

If both (l = L/E= Leverage or Gearing Ratio= 99.00%), (i= I/S= Interest Portion= 1.00%), (**T**= Tax Paid= 3,385 millions USD), (**f**= F/S= Fixed Portion= 58.00%), (**S**= Sales or Revenues= 51,294 millions USD), (**U**= Utilized or Starting Capital= 64,720 millions USD), (**Q**= Quoted Longterm Liabilities= 35,351 millions USD), (**X**= Xpress or Current Debt= 34,196 millions USD), and (**M**= Margin of Contribution= 41,548 millions USD), then it's (**D**= Dividend Paid planned), is:

$$D = \{U+M-S[f+i]-T-[Q+X]\}/l$$
$$= \{64,720+41,548-51,294[0.5800-0.0100]-3,385-[35,351+34,196]/0.9900$$
$$= \underline{2,370} \text{ millions USD}$$

Law-8978:

If both (I = L/E= Leverage or Gearing Ratio= 99.00%), (**i**= I/S= Interest Portion= 1.00%), (**T**= Tax Paid= 3,385 millions USD), (**f**= F/S=Fixed Portion= 58.00%), (**S**= Sales or Revenues= 51,294 millions USD), (**U**= Utilized or Starting Capital= 64,720 millions USD), (**Q**= Quoted Longterm Liabilities= 35,351 millions USD), (**D**= Dividend Paid= 2,370 millions USD), and (**M**= Margin of Contribution= 41,548 millions USD), then it's (**X**= Xpress or Current Debt planned), is:

$$X = I\{U+M-S[f+i]-T-D\}-Q$$
$$= 0.9900\{64,720+41,548-51,294$$
$$[0.5800-0.0100]-3,385$$
$$-2,370\}-35,351$$
$$= \underline{34,196} \text{ millions USD}$$

Law-8979:

If both (l = L/E= Leverage or Gearing Ratio= 99.00%), (i= I/S= Interest Portion= 1.00%), (T= Tax Paid= 3,385 millions USD), (f= F/S= Fixed Portion= 58.00%), (S= Sales or Revenues= 51,294 millions USD), (U= Utilized or Starting Capital= 64,720 millions USD), (P= Procured Inventories= 6,497 millions USD), (c= C/X= Current Ratio= 1.20 times), (q= [C-P]/X= Quick or Acid Test Ratio= 1.01 times), (D= Dividend Paid= 2,370 millions USD), and (M= Margin of Contribution= 41,548 millions USD), then it's (Q= Quoted Longterm Liabilities planned), is:

$$Q = l\{U+M-S[f+i]-T-D\}-P/[c-q]\}$$
$$= 0.9900\{64,720+41,548-51,294$$
$$[0.5800-0.0100]-3,385$$
$$-2,370\}-6,497$$
$$/[1.2000-1.0100]$$
$$= 35,351 \text{ millions USD}$$

Law-8980:

If both (**Q**= Quoted Longterm Liabilities= 35,351 millions USD), (**i**= I/S= Interest Portion= 1.00%), (**T**= Tax Paid= 3,385 millions USD), (**f**= F/S= Fixed Portion= 58.00%), (**S**= Sales or Revenues= 51,294 millions USD), (**U**= Utilized or Starting Capital= 64,720 millions USD), (**P**= Procured Inventories= 6,497 millions USD), (**c**= C/X= Current Ratio= 1.20 times), (**q**= [C-P]/X= Quick or Acid Test Ratio= 1.01 times), (**D**= Dividend Paid= 2,370 millions USD), and (**M**= Margin of Contribution= 41,548 millions USD), then it's (**I** = Leverage or Gearing Ratio planned), is:

$$I = (Q+P/[c-q])/\{U+M-S[f+i]-T-D\}$$
$$= (35{,}351+6{,}497/[1.2000-1.0100])$$
$$/\{64{,}720+41{,}548-51{,}294$$
$$[0{,}5800-0.0100]-3{,}385$$
$$-2{,}370\}$$
$$= 99.00\%$$

Law-8981:

If both (**Q**= Quoted Longterm Liabilities= 35,351 millions USD), (**i**= I/S= Interest Portion= 1.00%), (T= Tax Paid= 3,385 millions USD), (**f**= F/S= Fixed Portion= 58.00%), (**S**= Sales or Revenues= 51,294 millions USD), (**l** = L/E= Leverage or Gearing Ratio= 99.00%), (**P**= Procured Inventories= 6,497 millions USD), (**c**= C/X= Current Ratio= 1.20 times), (**q**= [C-P]/X= Quick or Acid Test Ratio= 1.01 times), (**D**= Dividend Paid= 2,370 millions USD), and (**M**= Margin of Contribution= 41,548 millions USD), then it's (**U**= Utilized or Starting Capital planned), is:

$$U = S[f+i]+T+D+(Q+P/[c-q]\})/l - M$$
$$= 51,294[0,5800-0.0100]+3,385$$
$$+2,370 +(35,351+6,497$$
$$/[1.2000-1.0100])/0.9900$$
$$-41,548$$
$$= \underline{64,720} \text{ millions USD}$$

Law-8982:

If both (**Q**= Quoted Longterm Liabilities= 35,351 millions USD), (**i**= I/S= Interest Portion= 1.00%), (**T**= Tax Paid= 3,385 millions USD), (**f**= F/S= Fixed Portion= 58.00%), (**S**= Sales or Revenues= 51,294 millions USD), (**l** = L/E= Leverage or Gearing Ratio= 99.00%), (**P**= Procured Inventories= 6,497 millions USD), (**c**= C/X= Current Ratio= 1.20 times), (**q**= [C-P]/X= Quick or Acid Test Ratio= 1.01 times), (**D**= Dividend Paid= 2,370 millions USD), and (**U**= Utilized or Starting Capital= 64,720 millions USD), then it's (**M**= Margin of Contribution planned), is:

$$M = S[f+i]+T+D+(Q+P/[c-q]\})/l - U$$
$$= 51,294[0.5800-0.0100]+3,385$$
$$+2,370 +(35,351+6,497$$
$$/[1.2000-1.0100])/0.9900$$
$$-64,720$$
$$= \underline{41,548} \text{ millions USD}$$

Law-8983:

If both (**Q**= Quoted Longterm Liabilities= 35,351 millions USD), (**i**= I/S= Interest Portion= 1.00%), (**T**= Tax Paid= 3,385 millions USD), (**f**= F/S= Fixed Portion= 58.00%), (**M**= Margin of Contribution= 41,548 millions USD), (***l*** = L/E= Leverage or Gearing Ratio= 99.00%), (**P**= Procured Inventories= 6,497 millions USD), (**c**= C/X= Current Ratio= 1.20 times), (**q**= [C-P]/X= Quick or Acid Test Ratio= 1.01 times), (**D**= Dividend Paid= 2,370 millions USD), and (**U**= Utilized or Starting Capital= 64,720 millions USD), then it's (**S**= Sales or Revenues planned), is:

$$M= [U+M-T-D-(Q+P/[c-q]\})/l\,]/[f+i]$$
$$= [64,720+41,548-3,385-2,370$$
$$-(35,351+6,497/[1.2000$$
$$-1.0100])/0.9900]/\,[0,5800$$
$$-0.0100]$$
$$= 51,294 \text{ millions USD}$$

Law-8984:

If both (**Q**= Quoted Longterm Liabilities= 35,351 millions USD), (**i**= I/S= Interest Portion= 1.00%), (**T**= Tax Paid= 3,385 millions USD), (**S**= Sales or Revenues= 51,294 millions USD), (**M**= Margin of Contribution= 41,548 millions USD), (***l*** = L/E= Leverage or Gearing Ratio= 99.00%), (**P**= Procured Inventories= 6,497 millions USD), (**c**= C/X= Current Ratio= 1.20 times), (**q**= [C-P]/X= Quick or Acid Test Ratio= 1.01 times), (**D**= Dividend Paid= 2,370 millions USD), and (**U**= Utilized or Starting Capital= 64,720 millions USD), then it's (**f**= Fixed Portion planned), is:

$$f = [U+M-T-D-(Q+P/[c-q])/l\,]/S-I$$
$$= [64,720+41,548-3,385-2,370$$
$$-(35,351+6,497/[1.2000$$
$$-1.0100])/0.9900]/\,51,294$$
$$-0.0100$$
$$= 58.00\%$$

Law-8985:

If both (**Q**= Quoted Longterm Liabilities= 35,351 millions USD), (**f**= F/S= Fixed Portion= 58.00%), (**T**= Tax Paid= 3,385 millions USD), (**S**= Sales or Revenues= 51,294 millions USD), (**M**= Margin of Contribution= 41,548 millions USD), (*l* = L/E= Leverage or Gearing Ratio= 99.00%), (**P**= Procured Inventories= 6,497 millions USD), (**c**= C/X= Current Ratio= 1.20 times), (**q**= [C-P]/X= Quick or Acid Test Ratio= 1.01 times), (**D**= Dividend Paid= 2,370 millions USD), and (**U**= Utilized or Starting Capital= 64,720 millions USD), then it's (**i**= Interest Portion planned), is:

$$\begin{aligned}
i &= [U+M-T-D-(Q+P/[c-q])/l\ ]/S-f \\
&= [64{,}720+41{,}548-3{,}385-2{,}370 \\
&\quad -(35{,}351+6{,}497/[1.2000 \\
&\quad -1.0100])/0.9900]/\ 51{,}294 \\
&\quad -0.5800 \\
&= 1.00\%
\end{aligned}$$

Law-8986:

If both (**Q**= Quoted Longterm Liabilities= 35,351 millions USD), (**f**= F/S= Fixed Portion= 58.00%), (**i**= I/S= Interest Portion= 1.00%), (**S**= Sales or Revenues= 51,294 millions USD), (**M**= Margin of Contribution= 41,548 millions USD), (**l** = L/E= Leverage or Gearing Ratio= 99.00%), (**P**= Procured Inventories= 6,497 millions USD), (**c**= C/X= Current Ratio= 1.20 times), (**q**= [C-P]/X= Quick or Acid Test Ratio= 1.01 times), (**D**= Dividend Paid= 2,370 millions USD), and (**U**= Utilized or Starting Capital= 64,720 millions USD), then it's (**T**= Tax Paid planned), is:

$$T = U+M-S[f+i]-D-(Q+P/[c-q]\})/l$$
$$= 64,720+41,548-51,294[0.5800$$
$$+0.0100]-2,370-(35,351$$
$$+6,497/[1.2000-1.0100])$$
$$/0.9900$$
$$= \underline{3,385} \text{ millions USD}$$

Law-8987:

If both (**Q**= Quoted Longterm Liabilities= 35,351 millions USD), (**f**= F/S= Fixed Portion= 58.00%), (**i**= I/S= Interest Portion= 1.00%), (**S**= Sales or Revenues= 51,294 millions USD), (**M**= Margin of Contribution= 41,548 millions USD), (**l** = L/E= Leverage or Gearing Ratio= 99.00%), (**P**= Procured Inventories= 6,497 millions USD), (**c**= C/X= Current Ratio= 1.20 times), (**q**= [C-P]/X= Quick or Acid Test Ratio= 1.01 times), (**T**= Tax Paid= 3,385 millions USD), and (**U**= Utilized or Starting Capital= 64,720 millions USD), then it's (**D**= Dividend Paid planned), is:

$$D = U+M-S[f+i]-T-(Q+P/[c-q])/l$$
$$= 64{,}720+41{,}548-51{,}294[0.5800+0.0100]-3{,}385-(35{,}351+6{,}497/[1.2000-1.0100])/0.9900$$
$$= 3{,}385 \text{ millions USD}$$

Law-8988:

If both (**Q**= Quoted Longterm Liabilities= 35,351 millions USD), (**f**= F/S= Fixed Portion= 58.00%), (**i**= I/S= Interest Portion= 1.00%), (**S**= Sales or Revenues= 51,294 millions USD), (**M**= Margin of Contribution= 41,548 millions USD), (***l*** = L/E= Leverage or Gearing Ratio= 99.00%), (**D**= Dividend Paid= 2,370 millions USD), (**c**= C/X= Current Ratio= 1.20 times), (**q**= [C-P]/X= Quick or Acid Test Ratio= 1.01 times), (**T**= Tax Paid= 3,385 millions USD), and (**U**= Utilized or Starting Capital= 64,720 millions USD), then it's (**P**= Procured Inventories planned), is:

$$P = [c-q](l\{U+M-S[f+i]-T-D\}-Q)$$
$$= [1.2000-1.0100](0.9900\{64,720$$
$$+41,548-51,294[0.5800$$
$$+0.0100]-3,385-2,370\}$$
$$-35,351)$$
$$= 6,497 \text{ millions USD}$$

Law-8989:

If both (**Q**= Quoted Longterm Liabilities= 35,351 millions USD), (**f**= F/S= Fixed Portion= 58.00%), (**i**= I/S= Interest Portion= 1.00%), (**S**= Sales or Revenues= 51,294 millions USD), (**M**= Margin of Contribution= 41,548 millions USD), (***l*** = L/E= Leverage or Gearing Ratio= 99.00%), (**D**= Dividend Paid= 2,370 millions USD), (**P**= Procured Inventories= 6,497 millions USD), (**q**= [C-P]/X= Quick or Acid Test Ratio= 1.01 times), (**T**= Tax Paid= 3,385 millions USD), and (**U**= Utilized or Starting Capital= 64,720 millions USD), then it's (**c**= Current Ratio planned), is:

$$c = q + P/(l \{U+M-S[f+i]-T-D\}-Q)$$
$$= 1.0100 + 6,497/(0.9900\{64,720 + 41,548 - 51,294[0.5800 + 0.0100] - 3,385 - 2,370\} - 35,351)$$
$$= 1.20 \text{ times}$$

Law-8990:

If both (**Q**= Quoted Longterm Liabilities= 35,351 millions USD), (**f**= F/S= Fixed Portion= 58.00%), (**i**= I/S= Interest Portion= 1.00%), (**S**= Sales or Revenues= 51,294 millions USD), (**M**= Margin of Contribution= 41,548 millions USD), (***l*** = L/E= Leverage or Gearing Ratio= 99.00%), (**D**= Dividend Paid= 2,370 millions USD), (**P**= Procured Inventories= 6,497 millions USD), (**c**= C/X= Current Ratio= 1.20 times), (**T**= Tax Paid= 3,385 millions USD), and (**U**= Utilized or Starting Capital= 64,720 millions USD), then it's (**q**= Quick or Acid Test Ratio planned), is:

$$q = c - P/(l\{U+M-S[f+i]-T-D\}-Q)$$
$$= 1.2000 - 6,497/(0.9900\{64,720 + 41,548 - 51,294[0.5800 + 0.0100] - 3,385 - 2,370\} - 35,351)$$
$$= \underline{1.01} \text{ times}$$

Law-8991:

If both (**q**= [C-P]/X= Quick or Acid Test Ratio= 1.01 times), (**f**= F/S= Fixed Portion= 58.00%), (**i**= I/S= Interest Portion= 1.00%), (**S**= Sales or Revenues= 51,294 millions USD), (**M**= Margin of Contribution= 41,548 millions USD), (**I** = L/E= Leverage or Gearing Ratio= 99.00%), (**D**= Dividend Paid= 2,370 millions USD), (**p**= 360P/V= Procured Inventory Days= 240 Days), (**V**= Variable Cost= 9,746 millions USD), (**c**= C/X= Current Ratio= 1.20 times), (**T**= Tax Paid= 3,385 millions USD), and (**U**= Utilized or Starting Capital= 64,720 millions USD), then it's (**Q**= Quoted Longterm Liabilities planned), is:

$$Q = I\{U+M-S[f+i]-T-D\}-Vp/\{360[c-q]\}$$
$$= 0.9900\{64,720+41,548-51,294$$
$$[0.5800+0.0100]-3,385-2,370\}$$
$$-9,746*240/\{360[1.2000$$
$$-1.0100]\}$$
$$= \underline{35,351} \text{ millions USD}$$

Law-8992:

If both (**q**= [C-P]/X= Quick or Acid Test Ratio= 1.01 times), (**f**= F/S= Fixed Portion= 58.00%), (**i**= I/S= Interest Portion= 1.00%), (S= Sales or Revenues= 51,294 millions USD), (**M**= Margin of Contribution= 41,548 millions USD), (**Q**= Quoted Longterm Liabilities= 35,351 millions USD), (**D**= Dividend Paid= 2,370 millions USD), (**p**= 360P/V= Procured Inventory Days= 240 Days), (**V**= Variable Cost= 9,746 millions USD), (**c**= C/X= Current Ratio= 1.20 times), (**T**= Tax Paid= 3,385 millions USD), and (**U**= Utilized or Starting Capital= 64,720 millions USD), then it's (**l** = Leverage or Gearing Ratio planned), is:

$$l = (Q+Vp/\{360[c-q]\})/\{U+M-S[f+i]-T-D\}$$
$$= (35,351+9,746*240/\{360[1.2000 -1.0100]\})/\{64,720+41,548 -51,294[0.5800+0.0100] -3,385-2,370\}$$
$$= 99.00\%$$

Law-8993:

If both (**q**= **[C-P]/X**= Quick or Acid Test Ratio= 1.01 times), (**f**= **F/S**= Fixed Portion= 58.00%), (**i**= **I/S**= Interest Portion= 1.00%), (**S**= Sales or Revenues= 51,294 millions USD), (**M**= Margin of Contribution= 41,548 millions USD), (**Q**= Quoted Longterm Liabilities= 35,351 millions USD), (**D**= Dividend Paid= 2,370 millions USD), (**p**= **360P/V**= Procured Inventory Days= 240 Days), (**V**= Variable Cost= 9,746 millions USD), (**c**= **C/X**= Current Ratio= 1.20 times), (**T**= Tax Paid= 3,385 millions USD), and (***l*** = **L/E**= Leverage or Gearing Ratio= 99.00%), then it's (**U**= Utilized or Starting Capital planned), is:

$$U = S[f+i]+T+D+(Q+Vp/\{360[c-q]\})/l - M$$
$$= 51,294[0.5800+0.0100]+3,385$$
$$+2,370 +(35,351+9,746$$
$$*240/\{360[1.2000$$
$$-1.0100]\})/0.9900-41,548$$
$$= 64,720 \text{ millions USD}$$

Law-8994:

If both (**q**= **[C-P]/X**= Quick or Acid Test Ratio= 1.01 times), (**f**= **F/S**= Fixed Portion= 58.00%), (**i**= **I/S**= Interest Portion= 1.00%), (**S**= Sales or Revenues= 51,294 millions USD), (**U**= Utilized or Starting Capital= 64,720 millions USD), (**Q**= Quoted Longterm Liabilities= 35,351 millions USD), (**D**= Dividend Paid= 2,370 millions USD), (**p**= 360P/V= Procured Inventory Days= 240 Days), (**V**= Variable Cost= 9,746 millions USD), (**c**= **C/X**= Current Ratio= 1.20 times), (**T**= Tax Paid= 3,385 millions USD), and (***l*** = **L/E**= Leverage or Gearing Ratio= 99.00%), then it's (**M**= Margin of Contribution planned), is:

$$M = S[f+i]+T+D+(Q+Vp/\{360[c-q]\})/l - U$$
$$= 51{,}294[0.5800+0.0100]+3{,}385$$
$$+2{,}370 +(35{,}351+9{,}746*240$$
$$/\{360[1.2000-1.0100]\})$$
$$/0.9900-64{,}720$$
$$= 41{,}548 \text{ millions USD}$$

Law-8995:

If both (**q**= [C-P]/X= Quick or Acid Test Ratio= 1.01 times), (**f**= F/S= Fixed Portion= 58.00%), (**i**= I/S= Interest Portion= 1.00%), (**M**= Margin of Contribution= 41,548 millions USD), (**U**= Utilized or Starting Capital= 64,720 millions USD), (**Q**= Quoted Longterm Liabilities= 35,351 millions USD), (**D**= Dividend Paid= 2,370 millions USD), (**p**= 360P/V= Procured Inventory Days= 240 Days), (**V**= Variable Cost= 9,746 millions USD), (**c**= C/X= Current Ratio= 1.20 times), (**T**= Tax Paid= 3,385 millions USD), and (***l*** = L/E= Leverage or Gearing Ratio= 99.00%), then it's (**S**= Sales or Revenues planned), is:

$$S = [U+M-T-D-(Q+Vp/\{360[c-q]\})/l\,]/[f+i]$$
$$= [64,720+41,548-3,385-2,370$$
$$-(35,351+9,746*240/\{360$$
$$[1.2000-1.0100]\})/0.9900]$$
$$/[0.5800+0.0100]$$
$$= 51,294 \text{ millions USD}$$

Law-8996:

If both (q= [C-P]/X= Quick or Acid Test Ratio= 1.01 times), (S= Sales or Revenues= 51,294 millions USD), (i= I/S= Interest Portion= 1.00%), (M= Margin of Contribution= 41,548 millions USD), (U= Utilized or Starting Capital= 64,720 millions USD), (Q= Quoted Longterm Liabilities= 35,351 millions USD), (D= Dividend Paid= 2,370 millions USD), (p= 360P/V= Procured Inventory Days= 240 Days), (V= Variable Cost= 9,746 millions USD), (c= C/X= Current Ratio= 1.20 times), (T= Tax Paid= 3,385 millions USD), and (l = L/E= Leverage or Gearing Ratio= 99.00%), then it's (f= Fixed Portion planned), is:

f= [U+M-T-D-(Q+Vp/{360[c-q]})/l]/S-I
　= [64,720+41,548-3,385-2,370
　　　-(35,351+9,746*240/{360
　　　[1.2000-1.0100]})/0.9900]
　　　/51,294-0.0100
　= 58.00%

Law-8997:

If both (q= [C-P]/X= Quick or Acid Test Ratio= 1.01 times), (S= Sales or Revenues= 51,294 millions USD), (f= F/S= Fixed Portion= 58.00%), (M= Margin of Contribution= 41,548 millions USD), (U= Utilized or Starting Capital= 64,720 millions USD), (Q= Quoted Longterm Liabilities= 35,351 millions USD), (D= Dividend Paid= 2,370 millions USD), (p= 360P/V= Procured Inventory Days= 240 Days), (V= Variable Cost= 9,746 millions USD), (c= C/X= Current Ratio= 1.20 times), (T= Tax Paid= 3,385 millions USD), and (l = L/E= Leverage or Gearing Ratio= 99.00%), then it's (i= Interest Portion planned), is:

$$i = [U+M-T-D-(Q+Vp/\{360[c-q]\})/l\,]/S-f$$
$$= [64,720+41,548-3,385-2,370$$
$$-(35,351+9,746*240/\{360$$
$$[1.2000-1.0100]\})/0.9900]$$
$$/51,294-0.5800$$
$$= 1.00\%$$

Finance Construction-13, *Tim Asikin, Steve Asikin, Indra Senihardja*

Law-8998:

If both (**q**= [C-P]/X= Quick or Acid Test Ratio= 1.01 times), (**S**= Sales or Revenues= 51,294 millions USD), (**f**= F/S= Fixed Portion= 58.00%), (**M**= Margin of Contribution= 41,548 millions USD), (**U**= Utilized or Starting Capital= 64,720 millions USD), (**Q**= Quoted Longterm Liabilities= 35,351 millions USD), (**D**= Dividend Paid= 2,370 millions USD), (**p**= 360P/V= Procured Inventory Days= 240 Days), (**V**= Variable Cost= 9,746 millions USD), (**c**= C/X= Current Ratio= 1.20 times), (**i**= I/S= Interest Portion= 1.00%), and (***l*** = L/E= Leverage or Gearing Ratio= 99.00%), then it's (**T**= Tax Paid planned), is:

$$T = U+M-S[f+i]-D-(Q+Vp/\{360[c-q]\})/l$$
$$= 64{,}720+41{,}548-51{,}294[0.5800$$
$$+0.0100]-2{,}370-(35{,}351$$
$$+9{,}746*240/\{360[1.2000$$
$$-1.0100]\})/0.9900$$
$$= \underline{3{,}385} \text{ millions USD}$$

Law-8999:

If both (q= [C-P]/X= Quick or Acid Test Ratio= 1.01 times), (S= Sales or Revenues= 51,294 millions USD), (f= F/S= Fixed Portion= 58.00%), (M= Margin of Contribution= 41,548 millions USD), (U= Utilized or Starting Capital= 64,720 millions USD), (Q= Quoted Longterm Liabilities= 35,351 millions USD), (T= Tax Paid= 3,385 millions USD), (p= 360P/V= Procured Inventory Days= 240 Days), (V= Variable Cost= 9,746 millions USD), (c= C/X= Current Ratio= 1.20 times), (i= I/S= Interest Portion= 1.00%), and (l = L/E= Leverage or Gearing Ratio= 99.00%), then it's (D= Dividend Paid planned), is:

$$D = U+M-S[f+i]-T-(Q+Vp/\{360[c-q]\})/l$$
$$= 64{,}720+41{,}548-51{,}294[0.5800+0.0100]-3{,}385-(35{,}351+9{,}746*240/\{360[1.2000-1.0100]\})/0.9900$$
$$= 2{,}370 \text{ millions USD}$$

Law-9000:

If both (**q**= [C-P]/X= Quick or Acid Test Ratio= <u>1.01</u> times), (**S**= Sales or Revenues= <u>51,294</u> millions USD), (**f**= F/S= Fixed Portion= <u>58.00</u>%), (**M**= Margin of Contribution= <u>41,548</u> millions USD), (**U**= Utilized or Starting Capital= <u>64,720</u> millions USD), (**Q**= Quoted Longterm Liabilities= <u>35,351</u> millions USD), (**T**= Tax Paid= <u>3,385</u> millions USD), (**p**= 360P/V= Procured Inventory Days= <u>240</u> Days), (**D**= Dividend Paid= <u>2,370</u> millions USD), (**c**= C/X= Current Ratio= <u>1.20</u> times), (**i**= I/S= Interest Portion= <u>1.00</u>%), and (**l** = L/E= Leverage or Gearing Ratio= <u>99.00</u>%), then it's (**V**= Variable Cost planned), is:

$$V= 360[c-q](l \{U+M-S[f+i]-T-D\}-Q)/p$$
$$= 360[1.2000-1.0100](0.9900$$
$$\{64,720+41,548-51,294$$
$$[0.5800+0.0100]-3,385$$
$$-2,370\}-35,351)/240$$
$$= \underline{9,746} \text{ millions USD}$$

REFERENCES:

A. Books:

1) **Amin, A.R. & Asikin, S.**(2011a- 110 pages), *CEO Time Matrix: Productivity Management Skill that Increase CEO Effectiveness by 12400%,* Seattle (US): Amazon Createspace. http://www.amazon.com/CEO-Time-Matrix-Productivity-Effectiveness/dp/1461066069/ref=sr_1_1?s=books&ie=UTF8&qid=1387091880&sr=1-1&keywords=ceo+time+matrix. ISBN-13: 978-1461066064, ISBN-10: 1461066069

2) **Amin, A.R. & Asikin, S.** (2014- 76 pages), *No Urgency CEO: A High-Tech Book in Modern Management,* Seattle (US): Amazon Createspace. http://www.amazon.com/No-Urgency-CEO-Hi-Tech-Management/dp/1489509356/ref=sr_1_1?s=books&ie=UTF8&qid=1396440688&sr=1-1&keywords=no+urgency. ISBN-13: 978-1489509352, ISBN-10: 1489509356

3} **Amin, A.R. & Asikin, S.** (2011b- 292 pages), *The Celestial Management: Spiritual Wisdom for All Human Beings,* Seattle (US): Amazon Createspace. http://www.amazon.com/Celestial-Management-Islamic-Wisdom-Beings/dp/1456450700/ref=sr_1_1?s=books&ie=UTF8&qid=1387092036&sr=1-1&keywords=celestial+management. ISBN-13: 978-1456450700, ISBN-10: 1456450700

4) **Asikin, S.** (2009- 548 pages), *Arigato, Obrigado... (Thanks): Portuguese-Japan 1550-1647 Historic Novel,* Seattle (US): Amazon Createspace. http://www.amazon.com/Arigato-Obrigado-Thanks-Portuguese-Japan-1550-1647/dp/1453786368/ref=sr_1_1?s=books&ie=UTF8&qid=1396442162&sr=1-1&keywords=arigato. ISBN-13: 978-1453786369, ISBN-10: 1453786368

5) **Asikin, S.** (2013a- 824 pages), *Econometric Rex: 888 Marketing Promo 6666 Six Sigma Parametric Theories (of 10 Data),* Seattle (US): Amazon Createspace. http://www.amazon.co.uk/Econometric-Rex-Marketing-Parametric-Theories/dp/1482745259, ISBN-13: 978-1482745252, ISBN-10: 1482745259

6) **Asikin, S.** (2010b- 224 pages), *FINANCE Architecture: VISUAL art, for Corporate Finance's Beauty, Safety and Simplicity,* Seattle (US): Amazon Createspace. http://www.amazon.co.uk/FINANCE-Architecture-Corporate-Finances-Simplicity/dp/1453829547/ref=sr_1_14?s=books&ie=UTF8&qid=1385371842&sr=1-14&keywords=finance+architecture. ISBN-13: 978-1453829547, ISBN-10: 1453829547
7) **Asikin, S.** (2010c- 150 pages), *Geometric FINANCE: Useful concepts that work better than Economic Noble Laureates'* Seattle (US): Amazon Createspace. http://www.amazon.co.uk/Magic-Geometric-FINANCE-concepts-Laureates/dp/1453790284/ref=tmm_pap_title_0, ISBN-13: 978-1453790281, ISBN-10: 1453790284
8) **Asikin, S.** (2010a- 290 pages), *Investment ALGEBRA: Strategic Profitable Comprehensive Business Finance Engineering Technology,* Seattle (US): Amazon Createspace. http://www.amazon.co.uk/Investment-ALGEBRA-Profitable-Comprehensive-Engineering/dp/1453856811/ref=tmm_pap_title_0?ie=UTF8&qid=1385371309&sr=1-1, ISBN-13: 978-1453856819, ISBN-10: 1453856811
9) **Asikin, S.** (2011a- 352 pages), *State Economics: Comprehensive Macro-Micro Economics' Simple Fiscal-Monetary Export-Import Accouting, Integrated Supply-Demand Managerial ... Mathematical Engineering Visual .* Seattle (US): Amazon Createspace. http://www.amazon.co.uk/STATE-ECONOMICS-Steve-Asikin-ebook/dp/B00G89Q5SS, http://www.amazon.co.uk State-Economics-Steve-Asikin-ebook/dp/B00BBPLQDI, ISBN-13: 978-1461066095, ISBN-10: 1461066093
10) **Asikin, S.** (2013b- 260 pages), *Technoeconomistat: Economic &Statistical Technology for Financial Planning,* Seattle (US): Amazon Createspace. http://www.amazon.co.uk/Technoeconomistat-Economic-Statistical-Technology-Financial/dp/1482304244, ISBN-13: 978-1482304244, ISBN-10: 1482304244
11) **Asikin, S.** (2011b- 540 pages), *Terima Kasih: Novel Internasional Sejarah Jepang-Portugis 1550-1647,* Seattle (US): Amazon Createspace. http://www.amazon.com/Terima-Kasih-Internasional-Jepang-Portugis-1550-1647/dp/146351106X/ref=sr_1_1?s=books&ie=UTF8&qid=1396442361&sr=1-1&keywords=terima, ISBN-13: 978-1463511067, ISBN-10: 146351106X

12) **Asikin, S.** (2010d- 294 pages), <u>TREASURY Planology</u>: *Strategic Profitable Comprehensive Business Finance Engineering Technology*, Seattle (US): Amazon Createspace. http:/www.amazon.co.uk/TREASURY-PLANOLOGY-Steve-Asikin-ebook/dp/B00G88MTFW/ref=sr_1_1?s=books&ie=UTF8&qid=1385403690&sr=1-1&keywords=Treasury+Planology. ISBN-13: 978-1453891476, ISBN-10: 1453891471

13) **Asikin, S.** (2014a- 190 pages), <u>Calculus Accountancy</u>: *Leibnitz Newton Pacioli's Polynomial Quantitative Finance Risk Modelling Optimization,* Seattle (US): Amazon Createspace. http:/www.amazon.com/Calculus-Accountancy-Polynomial-Quantitative-Optimization/dp/1495463028/ref=sr_1_1?s=books&ie=UTF8&qid=1396441338&sr=1-1&keywords=calculus+accountancy, ISBN-13: 978-1495463020, ISBN-10: 1495463028

14) **Asikin, S.**(2014b- 318 pages), <u>No Parametric</u>: *No Parametric: Hyperbolic Octahedron Central 3-Dimensional Orthogonal Risk Distribution Topology*, Seattle (US): Amazon Createspace. http:/www.amazon.com/Parametric-Hyperbolic-Octahedron-3-Dimensional-Distribution/dp/1496089731/ref=sr_1_1?s=books&ie=UTF8&qid=1396441543&sr=1-1&keywords=No+Parametric, ISBN-13: 978-1496089731, ISBN-10: 1496089731

15) **Asikin, S.** (2014c- 138 pages), <u>Quick Help</u>: *Religion vs Real-Legion Philosophy,* Seattle (US): Amazon Createspace. http:/www.amazon.com/Quick-Help-Religion-Real-Legion-Philosophy/dp/1497466520/ref=sr_1_2?s=books&ie=UTF8&qid=1396441740&sr=1-2&keywords=quick+help, ISBN-13: 978-1497466524, ISBN-10: 1497466520

16) **Asikin, S.** (2014d- 824 pages), <u>Anne of Denmark</u>: *King James I the Bible, Historic Plays Drama*, Seattle (US): Amazon Createspace. http:/www.amazon.com/Anne-Denmark-James-Bible-Drama/dp/149299734X/ref=sr_1_1?s=books&ie=UTF8&qid=1396441857&sr=1-1&keywords=anne+asikin, ISBN-13: 978-1492997344, ISBN-10: 149299734X

17) **Asikin, S.** (2014e- 184 pages), <u>Constructive Spells</u>: *Positive Spiritual Mentality Personal Development*: Seattle (US): Amazon Createspace. http:/www.amazon.com/Constructive-Spells-Spiritual-Mentality-Development/dp/1497498899/ref=sr_1_1?s=books&ie=UTF8&qid=1397664512&sr=1-1&keywords=constructive+spells; ISBN-13: 978-1497498891, ISBN-10: 1497498899

18) **Asikin, S.** (2014f- 466 pages), *Elizabeth of Russia: Another Virgin Queen Gloariana: A Romanov Plays Drama,* Seattle (US): Amazon Createspace. http:/www.amazon.com/Elizabeth-RUSSIA-Another-Gloriana-Romanov/dp/1505542480/ref=sr_1_4?s=books&ie=UTF8&qid=1423888482&sr=1-4&keywords=elizabeth+russia; ISBN-13: 978-1505542486, ISBN-10: 1505542480

19) **Asikin, S.** (2014f- 708 pages), *Shinmen Munisai:Miyamoto Musashi's Father, A Sword Samurai Plays Drama,* Seattle (US): Amazon Createspace. http:/www.amazon.com/Shinmen-Munisai-Miyamoto-Musashis-Samurai/dp/1507857799/ref=sr_1_1?s=books&ie=UTF8&qid=1428094280&sr=1-1&keywords=munisai; ISBN-13: 978-1507857793, ISBN-10: 1507857799

20) **Asikin, S.** (2015a-767 pages), *Math Fin Law-1: Mathematical Financial Law for Public Listed Firms Rule 1-4441,* Seattle (US): Amazon Createspace. http://www.amazon.com/Math-Fin-Law-Mathematical-Financial-ebook/dp/B00WLNX3Y4/ref=asap_bc?ie=UTF8; ISBN-13: 978-1511792219, ISBN-10: 1511792213

21) **Asikin, S.** (2015b-813 pages), *Math Fin Law-2: Mathematical Financial Law for Public Listed Firms Rule 4442-8712,* Seattle (US): Amazon Createspace. http://www.amazon.com/Math-Fin-Law-Mathematical-No-4442-8712/dp/1512285080/ref=sr_1_1?s=books&ie=UTF8&qid=1432732199&sr=1-1&keywords=math+fin+law+2; ISBN-13: 978-1512285086, ISBN-10: 1512285080

22) **Asikin, S.** (2015c-813 pages), *Math Fin Law-3: Mathematical Financial Law for Public Listed Firms Rule 8713-12575,* Seattle (US): Amazon Createspace. http://www.amazon.com/Math-Fin-Law-Mathematical-8712-12575/dp/1514276763/ref=sr_1_1?s=books&ie=UTF8&qid=1433982149&sr=1-1&keywords=math+fin+law+3, ISBN-13: 978-1514276761. ISBN-10: 1514276763

23) **Asikin, S.** (2015d-813 pages), *Math Fin Law-4: Mathematical Financial Law for Public Listed Firms Rule 12576-16333,* Seattle (US): Amazon Createspace. http://www.amazon.com/Math-Fin-Law-Mathematical-12576-16333/dp/1514685132/ref=sr_1_1?s=books&ie=UTF8&qid=1435393628&sr=1-1&keywords=math+fin+law+4, ISBN-13: 978-1514685136, ISBN-10: 1514685132

24) **Asikin, S**. (2015d-816 pages), *Math Fin Law-5*: *Mathematical Financial Law for Public Listed Firms Rule 16334-19904,* Seattle (US): Amazon Createspace. http://www.amazon.com/Math-Fin-Law-Mathematical-No-16334-19904/dp/1515073009/ref=sr_1_1?s=books&ie=UTF8&qid=1437224693&sr=1-1&keywords=math+fin+law+5, ISBN-13: 978-1515073000, ISBN-10: 1515073009

25) **Asikin, S.** (2015d-728 pages), *Math Fin Law-6*: *Mathematical Financial Law for Public Listed Firms Rule 19905-23237,* Seattle (US): Amazon Createspace. https://www.amazon.com/Math-Fin-Law-Mathematical-No-19905-23238-ebook/dp/B0129ILVNK/ref=sr_1_2?ie=UTF8&qid=1478017624&sr=8-2&keywords=Math+Fin+Law+Asikin, ISBN-13: 978-1515158691, ISBN-10: 1515158691

26) Asikin, S. (2016a-728 pages), *Math Fin Law-7*: *Mathematical Financial Law for Public Listed Firms Rule 23238-27115,* Seattle (US): Amazon Createspace. https://www.amazon.com/Math-Fin-Law-Mathematical-No-23238-27115/dp/1508518521/ref=la_B00428V6JU_1_27?s=books, ISBN-13: 978-1508518525, ISBN-10: 1508518521

27) Asikin, S. (2016b-728 pages), *Math Fin Law-8*: *Mathematical Financial Law for Public Listed Firms Rule 27116-30330,* Seattle (US): Amazon Createspace. https://www.amazon.com/dp/1541091884, https://www.amazon.com/Math-Fin-Law-Mathematical-No-27116-30330/dp/1541091884/ref=la_B00428V6JU_1_27?s=books&ie=UTF8& qid=1479398538&_sr=1-27&refinements=p_82%3AB00428V6JU, ISBN-13: 978-1508518525, ISBN-10: 1508518521

28) Asikin, S. (2017a-828 pages), *Math Fin Law-9*: *Mathematical Financial Law for Public Listed Firms Rule 30330-33373,* Seattle (US): Amazon Createspace. https://www.amazon.com/Math-Fin-Law-Mathematical-30331-33373-ebook/dp/B01MRA8HZQ/ref=la_B00428V6JU_1_4?s=books&ie=UTF8&qid=1485921040&sr=1-4, ISBN-13: 978-1541092433, ISBN-10: 1541092430

29) Asikin, S. (2017b-823 pages), *Math Fin Law-10*: *Mathematical Financial Law for Public Listed Firms Rule 33374-36242,* Seattle (US): Amazon Createspace. https://www.amazon.com/s/ref=nb_sb_noss?url=search-alias%3Dstripbooks&field-keywords=math+fin+law+10, https://www.amazon.com/s/ref=nb_sb_noss?url=search-alias%3Dstripbooks&field-keywords=math+fin+law+10, ISBN-13: 978-1541092761, ISBN-10: 1541092767

30) Asikin, S. (2017c-823 pages), *Math Finance Law-11: Mathematical Financial Law for Public Listed Firms Rule 36243-39158*, Seattle (US): Amazon Createspace.
https://www.amazon.com/s/ref=nb_sb_noss?url=search-alias%3Dstripbooks&field-keywords=math+finance+law+11,
https://www.amazon.com/dp/1541215265/ref=sr_1_1?s=books&ie=UTF8&qid=1488029978&sr=1-1&keywords=math+finance+law, ISBN-13: 978-1541215269. ISBN-10: 1541215265

31) Asikin, S. (2017d-823 pages), *Math Finance Law-12: Mathematical Financial Law for Public Listed Firms Rule 30150-42152*, Seattle (US): Amazon Createspace.
https://www.amazon.com/s/ref=nb_sb_noss?url=search-alias%3Dstripbooks&field-keywords=math+finance+law+12,
https://www.amazon.com/Math-Finance-Law-Mathematical-39159-42152/dp/1541215516/ref=sr_1_2?s=books&ie=UTF8&qid=1490990342&sr=1-2&keywords=math+finance+law+12, ISBN-13: 978-1541215511, ISBN-10: 1541215516

32) Asikin, S. (2017e-824 pages), *Math Finance Law-13: Mathematical Financial Law for Public Listed Firms Rule 42153-44938*, Seattle (US): Amazon Createspace.
https://www.amazon.com/dp/1542675219/ref=sr_1_1?s=books&ie=UTF8&qid=1491146227&sr=1-1&keywords=math+finance+law+13 , ISBN-13: 978-1542675215, ISBN-10: 1542675219

33) **Asikin, S.** (2017f-824 pages), *Math Finance Law-14: Mathematical Financial Law for Public Listed Firms Rule 44939-47745*, Seattle (US): Amazon Createspace.
https://www.amazon.com/dp/1542675219/ref=sr_1_1?s=books&ie=UTF8&qid=1491146227&sr=1-1&keywords=math+finance+law+14 , ISBN-13: 978-1544628967, ISBN-10: 154462896X

34) **Asikin, S**. (2017g-810 pages), *Math Finance Law-15: Mathematical Financial Law for Public Listed Firms Rule 47746-50465*, Seattle (US): Amazon Createspace.
https://www.amazon.com/dp/1545118647/ref=sr_1_1?s=books&ie=UTF8&qid=1493626425&sr=1-1&keywords=math+finance+law+15, , ISBN-13: 978-1545118641, ISBN-10: 1545118647

35) **Asikin, S**. (2017h-816 pages), *Math Finance Law 16: Mathematical Financial Law Public Listed Firm Rule No.50,466-53,320*, Seattle (US), Amazon CreateSpace,
https://www.amazon.com/dp/1545320179/ref=sr_1_1?s=books&ie=UTF8&qid=1495692695&sr=1-1&keywords=math+finance+law+16, ISBN-13: 978-1545320174, ISBN-10: 1545320179

36) **Asikin, S**. (2017i-809 pages), *Math Finance Law 17: Mathematical Financial Law Public Listed Firm Rule No.53,231-56,124*, Seattle (US), Amazon CreateSpace, https://www.amazon.com/dp/1545320179/ref=sr_1_1?s=books&ie=UTF8&qid=1495692695&sr=1-1&keywords=math+finance+law+17, ISBN-13: 978-1545486474, ISBN-10: 1545486476

37) **Asikin, S**. (2017j-815 pages), *Math Finance Law 18: Mathematical Financial Law Public Listed Firm Rule No.56,125-58,942*, Seattle (US), Amazon CreateSpace, https://www.amazon.com/dp/1545320179/ref=sr_1_1?s=books&ie=UTF8&qid=1495692695&sr=1-1&keywords=math+finance+law+18, ISBN-13: 978-1546912361, ISBN-10: 1546912363

38) **Asikin, S**. (2018a-580 pages), *Math Finance Law 19: Mathematical Financial Law Public Listed Firm Rule No.58,943-61,000*, Seattle (US), Amazon CreateSpace, https://www.amazon.com/dp/1545320179/ref=sr_1_1?s=books&ie=UTF8&qid=1495692695&sr=1-1&keywords=math+finance+law+19, ISBN-13: 978-1727845679, ISBN-10: 1727845676

39) **Asikin, S**. (2018b-502 pages), CEO Mathematics: IFRS-GAAP Blueprint, B/S-I/S, Hi-Tech Quant "Top Skill for Top Guy", Seattle (US), Amazon CreateSpace, https://www.amazon.com/CEO-Mathematics-2nd-IFRS-GAAP-Blueprint/dp/1729501184/ref=sr_1_54?ie=UTF8&qid=1541910795&sr=8-54&keywords=steve+asikin, ISBN-13: 978-1729501184 (CreateSpace-Assigned), ISBN-10: 1729501184,

40) **Asikin, S**. (2014-47 pages), *Doing Business in Comprehensive Interactive Interdisciplinary Micro-Macro Eco nomic International Accounting Architecture of Serial Well Known General Great Theories*, Proceedings in Finance and Risk Perspective 13, ACRN Oxford Publishing House, UK, p.197-243, https://books.google.com/books?id=4e4KAwAAQBAJ&pg=PA219&lpg=PA219&dq=steve+asikin+oxford&source=bl&ots=qVq9KyAmem&sig=ABdBliwuzUwRig1suLimuJ5ZdW4&hl=en&sa=X&sqi=2&ved=0ahUKEwjZkMrF7KjTAhUDSiYKHREDB-gQ6AEILjAC#v=onepage&q=steve%20asikin%20oxford&f=false, ISBN 978-3-9503518-1-1.

41) **Asikin, T.& Asikin, S.** (2013- 828 pages), *448 Poems: KARAOKE Song Book: 24 Hours Story of 30 Languages*, Seattle (US): Amazon Createspace. http://www.amazon.com/448-Poems-KARAOKE-Song-Book/dp/1480034363/ref=sr_1_1?s=books&ie=UTF8&qid=1396442034&sr=1-1&keywords=448+poems, ISBN-13: 978-1480034365, ISBN-10: 1480034363

42) **Asikin, T, Asikin, S, Senihardja, I.** (2017a- 508 pages), *Finance Construction 1*: Corporate IFRS-GAAP (B/S-I/S) Engineering Technologies No. 1-1,000 of 111,111 Laws, Seattle (US): Amazon Createspace. https://www.amazon.com/s/ref=nb_sb_noss?url=search-alias%3Dstripbooks&field-keywords=finance+construction+1+asikin. ISBN-13: 978-1544059525, ISBN-10: 1544059523

43) **Asikin, T, Asikin, S, Senihardja, I.** (2017b- 526 pages), *Finance Construction 2*: Corporate IFRS-GAAP (B/S-I/S) Engineering Technologies No. 1,001-2,000 of 111,111 Laws, Seattle (US): Amazon Createspace. https://www.amazon.com/s/ref=nb_sb_noss?url=search-alias%3Dstripbooks&field-keywords=finance+construction+2+asikin. ISBN-13: 978-1542402415, ISBN-10: 1542402417

44) **Asikin, T, Asikin, S, Senihardja, I.** (2017c- 738 pages), *Finance Construction 3*: Corporate IFRS-GAAP (B/S-I/S) Engineering Technologies No. 2,001-3,000 of 111,111 Laws, Seattle (US): Amazon Createspace. https://www.amazon.com/s/ref=nb_sb_noss?url=search-alias%3Dstripbooks&field-keywords=finance+construction+3+asikin. ISBN-13: 978-1975999292, ISBN-10: 1975999290

45) **Asikin, T, Asikin, S, Senihardja, I.** (2018a- 656 pages), *Finance Construction 4*: Corporate IFRS-GAAP (B/S-I/S) Engineering Technologies No. 3,001-4,000 of 111,111 Laws, Seattle (US): Amazon Createspace. https://www.amazon.com/s/ref=nb_sb_noss?url=search-alias%3Dstripbooks&field-keywords=finance+construction+4+asikin. ISBN-13: 978-1977659187, ISBN-10: 1977659187

46) **Asikin, T, Asikin, S, Senihardja, I.** (2018b- 656 pages), *Finance Construction 5*: Corporate IFRS-GAAP (B/S-I/S) Engineering Technologies No. 4,001-5,000 of 111,111 Laws, Seattle (US): Amazon Createspace. https://www.amazon.com/s/ref=nb_sb_noss?url=search-alias%3Dstripbooks&field-keywords=finance+construction+5+asikin. ISBN-978-1983566141, ISBN-10: 1983566144

47) **Asikin, T, Asikin, S, Senihardja, I.** (2018c- 524 pages), *Finance Construction 6*: *Corporate IFRS-GAAP (B/S-I/S) Engineering Technologies No. 5,001-5,500 of 111,111 Laws*, Seattle (US): Amazon Createspace. https://www.amazon.com/s/ref=nb_sb_noss?url=search-alias%3Dstripbooks&field-keywords=finance+construction+6+asikin. ISBN-978-1983566332, ISBN-10: 1983566330

48) **Asikin, T, Asikin, S, Senihardja, I.** (2018d- 532 pages), *Finance Construction 7*: *Corporate IFRS-GAAP (B/S-I/S) Engineering Technologies No. 5,501-6,000 of 111,111 Laws*, Seattle (US): Amazon Createspace. https://www.amazon.com/s/ref=nb_sb_noss?url=search-alias%3Dstripbooks&field-keywords=finance+construction+7+asikin. ISBN-978-1987571509, ISBN-10: 1987571509

49) **Asikin, T, Asikin, S, Senihardja, I.** (2018e- 534 pages), *Finance Construction 8*: *Corporate IFRS-GAAP (B/S-I/S) Engineering Technologies No. 6,001-6,500 of 111,111 Laws*, Seattle (US): Amazon Createspace. https://www.amazon.com/s/ref=nb_sb_noss?url=search-alias%3Dstripbooks&field-keywords=finance+construction+8+asikin. ISBN-13: 978-1718712300, ISBN-10: 1718712308

50) **Asikin, T, Asikin, S, Senihardja, I.** (2018f- 536 pages), *Finance Construction 9*: *Corporate IFRS-GAAP (B/S-I/S) Engineering Technologies No. 6,501-7,000 of 111,111 Laws*, Seattle (US): Amazon Createspace. https://www.amazon.com/s/ref=nb_sb_noss?url=search-alias%3Dstripbooks&field-keywords=finance+construction+9+asikin. ISBN-13: 978-1718784055, ISBN-10: 1718784058

51) **Asikin, T, Asikin, S, Senihardja, I.** (2018g- 536 pages), *Finance Construction 10*: *Corporate IFRS-GAAP (B/S-I/S) Engineering Technologies No. 7,001-7,500 of 111,111 Laws*, Seattle (US): Amazon Createspace. https://www.amazon.com/s/ref=nb_sb_noss?url=search-alias%3Dstripbooks&field-keywords=finance+construction+10+asikin. ISBN-13: 978-1719046626, ISBN-10: 171904662X

52) **Asikin, T, Asikin, S, Senihardja, I.** (2018h- 536 pages), *Finance Construction 11*: *Corporate IFRS-GAAP (B/S-I/S) Engineering Technologies No. 7,501-8,000 of 111,111 Laws*, Seattle (US): Amazon Createspace. https://www.amazon.com/s/ref=nb_sb_noss?url=search-alias%3Dstripbooks&field-keywords=finance+construction+11+asikin. ISBN-13: 978-1720792789, ISBN-10: 172079278X

53) **Asikin, T, Asikin, S, Senihardja, I.** (2018i- 536 pages), *Finance Construction 12*: *Corporate IFRS-GAAP (B/S-I/S) Engineering Technologies No. 8,001-8,500 of 111,111 Laws*, Seattle (US): Amazon Createspace. https://www.amazon.com/s/ref=nb_sb_noss?url=search-alias%3Dstripbooks&field-keywords=finance+construction+12+asikin. ISBN-13: 978-1721066308, ISBN-10: 1721066306

54) **Brigham, EF & Gapenski, LC,** . (1988- Textbook), *Financial Management: Theory and Practice (Study Guide)*, NY (US): Dryden Press. http:/www.amazon.com/Financial-Management-Theory-Practice-Study/dp/0030125391/ref=sr_1_1?s=books&ie=UTF8&qid=1429380835&sr=1-1 ;
55) **Chandonet, RE,** . (2011-32 pages), *Balancesheet Management, Trends & Strategies*, NY (US): Sandler O'Neil. https://www.ncbankers.org/uploads/File/Meetings/Presentations/2011CONV-Chandonnet.pdf;
56) **Cornuejols G & Tutuncu, R,** . (2006-358 pages), *Optimization Methods in Finance*, Cambridge (UK): Cambridge University Press. http://www.math.ku.dk/~rolf/CT_FinOpt.pdf;
57) **Crook, M.** (2015-6 pages), *Optimization Methods in Finance*, UBS FS (Swiss): CIO WM Research. https://www.ubs.com/content/dam/WealthManagementAmericas/documents/investment-strategy-insights-2015-01-09-balance-sheet-optimization.pdf;
58) **Fee, Greg.** (2012-127 pages), *Catalan's Constant: (Ramanujan's Formula}: Catalan Constant to 300,000 digits*, Seattle (US): Amazon Kindle. http://www.Amazon.com/gp/aw/d/B0082Z51EW/ref=mp_sa_1_4?ie=UTF8%Qqid=1484367818&sr=8-4&pi=AC_SX236_SY340_QL65&keywords=ramanujan&dpPI=1&dpID=51Fq1wDZpRL&ref=plSrch
59) **Gardenfors, Peter.** (2014) *The Geometry of Meaning: Semantics Based on Conceptual Spaces.* Cambridge, Mass.: MIT Press. ISBN 0-262-02678-3.
60) **Gardenfors, Peter.** (2000), *Conceptual Spaces: The Geometry of Thought*. Cambridge, Mass.: MIT Press. ISBN 0-262-07199-1.
61) **Kanigel, Robert.** (2013-465 pages), *The Man Who Knew Infinity:A Life of the Genius Ramanujan*, Washington (US): Washington Square Press&Amazon Kindle. http://www.Amazon.com/gp/aw/d/B008BW4VEGM/ref=pd_aw_sim351_1?ie=UTF8&psc=1&refRID=VYN345GVDBJ6ATDQ35W2&dpID=91Zgpc4ETdL
62) **Limlingan, Victor S.** (1993-1 page), *The Limlingan Financial Model*, Manila: Asian Manager. http://limlingan.com/images/article.gif

63) **Newton, Isaac.** (2015-631 pages), *Principia:The Mathematical Principles of Natural Philosophy (Active Content)*, London (UK): RSM&Amazon Kindle. http://www.Amazon.com/gp/aw/sitb/B011SFJSJO?ref=sib_dp_aw_kb_udp
64) **Nikisa, Evets.** (2014g- 828 pages), *Wonderful Live Spells: 144-Steps Recreative Nice Children Story, Succesful Development:* Seattle (US): Amazon Createspace. http://www.amazon.com/WONDERFUL-Live-Spells-Recreative-Development/dp/1499248423/ref=sr_1_1?s=books&ie=UTF8&qid=1418698379&sr=1-1&keywords=wonderful+asikin, ISBN-13: 978-1499248425, ISBN-10: 1499248423
65) **Nielson, SS.** (2007- 430 pages), *Practical Financial Optimization: Decision Making for Financial Engineers:* NY (US): Wiley. https://books.google.com/books/about/Practical_Financial_Optimization.html?id=_XkwLAAACAAJ,
66) **Niswonger CR, Fess PE & Warren CE.** (1993-Textbook), *Accounting Principles:* Seattle (US): South Western Publishing Co. http://www.amazon.com/Accounting-Principles-Chapters-C-Rollin-Niswonger/dp/0538818603
67) **Omerod, P.** (1993-Textbook), (1994), *The Death of Ecoomics*, St Martin's Press, London, . http://www.amazon.com/Accounting-Principles-Chapters-C-Rollin-Niswonger/dp/0538818603, ISBN-13: 978-0312134648, ISBN-10: 0312134649
68) **Paccioli, L. (1989-Textbook),** *Summa de Arithmetica Geometria Proportioni et Proportionalita*, Venice 1494. http://www.amazon.com/Arithmetica-Geometria-Proportioni-Proportionalita-Venice/dp/B00T4HXT1W/ref=sr_1_fkmr0_2?s=books&ie=UTF8&qid=1429597966&sr=1-2-fkmr0&keywords=summa+mhematica+arithmetica
69) **Persson, Torsten & Tabellini, Guido** (2000), *Political Economics – Explaining Economic Policy*, MIT Press. https://mitpress.mit.edu/authors/torsten-persson
70) **Persson, Torsten & Tabellini, Guido** (2003), *The Economic Effects of Constitutions*, MIT Press. https://mitpress.mit.edu/authors/torsten-persson
71) **Persson, Torsten & Tabellini, Guido** (2003), *Monetary and Fiscal Policy –2 Politics*, MIT Press. https://mitpress.mit.edu/authors/torsten-persson

Finance Construction-13, *Tim Asikin, Steve Asikin, Indra Senihardja*

72) **Puts, J** (2012-102 pages), *Balancesheet Optimization Under Basel III*, Amsterdam (Netherlads): Vrije Universiteit. http://www.math.vu.nl/~sbhulai/papers/thesis-puts.pdf
73) **Timmermans, K** (2012-30 pages), *Balancesheet Optimization Under Basel III*, Amsterdam (Netherlads): ING Investor Day. https://www.ing.com/web/file?uuid=09c803d9-79a1-47ec-bfe5...owner
74) **Weston JF, Copeland TE & Shastri, K.** (2004-Textbook), *Financial Theory and Corporate Policy:* NY (US): Addison Wesley. http:/www.amazon.com/Financial-Corporate-Copeland-Kuldeep-Paperback/dp/B008YSUE4M/ref=sr_1_1?s=books&ie=UTF8&qid=1429381700&sr=1-1&keywords=weston+copeland
75) **Zenios SA.** (2002-350 pages), *Financial Optimization:* Cambridge (UK): Cambridge University Press. https://books.google.com/books/about/Financial_Optimization.html?id=-FJdgjZ0qSAC. .

Finance Construction-13, *Tim Asikin, Steve Asikin, Indra Senihardja*

B. Intellectual Properties:

1) **Indonesian Banker Certification 1993**, *Sertifikasi Bankir Indonesia 1993*;
2) **MATHFINPLAN** (Mathematical Financial Planning);
   Perencanaan Keuangan Matematis
3) **BANK MATHPLAN** (Bank's Mathematical Planning);
   Perencanaan Matematis Bank
4) **TECHNO-ECONOMISTAT** (Technology for Economical Statistics);
   Teknologi Statistik untuk Ekonomi
5) **FINANCIAL GEOMETRY** (IT Program); *Ilmu Geometri Keuangan*
6) **BAK DOBEL** (Car Gasoline Tank: Left and Right Side Fuel Fill-in).
   Tangki Mobil yang bisa diisi dari Kiri atau Kanan
7) **Mister GO-CHENG** (Cheap Food Franchising). *Waralaba Pangan Murah*

Finance Construction-13, *Tim Asikin, Steve Asikin, Indra Senihardja*

C. SCIENTIFIC PAPERS:

1) **Eichhornia Crassipes**, as Anti Polutant and Fertile Sediment, *Pemanfaatan Eceng Gondok untuk Menetralkan Polusi dan Pengurukan Subur pada Genangan Air*, LKIR, Lomba Karya Ilmiah Remaja, LIPI (1979)
2) **Archimedes Catesian Buoyancy Law**, *Penyimpangan Hukum Archimedes pada Model Pelampung Cartesian*, Lomba Karya Ilmiah Remaja, Depdikbud-RI (1980)
3) **SURAMADU**, Surabaya-Madura Inter Island Bridge, Design Supervisor, *Sumarsono Sumali Engineering Contractor*, Tambak-V, Tandes, Surabaya (1982),
4) **GAZOLINE Taxi-Pool Depot**, Jemur Handayani, Surabaya, *Sumarsono Sumali Engineering Contractor*, Tambak-V, Tandes, Surabaya (1982),
5) **SOEKARNO-HATTA**, Jakarta International Airport, Garuda Maintenance Facilities, *Junior Architect*, As Bulit Drawings, Coinstruction Management, Aerospatiale-Encona Engineering (1983-1985),
6) **ADISUCIPTO**, Yogya International Airport, *Junior Architect*, Preliminary Technical Drawings, Budiono Surasno-Encona Engineering (1986),
7) **BLOK-M PLAZA**, "New Garden Hall", Kebayoran Baru Supermall, *Preliminary Design Architect*, Danisworo-James Ferry- Jasa Ferry-Encona (1986),
8) **NORTH JAKARTA PUBLIC LIBRARY**, Semper, Tanjung Priok, *Chief Architect*, Agung Darma Sarana-Asep Hermawan (1987),
9) **The Banker's Trainer**: A Manual for The Training Head in Banking. *Profesi Bankir Pelatih, Tuntunan bagi Kepala Diklat Perbankan*, (1200 Pages, 1993),
10) **Indonesian Bankers Certification**, a Strategic Move for the National Banking Improvement. *Sertifikasi Bankir Indonesia, Langkah Strategis Pembenahan Perbankan Nasional*, (KOMPAS, 20 Juli 1993).
11) **Indonesian Rupiah's Exchange Rate**, on a Quiet but Steady Movement. *Nilai Tukar Rupiah, Diam-diam Meningkat Pesat*, (MANAJEMEN, Jan-Feb 1994).
12) **The Bank's Credit**, for the Best Practices. *Kredit Praktis* (200 pages, 1994),
13) **Down to Earth Credit Meeting Credo**, *Kiat Rapat Pemberian Kredit yang Realistik*. (MANAJEMEN, Sep-Oct 1994).

14) **SCHIPHOL, Amsterdam International Airport**, 1st Anthony Fokker Weg, Sloten, *Airport Engineer*, Samsung- Fokker-Beurlin, BV (1996),
15) **Ultrapeneurship: The Secret of Starting Business Without Capital**. Ultrapreneur: *Kiat Usaha Tanpa Modal*, (MANAJEMEN, Nov-Dec 1996),
16) **Recipe from the Corporate Raider's Kitchen**, *Menguak Dapur Corporate Raiders*, (MANAJEMEN, Jan-Feb 1997).
17) **The 10-Tips and Tricks of Engineered Conglomeration**. *Sepuluh Rekayasa Keuangan Konglomerat*, (MANAJEMEN, Mar-Apr 1997),
18) **The Management of Succession in Five Parts of the World**. *Manajemen Suksesi di Lima bagian Dunia*, (MANAJEMEN, Mei-Jun 1997),
19) **Auditing**: The Global Language for the 2003's Human Resources. *Audit : Bahasa Global untuk SDM 2003*, (MANAJEMEN, Jul-Aug 1997),
20) **The Elected Parliament 1997-2002**, and the Hope of Professionals. *DPR 1997–2002 dan Harapan Profesional*, (MANAJEMEN, Sep-Okt 1997),
21) **Disappearance of World's Soft Currencies**, and Proposition for Global Economic Thinking. *Lenyapnya Mata Uang Lunak Dunia dan Usulan Pemikiran Ekonomi Global*, (MANAJEMEN, Nov-Dec 1997),
22) **The Human Resources and Its Accountability**, in Critical Situation. *Akuntabilitas Sumberdaya Manusia di Masa Krisis*, (MANAJEMEN, Jan-Feb 1998), '
23) **The Investment Economic Model**, and the Failure of Growth Economic Theories. *Model Ekonomi Investasi dan Kegagalan Teori Ekonomi Pertumbuhan*, (MANAJEMEN, Nov 1998),
24) **The Exact Equilibrium of Capital Budgeting**, *Persamaan-persamaan akurat dalam Penganggaran Modal Perusahaan*. (MANAGEMENT EXPOSE, November 1998),
25) **The Corruptive Economic Model**, and Its Solution for Long Term Debt's Problem. *Model Ekonomi Korupsi dan Penyelesaian Utang Jangka Panjang*, (MANAJEMEN, Dec 1998),
26) **The Self Equity Budgeting**, and Operations Research in Investments. *Penganggaran Modal Sendiri dan Riset Operasi dalam Investasi*, (MANAJEMEN, Jan 1999),
27) **Actual Impact of Inflation**, and the Need of Geometric Approach in Statistic. *Pengaruh Riil Inflasi dan Perlunya Statistika Geometri*, (MANAJEMEN, Feb 1999),

28) **Multiplication of Money**, to Overcome the Crisis. *Melipat Gandakan Uang untuk Mengusir Krisis*, (MANAJEMEN, Apr 1999),
29) **The Interactive Mathematical Model**, for Multi Constraints Financial Budgeting, *Model Matematika Ekonomi Interaktif bagi Penganggaran Keuangan Multi Kendala*. (SCRIPTA ECONOMICA, Vol. 2, April 1999)
30) **Application of Ethics**, for the Management Accounting Practices. *Aplikasi Etika dalam Praktek Akuntansi Manajemen*, (MANAJEMEN, May 1999),
31) **The Curriculum of Magistrate of Management in Finance**: Its Needs and Practices. *Kurikulum Magister Manajemen Keuangan 1988-1998: Antara Kebutuhan dan Praktek*, (MANAJEMEN, Jun 1999),
32) **The Attractiveness**, Personal Power and Management. *Pesona Pribadi: "Personal Power" dan Manajemen*, (MANAJEMEN, Jul 1999),
33) **The Market Research**, for Magistrate Degree in Management. *Soal Jawab Riset Pasar untuk Pascasarjana Manajemen* (126 Pages, 1999),
34) **The Thesis Manual**, Question and Answer for Magistrate Degree in Management. *Soal Jawab Tugas Akhir untuk Pascasarjana Manajemen* (126 Pages, 1999),
35) **The Risk Management**, Question and Answers for Magistrate Degree in Management. *Soal Jawab Manajemen Resiko untuk Pascasarjana Manajemen* (126 Pages, 1999),
36) **The Credit Manual**, Question and Answers for Magistrate Degree in Management. *Soal Jawab Manajemen Kredit untuk Pascasarjana Manajemen* (126 Pages, 1999),
37) **Enhancing the Morality Structure**. *Solidkan Struktur Moralitas*, (MANAJEMEN, Oct 1999)
38) **Performance of PT. Astra Otoparts**, Plc, in its Press Releases and Public Financial Reports. *Kinerja PT. Astra Otoparts dalam Siaran Pers dan Laporan Keuangan Publik*, (MANAJEMEN, Oct 1999)
39) **The Management of Conflicts**, for the New Indonesian's "Rainbow Colored" Cabinet. *Manajemen Konflik dan Kabinet Pelangi*, (MANAJEMEN, Dec 1999),
40) **Technoeconometric**: An Engineering Elaboration to Matrix Multi Variate Econometrics, *Tekno Ekonometrik sebagai sumbangan teknologi untuk Ekonometrika Matrik Multi Variat*. (MANAGEMENT EXPOSE, November 1999),

41) **Technoeconometric** : A Mathematical Shortcut for Non Linear Bivariate Econometrics, *Tekno Ekonometrik sebagai Usulan Jalan Pintas Matematik untuk Ekonometrika non Linear Bivariat.* (SCRIPTA ECONOMICA, Vol. 2, No. 3, Desember 1999),
42) **Developing "New Image"**, for the New Indonesia. *Membangun Citra Indonesia Baru*, (MANAJEMEN, Jan 2000),
43) **Segregations of Duties**, the Needs of Both Indonesian Governments and Private Sectors. *Pemerintah dan Swasta Perlu Berbagi Tugas*, MANAJEMEN, Mar 2000),
44) **The 812.500 Financial Models**, for the Autonomous Country Governments. *Tentang 812.500 Model Keuangan Otonomi Daerah*, (MANAJEMEN, Mar 2000),
45) **The Forecast of 10 Most Attractive Share Values**, in the Jakarta Stock Exchange, April 2000. *Prakiraan Harga Sepuluh Saham Unggulan di Bursa Efek Jakarta, April 2000*, (MANAJEMEN, Mar 2000),
46) **Let Us Merchandise the Intellectual Properties**!. *Jual "Intelectual Property" Saja!* (MANAJEMEN, Apr 2000),
47) **The Forecast of ten Most Attractive Share Values**, in the Jakarta Stock Exchange May 2000. *Prakiraan Harga Sepuluh Saham Unggulan di Bursa Efek Jakarta Mei 2000*, (MANAJEMEN, Apr 2000),
48) **HEATHROW**, London International Airport, Second Runway, *Q-Basic Algorithmic Engineer*, Beasley-Krishnamoorthy, Imperial College, Cambridge, Post Doctoral Project (2000),
49) **Why the Banking Sector Should be Healthy**, Before Others?. *Mengapa Perbankan Harus Sehat?* (MANAJEMEN, Mei 2000),
50) **Recycling of Wastes as a Negative Costing**. *Memanfaatkan Sampah atau Negative Costing*, (MANAJEMEN, Agt 2000),
51) **The Guidance for Indonesia Corporate Restructuring**. *Kiat Restrukturisasi Perusahaan Indonesia*, (MANAJEMEN, Agt 2000),
52) **Redefinition of the Ethical Comprehension**. *Pemaknaan Kembali atas Pemahaman Etika*, (MANAJEMEN, Sep 2000),
53) **The Critical View the 1999's Indonesians Central Bank Financial Statement**. *Analisa Laporan Keuangan Bank Indonesia 1999*, (MANAJEMEN, Oct 2000),
54) **Becoming an "Achiever"**, not Just Common "Worker". *Bukan Sekadar "Kerja", Tapi Menghasilkan Karya!* (MANAJEMEN, Feb 2001),
55) **Ten Steps to Real Wealth**! *Sepuluh Langkah Menjadi Kaya*, (MANAJEMEN, Jun 2001),

56) **Creative Financial Breakthrough**, *Seminar Sehari tentang Terobosan Keuangan yang Kreatif,* (Gramedia-PPM dan MANAJEMEN, Jun 2001),
57) **The Marketing Practices of Financial Softwares**, for Publics Listed Corporation. *Praktek Pemasaran Program Perangkat Lunak untuk Keuangan Perusahaan Publik* (Univ Satyagama, Jakarta Juni 24, 2001).
58) **The Mathematical Financial Planning**, *Perancangan Keuangan Secara Eksak dengan Matematik.* (MANAJEMEN, Jul 2001),
59) **The Real Research and Development, not Rework and Destruction**. *Litbang yang Bukan "Sulit Berkembang",* (MANAJEMEN, Jul 2001),
60) **The Treatise on the Advantages and Disadvantages**, of Revolutionary Learning Methods. *Baik Buruknya: Revolusi Cara Belajar,* (MANAJEMEN, Jul 2001),
61) **Better Make an Indonesian "Corruption Prevention" Body**, not Just a "Corruption Watch". *Buat Indonesian Corruption Prevention (ICP), Bukan Indonesian Corruption Watch, ICW!* (MANAJEMEN, Okt 2001),
62) **Preparation of the Worlds Business Leaders**, for our Century and the Century After. *Mempersiapkan Manusia-manusia yang akan menjadi Khafilah Bisnis Dunia Abad ini dan Abad Mendatang.* (Univ Satyagama – Gregorio Araneta Univ, Jakarta, Oktober 27, 2001).
63) **The Good Corporate Governance**, is not just a Morale Condition. *Kepemerintahan Perusahaan yang Baik, Bukan Sekedar Moralitas,* (MANAJEMEN, Nov 2001),
64) **Corporate Healthiness and Cleanliness as a Challenge**. *Bersih, Sehat Perusahaan, sebuah Tantangan* (MANAJEMEN, Jan 2002),
65) **Developing the Cultural Base for Future Competitions**. *Budaya untuk Bersaing di Masa Depan* (MANAJEMEN, Jan 2002),
66) **"Catapult", "Bullet" or "Ballistic Missiles" Approach**, for Corporate Healthiness and Cleanliness. *Pola "Ketapel", "Peluru Biasa" atau "Rudal" untuk Keuangan Perusahaan yang Bersih Sehat.* (MANAJEMEN, Feb 2002),
67) **The Mathematical Invesment Solution Model**, for Indonesian Foreign Debt and Its Corruption, *Solusi Matematika Investasi bagi Penyelesaian Masalah Utang Luar Negeri dan Korupsi di Indonesia.* (MANAGEMENT EXPOSE, Mar 2002),
68) **The Attitude, Skills and Knowledge (ASK)**, in Educational System Approach. *Sikap, Keterampilan dan Pengetahuan Menurut Pendekatan Sistemik Pendidikan,* (MANAJEMEN, Apr 2002),

69) **Strategic Treatise on Regional Autonomy**, in Futurization, Digitalization, Securitization and Globalization Era in Accordance to the Awakening of the Mercantile Nations. *Kajian Strategik Otonomi Daerah : Era Futurisasi, Digitalisasi, Strukturisasi, dan Globalisasi dalam Kebangkitan Negara-Negara Dagang.* (Training for Provincial Government Regional Management, Indonesian Association of Provincial Governments, *Pelatihan Pengembangan Manajemen Pemerintah Daerah bagi Perangkat Pemerintah Propinsi, Angkatan II,* (APPSI), June 27, 2002.
70) **The Suggestion for the Doctoral Course**, for Islamic Financial Management System. *Usulan-usulan Perbaikan dalam Kurikulum Doktor Manajemen Keuangan Islam.* (December, 17-19, 2002, Canadian International Development Agency - CIDA, ADSGM, Universiti Utara Malaysia, Kedah, Da'arul Sintok).
71) **The Defensive Strategy for the Market Leader**, a Nokia Cellular Telephone's Case. *Strategi Bertahan Sang Pemimpin Pasar dengan Menggunakan Multi Merk, Kasus Telepon Seluler Nokia.* (March, 12, 2004, Univ Tarumanegara, Jakarta).

Finance Construction-13, *Tim Asikin, Steve Asikin, Indra Senihardja*

Finance Construction-13, *Tim Asikin, Steve Asikin, Indra Senihardja*

Finance Construction-13, *Tim Asikin, Steve Asikin, Indra Senihardja*

Finance Construction-13, *Tim Asikin, Steve Asikin, Indra Senihardja*

Finance Construction-13, *Tim Asikin, Steve Asikin, Indra Senihardja*

Finance Construction-13, *Tim Asikin, Steve Asikin, Indra Senihardja*

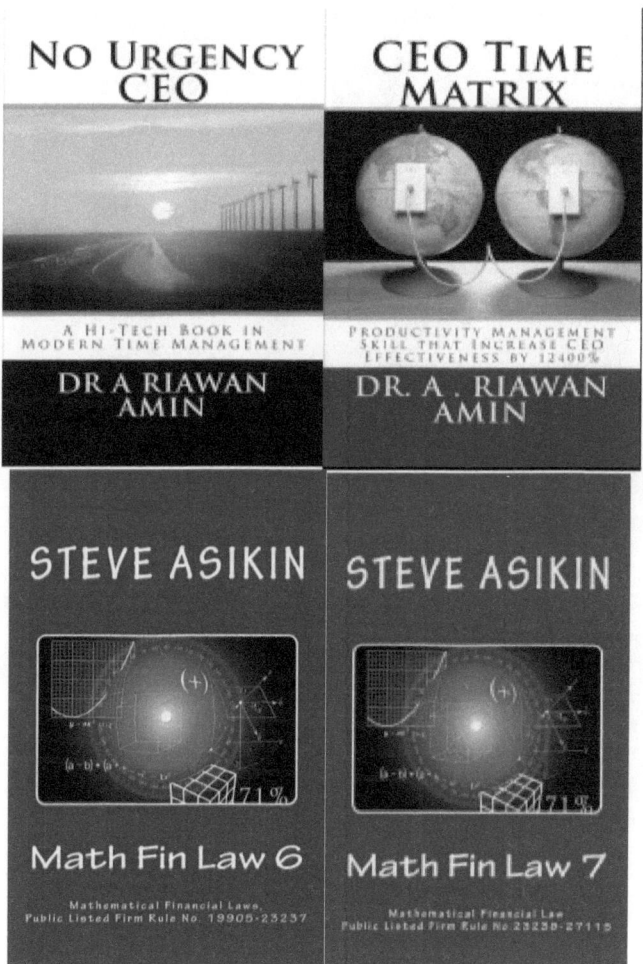

Finance Construction-13, *Tim Asikin, Steve Asikin, Indra Senihardja*

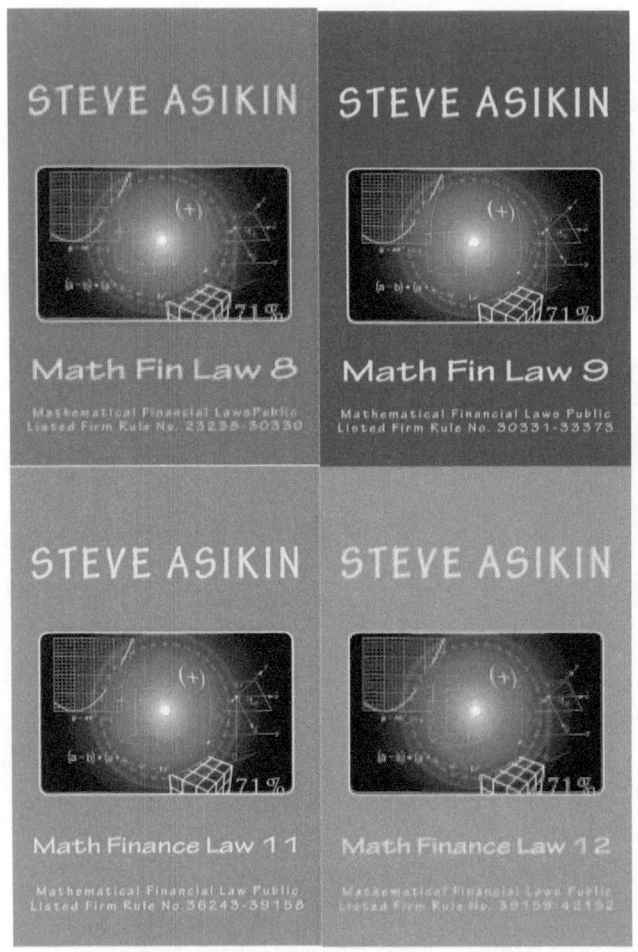

Finance Construction-13, *Tim Asikin, Steve Asikin, Indra Senihardja*

Finance Construction-13, *Tim Asikin, Steve Asikin, Indra Senihardja*

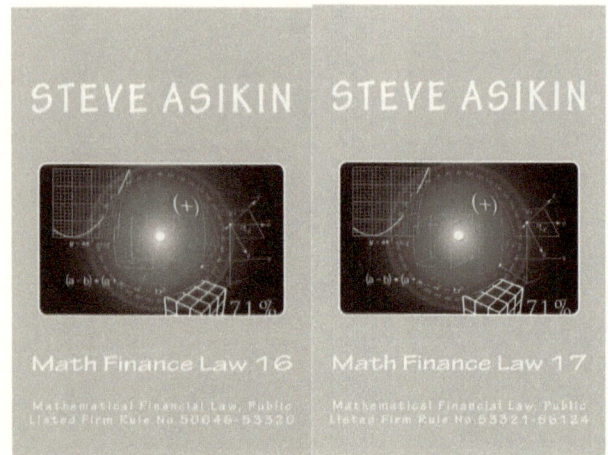

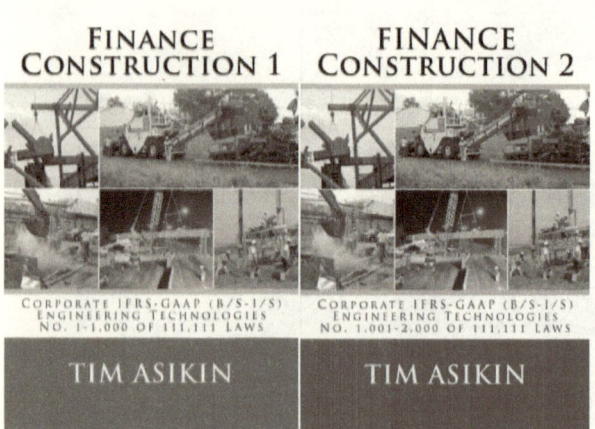

Finance Construction-13, *Tim Asikin, Steve Asikin, Indra Senihardja*

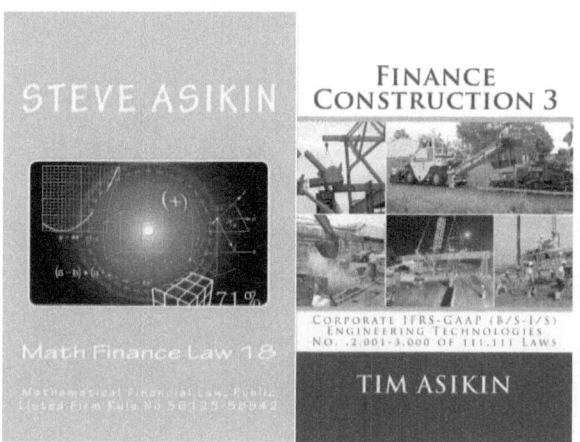

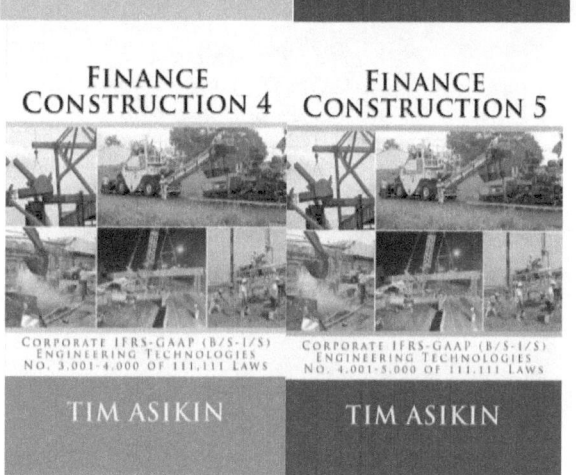

Finance Construction-13, *Tim Asikin, Steve Asikin, Indra Senihardja*

Finance Construction-13, *Tim Asikin, Steve Asikin, Indra Senihardja*

Finance Construction-13, *Tim Asikin, Steve Asikin, Indra Senihardja*

Finance Construction-13, *Tim Asikin, Steve Asikin, Indra Senihardja*

Amazon Bio

About Steve Asikin

Financial Synthesist & Corporate Finance Architect: Expert in 61,000 types of optimum & highly precision IFRS-GAAP Financial Engineering Construction (Finance Syntheses, not just Analyses) models. Author of 31,068 published pages (53 Amazon Books). MACRO ECONOMIC speaker at Cambridge Univ. UK (2013), Non Parametric STATISTICS speaker at Oxford Univ. UK (2014), and ACCOUNTANCY speaker at Oxford Univ. UK (2014). Editor of 5 World Scientific Journals. A Summa Cum Laude Sc.D (doctor of science), with a dissertation in "Interactive Multivariate (Tri Octagesimal) Math Economic Models for Financial Optimization."

As Finance Executive had analyzed more than 100,000 Corporate Financial B/S-I/S Reports from many countries (in 9,000 days works, or 90,000 flight hours for Central Credit Committees of International Banks with 300 branches each): Advancing the Du Pont-Limlingan's chained Financial Ratios for securing & improving the Debtor's Corporations. Graduated and licensed as Financing Banker (since 1989) and as Design & Planning Engineer (since 1987).

Those 52 Amazon Books (30,566 pages):
(1) ECONOMETRIC REX, The 6666 Econometric Formulas=824 pages, (2) TREASURY PLANOLOGY, Banking Finance Planning=294 pages, (3) TECHNOECONOMISTAT, Engineering Improvements on Common Econometrics=260 pages, (4) CALCULUS ACOUNTANCY, The Optimum Financial Measures Planning=190 pages, (5) FINANCE ARCHITECTURE, Public Firms' Future Finance Planning=224 pages, (6) GEOMETRIC FINANCE, Merger & Acquisition Key Measures=150 pages, (7) INVESTMENT ALGEBRA, The 69 BEP Formulas=290 pages, (8) NO PARAMETRIC, Quick-Sharp Distribution Probability Measures=318 pages, (9) STATE ECONOMICS, Comprehensive Micro-macro Economic-Accountancy=352 pages, (10) CELESTIAL MANAGEMENT, Riawan's Militant Organization Blueprint=292 pages, (11) CEO TIME MATRIX, Riawan's Time Management Tips for CEO=110 pages, (12) NO URGENCY CEO, Riawan's CEO Tips=76 pages,(13) 448 POEMS KARAOKE, Tim Asikin's 30 Languages Magical Songbook=828 pages, (14) REALIGION vs RELIGION, Pragmatic Approach to Religions=138 pages, (15) ARIGATO OBRIGADO, 1550's Japanese Portuguese Cultures=548 pages, (16) TERIMA KASIH, Indonesian Views of 1550's Japan-Portuguese=540 pages, (17) CONSTRUCTIVE SPELLS, Self-Motivational Tools=184 pages,

Finance Construction-13, *Tim Asikin, Steve Asikin, Indra Senihardja*

(18) WONDERFUL LIVE SPELLS, A Russian Girl (Evets Nikisa)'s View=828 pages, (19) ANNA of DENMARK, King James Bible Story=824 pages, (20) ELIZABETH of RUSSIA, Another Virgin Queen Gloriana=466 pages, (21) SHINMEN MUNISAI, The First World's Best Swordsman=708 pages. (22) MATH FIN LAW-1, Mathematical Financial Law=767 pages, (23) MATH FIN LAW-2=814 pages, (24) MATH FIN LAW-3=820 pages, (25) MATH FIN LAW-4=827 pages, (26) MATH FIN LAW-5=816 pages, (27) MATH FIN LAW-6=728, (28) MATH FIN LAW-7=826 pages, (29) MATH FIN LAW-8=822 pages, (30) MATH FIN LAW-9= 828 pages, (31) MATH FIN LAW-10= 824 pages, (32) MATH Finance LAW-11= 808 pages,(33) MATH Finance LAW-12= 814 pages, (34) MATH Finance LAW-13= 824 pages,(35) MATH Finance LAW-14= 824 pages,(36) MATH Finance LAW-15= 810 pages,(37) MATH Finance LAW-16= 816 pages,(38) MATH Finance LAW-17= 809 pages, (39)Finance Construction-1= 508 pages, (40) MATH Finance LAW-18= 815 pages,(41)Finance Construction-2= 526 pages,(42)Finance Construction-3= 738 pages,(43)Finance Construction-4= 656 pages, (44)Finance Construction-5= 782 pages, (45)Finance Construction-6= 524 pages, (46)Finance Construction-7= 532 pages, (47)Finance Construction-8= 534 pages, (48)Finance Construction-9= 536 pages, (49)Finance Construction-10= 536 pages, (50)Finance Construction-11= 536 pages, (51)Finance Construction-12= 536 pages, (52)Math Finance Law-19= 530 pages, (53)CEO Mathematics= 502 pages

www.ingramcontent.com/pod-product-compliance
Lightning Source LLC
Chambersburg PA
CBHW020623220526
45464CB00001B/3